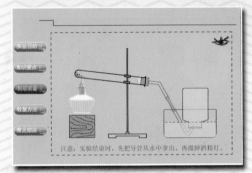

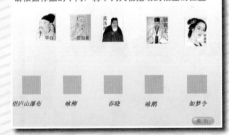

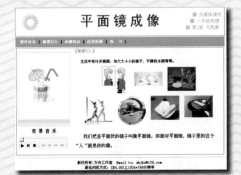

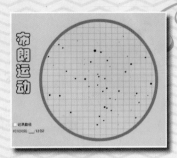

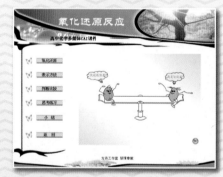

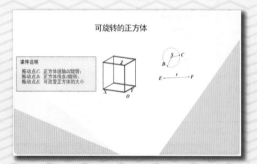

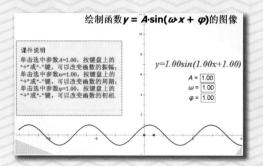

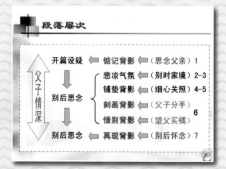

多媒体 CAI 课件制作实例教程
(第 4 版)

方其桂　主编

清华大学出版社

北　京

内 容 简 介

应用多媒体 CAI 课件辅助教学是新世纪教师必须掌握的一门技术。本书除介绍多媒体 CAI 课件理论知识外，着重介绍使用 PowerPoint、Flash、FrontPage、几何画板等几种常用软件制作多媒体 CAI 课件的方法与技巧。书中实例选取自中小学各学科的典型内容。全书图文并茂，理论与实践相结合，每章内容都由浅入深，并配有相关实例进行说明。

本书可作为高等学校相关专业及多媒体课件制作的教材，也可作为广大教师制作多媒体课件的参考书。

图书在版编目(CIP)数据

多媒体 CAI 课件制作实例教程(第 4 版)/方其桂　主编. —北京：清华大学出版社，2011.5
ISBN 978-7-302-25153-8

Ⅰ. 多…　Ⅱ. 方…　Ⅲ. 多媒体—计算机辅助教学—软件工具—教材　Ⅳ. G434

中国版本图书馆 CIP 数据核字(2011)第 044856 号

责任编辑：刘金喜　鲍　芳
封面设计：康　博
版式设计：孔祥丰
责任校对：蔡　娟
责任印制：何　芊

出版发行：清华大学出版社　　　　　　　地　　　址：北京清华大学学研大厦 A 座
　　　　　http://www.tup.com.cn　　　邮　　　编：100084
　　　　　社　总　机：010-62770175　邮　　　购：010-62786544
　　　　　投稿与读者服务：010-62776969，c-service@tup.tsinghua.edu.cn
　　　　　质　量　反　馈：010-62772015，zhiliang@tup.tsinghua.edu.cn
印　刷　者：清华大学印刷厂
装　订　者：三河市李旗庄少明装订厂
经　　　销：全国新华书店
开　　　本：185×260　印　张：22.75　字　数：536 千字
　　　　　　附光盘 1 张
版　　　次：2011 年 5 月第 4 版　　　印　　　次：2011 年 5 月第 1 次印刷
印　　　数：1～5000
定　　　价：38.00 元

产品编号：039564-01

前　言

随着计算机多媒体技术的迅速普及和现代化教育手段的运用，计算机辅助教学(CAI)技术已经成为当今教师必须具备的一种能力。计算机辅助教学(CAI)是一种将文本、图形、图像、动画、声音、视频等多种媒体信息进行综合处理后，实现双向交流的教学方式。这种方式直观、形象，而且能充分调动学生学习的自主性，大大提高了课堂效率。随着素质教育的深入，多媒体课件以其独特的优势在现代教育教学中担当了重要角色，获得了广泛应用，为广大教育工作者改革教学方法、改进教学手段、提高教学质量提供了广阔的发挥空间和突破口。

现行教育所践行的素质教育的核心是培养学生的创新精神和实践能力。应用多媒体CAI课件辅助教学，一改过去学科界限的呆板划分，将获取知识(信息)的方法和意识也带给了学生，这对于信息时代的教育来说，有着非常重大的意义。成功的学科教育不仅要传授本学科的知识，更重要的是要教给学生自主学习的方法，培养其自主学习的能力。在信息社会里，如果不学会用计算机去获取必要的知识和信息，那么应该说这种学科教育是狭隘和残缺的。可以这样说，将计算机引入课堂教学是当今基础教育中的学习的革命。

随着校校通、农村远程教育工程等的实施，目前计算机辅助教学的硬件已经普及到大多数学校，广大教育工作者正掀起学习制作多媒体CAI课件的热潮。我们编写的这本书，可更好地帮助中小学教师将计算机这种现代化工具应用到自己的课堂教学中，以获得更好的教学效果和教学效率。

在本书的编写过程中，作者充分考虑了以下两点：

一、内容选取合理。从课件开发制作的角度看，本书主要介绍了多媒体CAI课件的基本原理和开发的一般方法，课件素材知识和制作方法，以及利用几种流行软件制作多媒体CAI课件的方法。从教学内容看，书中实例均取自现行教科书，全部在课堂上使用过，都经过教学实践检验，不是凭空想象之作，因此，实用性较强，读者稍加修改就可以用于自己的实际教学。这样可以用最短的时间掌握最实用的课件制作技术，快速制作出适合自己课堂使用的多媒体CAI课件。

二、讲授深入浅出。作者通过实例，以教师的语言，清晰明了地介绍了运用几种软件制作多媒体CAI课件的方法与技巧。软件应用由浅入深，通俗易懂。在编写本书时，作者将每种软件所包含的知识点都提炼出来，融合在课件实例的制作过程中，读者在按本书介绍的步骤制作好课件后，也就掌握了这些软件的使用方法。为了对软件的重点、难点进行合理分解，尽量避免重点、难点过于集中在某一个例子中，杜绝不顾读者感受的长篇累牍的叙述。书中每一个课件的制作过程都被分解成若干独立小节，而每个小节只完成一个任务，并且只使用一到两个新知识点，但将所有小节连缀起来就能得到完整的课件。为避免实例教学缺乏系统性，本书在每个小节的最后都对本节内容进行了归纳，点明本节内容的知识点，以保证读者能做到举一反三。

2002 年 8 月我们编写了《多媒体 CAI 课件制作实例教程》一书,面世后受到了广大教师的欢迎, 此后 2 次对此书进行了修订。但是随着计算机技术的迅猛发展,近两年来,相关的软件、硬件升级很快,教学理念也与课程改革同步发展,原书中很多问题日益暴露出来,在广大读者的要求下,我们对此书再次进行了第 4 次修订。

这次修订,除基本保持原书的结构外,我们对内容作了重大更新,主要内容几乎重新编写。修订时,考虑到本书主要作为师范院校的教材,所以将非重点内容作了大幅度删减,同时每章均增添了小结和习题,并为使用此书作教材的读者制作了配套教学课件。

本书配有一张光盘,光盘上提供了完成书中实例制作所用的素材,并提供了实例的源程序以及制作完成的完整课件,对这些课件稍加修改就可以在实际教学中使用;也可以以这些课件实例为模板稍作修改,举一反三,制作出更多、更实用的课件。

参与本书编写的作者有省级教研人员、多媒体 CAI 课件制作获奖教师,他们不仅长期从事计算机辅助教学方面的研究,而且都有较为丰富的计算机图书编写经验。

本书由方其桂主编,由鲁先法(第 1 章)、周木祥(第 2、4 章)、江浩(第 3、7 章)、汪华(第 5 章)、周红文(第 6 章)编写。参加本书编写的还有刘沪宁、吴烜、孙涛、何立松、冯士海、陈福宝、赵家春、张晓丽、张金苗、童蕾等。同时,苏科、范卫星等人参与了资料收集、光盘制作等工作。

当然,由于作者水平有限,读者在学习使用过程中,对同样实例的制作,可能会有更好的制作方法,也可能对书中某些实例的制作方法的科学性和实用性提出质疑,敬请读者批评指导。我们的电子邮箱为 ahjks@mail.hf.ah.cn,我们的网站为 http://www.ahjks.net/Webpage/main.asp。服务邮箱:wkservice@vip.163.com。

方其桂

目　　录

第 1 章

多媒体 CAI 课件制作入门

　　教学中运用信息技术手段、利用多媒体 CAI 课件开展教学，对广大教师来说已是越来越普遍。掌握一定的多媒体 CAI 课件基础知识和理论，对教师制作出符合新课程理念、适合自己教学运用的多媒体 CAI 课件非常有帮助。

　　本章通过介绍多媒体 CAI 课件制作的基础知识，可以使读者对多媒体 CAI 课件的设计与制作有一个整体的、直观的认识，更加明确课件制作的发展方向，从而制作出符合新课程理念的多媒体 CAI 课件，以便更好地运用于教学中。

本章内容：

- 多媒体 CAI 课件基础
- 多媒体 CAI 课件制作
- 多媒体 CAI 课件美化、优化
- 多媒体 CAI 课件使用

1.1 多媒体 CAI 课件基础

计算机技术特别是多媒体技术的迅速发展，为教师的专业发展提供了崭新的平台。将多媒体计算机运用于课堂大大提高了教学效率，也带来了教学方法和手段的变革，是实现教育现代化的重要手段。作为一个新时代的学科教师和多媒体 CAI 课件的设计者，让我们先来了解多媒体 CAI 课件的一些基础知识。

1.1.1 多媒体 CAI 课件基本概念

多媒体 CAI 课件具有形象直观、新颖多样、高效集成、交互反馈、易保存、易利用，以及网络化等特点，正好适应了当前教学改革的需要，为课堂教学改革注入了新的生机与活力。在教学中运用多媒体 CAI 课件可以使教学过程生动活泼，突出教学重点，突破教学难点，化静为动，化远为近，生动逼真；并能充分调动学生的学习积极性，激发学生的学习兴趣，从而达到提高课堂教学质量和教学效率的目的。

1. 多媒体技术

多媒体技术就是计算机综合处理多种媒体信息，如文本、图形、图像、动画、声音和视频等，使多种媒体建立连接，集成为一个具有交互性系统的技术。多媒体技术的发展改变了计算机的应用领域，使计算机由办公室、实验室中的专用工具变成了信息社会的普通工具，广泛应用于学校教育、商业广告、家庭生活与娱乐等领域。

2. 计算机辅助教学(CAI)

CAI 全称计算机辅助教学(Computer Assisted Instruction)，是指利用计算机帮助教师进行教学或指计算机在教育领域的广泛应用，包括在教学、研究和管理中以各种方式使用计算机。由于 CAI 既有个别指导又有协作学习；既有适合学生个人的练习与操作，又有适合教师的课堂演示与动态模拟；既可进行启发式教学，又可让学生主动探索问题、求解方法；此外还有各种寓教于乐的特性，因而得到了迅速发展。它的兴起是教育领域中信息革命最有代表性的产物，标志着为适应信息社会的需要而在教育领域中进行的又一次教育革命的开始。

3. 多媒体 CAI 课件

多媒体 CAI 课件是一种教学系统，它的主要功能是教学功能，包括课件中的教学内容及其呈现、教学过程及其控制应有教学目标。同时，多媒体 CAI 课件又是一种计算软件，因此，它的开发、应用和维护是按照软件工程的方法来组织和管理的。

目前，在课堂上看见的辅助性教学软件，大多属于多媒体 CAI 课件。它是设计者利用多媒体技术和计算机辅助教育的思想，根据教师的要求，使用多媒体制作软件制作出来的，反映教学思想和实现教学目标的教学应用软件，又简称课件。

1.1.2　多媒体 CAI 理论基础

1959 年，美国 IBM 公司研制成功第一个计算机辅助教学(CAI)系统，开始进入计算机教育应用时代。计算机辅助教学的理论基础曾有过三次大的演变。

1. 行为主义学习理论

第一次是以行为主义学习理论作为理论基础，是计算机辅助教学的初级阶段。由于早期的 CAI 是由"程序教学"发展而来，因此在计算机辅助教学发展的初期，其理论基础也就不可避免地要打上行为主义学习理论的深刻烙印。在 CAI 课件设计中，基于框面的、小步骤的分支式程序设计，多年来一直成为 CAI 课件开发的主要模式，并且沿用至今，这就是行为主义影响的明显例证。

2. 认知主义学习理论

第二次是以认知主义学习理论作为理论基础，是计算机辅助教学的发展阶段。经过二十多年的论战，心理学领域行为主义已逐渐退出历史舞台，认知心理学已开始占据统治地位，计算机教育应用的理论基础也顺理成章地由行为主义学习理论转向认知主义学习理论。在 CAI 课件设计中，人们开始注意学习者的内部心理过程，开始研究并强调学习者的心理特征与认知规律；不再把学习看作是对外部刺激被动地做出适应性反应，而是把学习看作是学习者根据自己的态度、需要、兴趣、爱好，利用自己原有的认知结构，对当前外部刺激所提供的信息主动做出的、有选择的信息加工过程。

3. 建构主义学习理论与教学理论

第三次是以建构主义作为理论基础，是计算机辅助教学的成熟阶段。建构主义学习理论的基本观点认为，知识不是通过教师传授得到的，而是学习者在一定的情境即社会文化背景下，借助其他人(包括教师和学习伙伴)的帮助，利用必要的学习资料，通过建构意义的方式而获得的。建构主义学习理论强调以学生为中心，它不仅要求学生转变为信息加工的主体、知识意义的主动建构者；而且要求教师要由知识的传授者、灌输者转变为学生主动建构意义的帮助者、促进者。这就意味着教师应当在教学过程中彻底摒弃以教师为中心、把学生当作知识灌输对象的传统教学模式，而采用全新的教学模式、全新的教学方法和全新的教学设计思想。从而形成新一代的学习理论——建构主义学习理论。建构主义成为 CAI 的主要理论基础这个事实，标志着人们对 CAI 的认识已日益深化、日益全面、日益成熟。

1.1.3　多媒体 CAI 课件分类

多媒体 CAI 课件的分类方式很多，但是无论何种类型的多媒体 CAI 课件，都是教学内容与教学处理策略两大类信息的有机结合。本书将多媒体 CAI 课件分类为演示型、练习型、娱乐型、模拟型等。

1. 演示型

在教学中使用比较多的一般是演示型课件，如图 1-1 所示。这种模式的课件应用于课堂教学中，在多媒体教室或多媒体网络环境下，由教师向全体学生播放多媒体教学软件，演示教学过程，创设教学情境或进行示范操作等，将抽象的教学内容用形象具体的形式表现出来。

2. 练习型

练习型课件主要通过练习的形式来训练、强化学生某方面的知识或能力，如图 1-2 所示。这种模式的课件一般在多媒体网络教室的环境下使用，由学生自己进行操作答题，计算机会进行判断并给出题目答案。

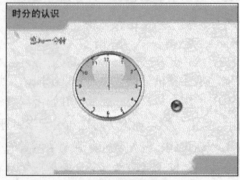

图 1-1　演示型课件

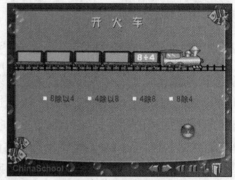

图 1-2　练习型课件

3. 娱乐型

娱乐型课件与一般的游戏软件有很大不同，它主要基于学科的知识内容，寓教于乐，通过游戏形式，教会学生掌握学科的知识和能力，并激发学生的学习兴趣，如图 1-3 所示。这种课件要求趣味性较强。

4. 模拟型

模拟型课件也称仿真型课件，如图 1-4 所示，它使用计算机来模拟真实的自然现象或科学现象。该类课件主要提供学生与模型间某些参数的交互，从而模拟出事件的发展结果。

图 1-3　娱乐型课件

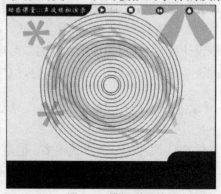

图 1-4　模拟型课件

1.2 多媒体 CAI 课件制作

多媒体 CAI 课件制作除需要在一定的硬、软件环境下才能实现外,还应遵循多媒体 CAI 课件设计的基本原则。同时,还需要对多媒体 CAI 课件制作的整个环节有一个清晰的了解,否则会在具体操作的时候遇到这样那样的问题,从而影响工作的效率。

1.2.1 多媒体 CAI 课件开发环境

在制作多媒体课件之前,首先必须选择合适的开发环境,主要包括硬件环境和软件环境。

1. 硬件环境

一般来说,多媒体课件有较多的音视频及动画,因此对计算机的主频、内存、硬盘等要求较高,原则上尽可能选择高的配置;并且最好把制作课件的计算机连成局域网,以便于大量数据的交换。多媒体 CAI 课件制作的硬件设备主要包括多媒体计算机、扫描仪、数码相机、数码摄像机、U 盘等设备。

(1) 多媒体计算机

多媒体计算机是多媒体 CAI 课件制作系统中最基础的设备。通常,一台多媒体计算机性能的优劣,将直接影响到课件制作的效率。所以,一定要注意多媒体计算机的选购。例如:PowerPoint 制作出来的课件容量相对较大,特别是有时要应用到许多视频或音频,这就需要配置较大的硬盘。Flash 动画软件制作的课件容量相对较小,但对 CPU 和内存的要求较高。另外,如果还需要制作 3D 动画和处理大量的图形,就应该将内存尽可能地扩大,显卡也要选购性能好一些的。

(2) 扫描仪

扫描仪(如图 1-5 所示)是课件制作过程中使用最普遍的设备之一,它可以扫描图像和文字,并将其转换为计算机可以显示、编辑、存储和输出的数字格式。可以利用扫描仪获取照片、课文的插图、报刊图片、手绘图画、邮票、杂志封面、实物图像、课文中的文字等,然后输入到课件中。

图 1-5 扫描仪

(3) 数码相机

数码相机(如图 1-6 所示)是获取多媒体 CAI 课件图像素材的重要途径。数码相机与传统相机相比,最突出的优点是方便、快捷。例如,在制作多媒体 CAI 课件时,需要一些实景图时,按照以前的方式需要用传统照相机拍摄,冲洗成照片,再使用扫描仪扫描照片,然后输入到计算机中。如果使用数码相机，就可以将图片直接输入到计算机中，缩短了收集素材所需要的时间，而且图片效果也相当不错。

图 1-6　数码相机

(4) 数码摄像机

随着近年来数字产品的飞速发展，数码摄像机(如图 1-7 所示)的出现无疑为数字时代增加了新的亮点。与传统的摄像机相比，数码摄像机拍摄的信息可以直接输入到计算机中，而传统的摄像机是将信息保存在录像带上，不能直接输入到计算机中。在多媒体 CAI 课件制作中，经常需要加入一些视频片段，以前通常是通过视频采集卡与电视或录像设备相连接来获取视频信息，这个过程既复杂又使信息有一定程度的失真。然而，数码摄像机的出现改变了这一切，使得视频的采集和输入过程更加简捷，视频信号的失真更小。

图 1-7　数码摄像机

(5) 刻录机

由于多媒体 CAI 课件中使用了很多的音频、图像、视频和动画等多媒体素材，结果使得其文件一般都比较庞大，因此使用光盘来存储课件将是个不错的选择。当然，这需要有一个光盘刻录机(如图 1-8 所示)来将课件刻录到光盘上。

图 1-8　光盘刻录机

(6) U 盘和移动硬盘

在课件制作过程中，无论是保存课件素材，还是课件本身，用 U 盘或者移动硬盘是再方便不过了。U 盘和移动硬盘(如图 1-9 所示)都是一种移动存储产品，一般通过 USB 接口与计算机连接，实现即插即用，具有容量大、传输速度快、使用方便、存储数据可靠性高等特点。

图 1-9　U 盘和移动硬盘

2. 软件环境

CAI 课件的开发目前一般都是用 Windows 系列的操作系统。多媒体开发工具一般可分为多媒体创作工具和多媒体编辑工具，而在实际中常常同时使用数种工具软件进行制作。

(1) 操作系统软件

这是必须安装的软件，其他任何应用软件都必须在一个操作系统平台上运行，一个良好稳定的操作系统对课件的制作是很重要的。

(2) 课件制作软件

要将文字、图片、音视频、动画等素材集成在一起，制作成多媒体 CAI 课件，必须要依赖于课件制作软件。当前比较流行的课件制作软件有 PowerPoint、Flash、FrontPage、Dreamweaver、几何画板等，每一种软件都各有特色。其中，PowerPoint 和课件大师是最容易上手的软件；Flash 适合制作动画型课件；FrontPage 和 Dreamweaver 适合制作网络型的课件；而几何画板则在中学数学、物理等学科中使用较多。设计者可以根据自己的实际情况选择一种或多种软件进行学习。

(3) 图像制作软件

图片是课件制作中最常用的素材。在课件制作过程中，通常要先查找需要的图片，然后调整图片的大小、色彩、效果等，最后再导入到课件制作软件中。表 1-1 为课件制作中常用的图像加工软件。

表 1-1　常用图像软件

软 件 名 称	软件主要功能
ACDSee	大量图片的快速浏览和查找
HyperSnap	抓取计算机屏幕图像
Icon Catcher	获取文件中的图标
Fireworks	图像处理软件，内置强大图像优化功能
Photoshop	专业的图像处理软件，能够转换多种图像格式
PhotoImpact	图像处理软件，内置丰富的图库和图像效果
CorelDraw	专业的矢量图形设计和图文排版文件

(4) 声音方面的软件

一个没有任何声音效果的课件是缺乏吸引力的。在课件中，加入人物的对话、各种自然音效、背景音乐等已经成为课件制作中必不可少的一部分。课件制作软件本身具有的声音处理功能是相当有限的，所以，常常需要借助外部的声音处理程序。课件制作中最常用的声音软件有：录音机(Windows 自带的)、超级解霸、Cool Edit 等。

- "录音机"程序：最简单实用的软件，它可以对 WAV 声音文件进行各种编辑，支持声音的简单合成。同时，还可以使用该程序进行话筒录音和磁带声音的输入。
- 超级解霸：能够播放各种各样的声音文件，如 CD、MP3 等，并且能够将多种声音文件格式相互转换，这样就方便了我们的课件制作。例如有些多媒体 CAI 课件制作软件只能导入 WAV 格式的声音文件，当前有一个 MP3 格式的声音文件要导入，这就必须先将声音的文件格式转换为 WAV 格式，这时，超级解霸就能够大显身手了。另外，它也是一个不错的影像处理软件。
- Cool Edit：一个非常不错的声音处理软件，能够完成声音的各种特殊效果的处理，如淡入淡出、3D 环绕、复杂合成等。

(5) 影像方面的软件

在课件中，常常需要加入一些动态图标、动画片段、视频图像等，使课件更加生动有趣，内容更具说服力。例如语文课件中常常需要一些情景动画片段；物理、化学课件中常需要模拟实验的动态效果；在数学课件中有时也需要加入平面或立体图形的移动、拼切、旋转等效果。一般来说，影像方面的软件包括：视频捕捉软件、动画制作软件、影像合成软件。

表 1-2 列出了课件制作中经常使用的一些影像相关软件，供大家参考。

表 1-2　常用影像软件

软 件 名 称	软件主要功能
HyperCam	计算机视频的捕捉
Movie Maker	电视、VCD 等外部视频的捕捉
GIF Animator	二维 GIF 动画的编辑与制作
Flash	二维矢量动画的编辑与制作
Director	二维动画的编辑与制作
3D Studio MAX	三维动画的编辑与制作
Premiere	多个影像及声音片段的编辑与合成

总之，在进行多媒体 CAI 课件制作时，应该以课件制作软件为主，与其他的图像、声音、影像软件相配合，以取长补短、相得益彰。

1.2.2　多媒体 CAI 课件设计原则

在设计多媒体 CAI 课件时，考虑到让学生能够很快地适应学习环境、熟悉操作，通过多种媒体信息刺激感官和大脑，快速进入积极主动的学习状态，获得良好的学习效果，设计友好的多媒体 CAI 课件界面就显得非常重要。我们在进行 CAI 课件界面的设计时应遵循以下基本原则。

1. 一致性

从整体而言，对于一个完整的 CAI 课件来说，应有一个统一的风格(如图 1-10 所示)。即课件中各章节的风格应保持一致。风格可从色彩、构图、人机交互响应等方面来衡量。在统一风格的大前提下，可做适当的调整，以改变视觉效果。

从局部而言，同样的界面控制元素应有相同的行为动作。如：起同样作用的图标或具有同样图案的按钮应该产生相同的行为动作。

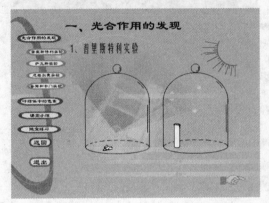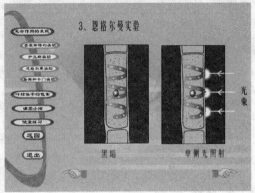

图 1-10　风格统一的设计

2. 适应性

在进行 CAI 课件界面设计时，应注意界面的适应性。它包括对于不同的人的适应，即适应个别差异，尽量让不同的人均可获得他们所需的学习方式；以及对于不同认知风格的人提供不同的学习与操作方法。如图 1-11 所示，是适合小学低年级学生的课件；如图 1-12 所示，是适合初中阶段学生的课件。

图 1-11　适合小学低年级学生的课件　　图 1-12　适合初中阶段学生的课件

3. 清晰性

所谓清晰性就是要求多媒体 CAI 课件及其各种提示信息应简单明了。如按钮对象可加上"上一页"、"下一页"、"返回"等文字提示;特殊交互的地方可适当地加以文字注释,使课件的使用更简易化。在课件制作中,每一个交互动作都给出了相应的文字说明,就达到了清晰简明的效果。另外还要注意课件结构的清晰性,尤其在应用导航结构时页面之间的跳转要有一定的关联性。如图 1-13 所示,课件的各种信息清晰明了。

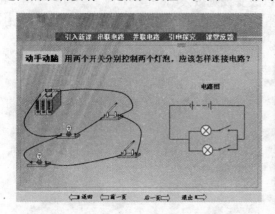
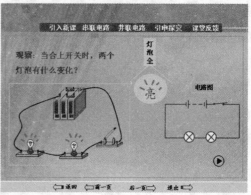

图 1-13　清晰明了的设计

4. 跳转性

是指可从当前页任意跳转到想要学习的内容页上,即加强 CAI 课件的交互性。这样可以减轻学习负担,节省时间,便于学习内容的浏览及知识要点的查询。如在界面设计时可设计一个目录按钮,把整个课件的章节标题以目录的形式展示出来,点击各个标题即进入不同的页面中去,可以随心所欲地进行各章节的学习(如图 1-14 所示)。

5. 易学易用性

多媒体 CAI 课件的最终用户是教师或者是学生,一个好的多媒体 CAI 课件除了要依据学习理论、教学理论和教学设计理论进行课件内容设计外,还应该能使人很容易地学会如何使用它。因此多媒体 CAI 课件界面设计应尽量简便,在使用方面应尽量符合常规的设计原则,交互响应应该科学、合理、符合人们的常规动作与思维形式(如图 1-15 所示)。

图 1-14　跳转方便的界面　　　　　图 1-15　使用方便的设计

1.2.3 多媒体 CAI 课件制作流程

"凡事预则立，不预则废"，是说在做任何事情之前，都需要规划和设计，了解做这件事的整个流程。正如建楼房先要有设计图纸一样，制作多媒体 CAI 课件也不例外。多媒体 CAI 课件制作的一般流程为：

需求分析 → 脚本设计 → 素材准备 → 制作作品 → 调试完善

1. 需求分析

所谓需求分析，就是要考虑我们将应用这个课件达到一种什么样的教学效果。这就要求我们深入钻研教材，了解学生，弄清教材的重难点和学生的基础及接受能力。运用课件的目的是突出重点，突破难点，发挥学生的主体作用，激发他们的学习兴趣，努力营造一个学生参与的环境和氛围。在进行需求分析的时候就应弄清教材的重难点，对于重要的、难理解的、抽象的东西，平时难得一见的事物和现象，以及肉眼看不到的现象等，用文字、图形、图像、动画和录像等表现出来；对于常见的，学生很容易理解的东西就不要浓墨重彩的去表现，否则不仅达不到优化课堂教学的目的，反而弄巧成拙、喧宾夺主，显得有点多余。

2. 脚本设计

脚本设计是将要制作的课件的内容和步骤用文字表述出来。这是成功制作出实用、有创意的课件的关键。根据需求选择适当的媒体，并在适当的时间出示，并且要确定出现的方式。脚本就是这个课件的蓝图，制作时将如实按照脚本来完成整个课件的制作。根据教材的重难点，学生学习的实际写出详细教案，特别要写出运用什么材料、材料出现的时间及方式。

脚本设计既要符合教育教学规律，同时也要能在计算机上实现。如制作《红军长征》这一课的课件时，可选择长征中的几个最有代表性的片段——飞夺泸定桥、翻雪山、过草地等；至于出现的时间可先介绍红军长征的背景，通过单击相应的按钮播放相应的片段，使学生了解红军长征中遇到的难以想象的困难，明白我们今天的幸福生活来之不易，培养学生爱祖国、爱生活和对先烈的崇敬之情，使他们产生要努力学习、将来建设好祖国的愿望。这样通过录像，将远离学生生活的场景，例如吃树皮草根、恶劣的天气、激烈的战斗、因缺医少药而痛苦呻吟的伤员等展现在学生的眼前，使学生更易理解，既突出了重点，又突破了难点。

脚本的设计要求尽量详尽，考虑周全，既要体现完整的教学思路，又要标出出现的媒体、出现的时间及方式。多媒体课件的一个重要特性是较强的交互性，在脚本的设计中，应体现出先出现什么，后出现什么；哪些素材可以同时显示在屏幕，哪些需要先后出现；在出现时是否需要提示声音；还有需要设置哪些链接等要有一个初步的规划。

脚本的设计还要有创意，体现出个人的教学风格，符合学生现有的知识水平，在适当的时间运用多种媒体，充分调动学生的各种感观，活跃课堂气氛，提高课堂效率。

设计脚本的目的，是利于理清教学思路，给制作提供依据，最终要在计算机上反映出来。因此，应适当考虑制作的实际，也就是能否在计算机上实现，毕竟计算机虚拟和现实有一定差距，制作人员的水平以及应用的软件也有很大差异。

表 1-3 是一个脚本设计表格的范例。

表 1-3 多媒体 CAI 课件制作脚本设计

学 科	年 级	执 教 者	教学课目	课件用途
数学	二年级	张立	时分的认识	赛课

课件设计结构及实现步骤	该课件共分为 3 大部分：复习、新授、巩固 一、复习部分 (1) 显示各种各样的钟表 (2) 出现作息时间图(见书上)—— 要求依次出现 二、新授部分 (1) 认识钟面：划分钟面，制作时针和分针的移动 (2) 时分观念：听一分钟的音乐，出现一个进度条 (3) 制作例 1：按照书上要求先出现图，再出现答案，最后将 4 个时刻的钟面放在一起作对比 (4) 制作例 2：先转动时针和分针再出现答案 三、巩固练习 (1) 制作练习 1：内容略，要求答案能够输入，并且能够作出判断 (2) 练习 2：内容略，出现一张运动会日程安排表 (3) 游戏：动物运动，比赛跑步，详细过程略	界面要求 简单图例
修改方案	● 课件结构需要重新安排，分 3 个大版块，进入后，里面又分子版块，各个版块之间能够快速切换 ● 游戏的动画需要调整，最后要求能够拖放动物，并排出正确的名次	

3. 素材准备

脚本设计好后，确定了所需要的媒体，就要开始准备制作所需的文字、声音、动画、录像等。如制作生物课件"花的构造"时，我们需要白菜花、桃花的图片，以及这些花的分解图；还有课后练习让学生判断完全花、不完全花的图片，以及前翻页、后翻页、返回等按钮。素材的准备可以从以下几个方面着手。

(1) 文本的准备

文字可以在文字处理软件中输入，如微软公司的 Word、金山公司的 WPS 等；大部分多媒体制作软件也支持文本的录入。

(2) 声音的采集

录制声音，常用超级解霸来完成。或者用计算机话筒录制声音，这种方法很灵活，如需配音可以采用此法，但需用专门的软件去除噪音和合成。

(3) 动画的制作与采集

运用专门的动画制作软件制作动画。如三维动画制作软件等，这种动画效果非常逼真，但制作起来难度非常大，成本高；二维动画制作软件，这一软件简单易学，并且做出的动画体积很小，是制作动画的首选；如果要制作三维的字体动画，还可以选择其中包含的多种预置的材质、效果，制作起来非常方便。

(4) 影像的采集

可以运用超级解霸来剪辑影像，也可以从录像带上剪辑影像。

4. 制作作品

编程制作材料准备好后，就要按脚本来组织材料，制作动画，设置交互。制作出的作品，既要实用，符合脚本设计的要求；又要易操作，交互性强。当然，课件还要求界面友好、美观，给人以美的享受，引起学生的注意，激发学生学习的兴趣。

5. 调试完善

经过评价测试，综合各方面的意见，修正课件中的错误，使之更完善。一个优秀课件往往要经过多次评价测试，修改完善。应用修改完善，确定无误后，可以生成可执行文件，保证在没有安装该多媒体制作软件的系统上能正常运行。

1.3　多媒体 CAI 课件美化、优化

课件制作完成后，还需要对课件进行修饰，使其更加美观雅致，这就是对课件进行美化；此外还需要对课件进行调试和修正，以使课件性能达到最佳，这就是课件的优化。

1.3.1　多媒体 CAI 课件美化

多媒体 CAI 课件的屏幕设计主要包括屏幕对象的布局(即构图)、色彩的运用、文字用语的选择和声音元素的运用等。计算机屏幕所具有的空间是有限的，如何才能使有限的空间发挥最大的作用，且不产生局促感和杂乱感是相当重要的。从美学角度来看，多媒体 CAI 课件的设计，应考虑到以下方面的问题。

1. 对象的布局

通常在多媒体 CAI 课件中，屏幕中会有文字、图像、动画、视频等多种媒体对象，要合理地安排屏幕对象的位置使屏幕对象的布局协调、美观，在进行屏幕对象布局设计时应

注意以下几点。

(1) 主次分明，突出主体

屏幕上的内容通常由教学内容、背景、陪衬、按钮、空白区等组成，应依据屏幕对象的重要程度进行安排。如依据人们的视觉心理，中心位置是人们首先注意到的地方，所以屏幕中心为需要强调的教学内容区；按钮可放在屏幕的左、右、下三边缘处；陪衬可放在屏幕的一角上，来烘托整个画面。如图 1-16 所示，课件界面主要采用一个电视机形状的图形，将要呈现的内容模拟成电视播放的感觉，很好地突出了教学内容。

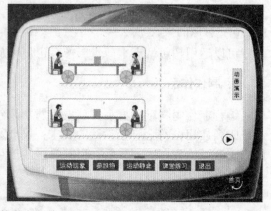

图 1-16　课件突出主体

(2) 画面中的动静结合

动感的画面可以使人产生较为强烈的视觉刺激，从而激发学习者的学习兴趣。尤其在拥有大量文字和静态图片的 CAI 课件中，应注意动的因素，将一些与课件内容有关的小动画带入课件中，以激活整个界面，从而激发学习者的兴趣。要做到动中有静、静里存动，但不杂乱的原则。如图 1-17 所示，动态演示出了骑自行车时，在不同参照物下的动画效果。

图 1-17　课件中的动静结合

(3) 简明性

力求以最小的数据显示最多的信息，去除累赘的文字和图片，如图 1-18 所示。若实在有大量的文字需要显示时，可采用一些布局合理、美观的构图，并结合文本滚动条的形式、翻页的形式或超文本的形式达到画面的简明性。

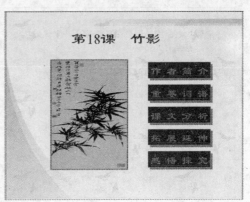

图 1-18　课件简洁明了

2. 色彩运用

在 CAI 课件中，借助色彩可以逼真地反映客观世界，增强屏幕的吸引力，激发学习者的兴趣。色彩要为创造的情景、表现的对象服务。不同的主题、不同的内容，应采用不同的色彩来表现。恰当地运用色彩可以使学习者在学习的过程中得到美的感受，在美的陶冶中增加情趣，有利于学习者更好地感知和理解学习内容。在合理应用色彩时，应注意以下几点。

(1) 避免色彩太多太杂

在进行多媒体 CAI 课件的界面设计时，一幅画面中不要使用太多的色彩。因为过多的色彩会增加学习者的反应时间，增加出错几率，易于引起视觉疲劳。如图 1-19 所示，色彩运用得太多太杂；如图 1-20 所示，则处理恰当。

图 1-19　色彩太多太杂　　　　　　图 1-20　色彩处理恰当

(2) 色彩的协调性

屏幕上同时出现的色彩,特别是在空间位置上邻近的色彩一定要协调,尽量避免将对比强烈的色彩放在一起。如红/绿、红/蓝、绿/蓝、橙/紫等,因为用户注视太久的话,就会产生视觉闪烁。如图 1-21 所示,色彩不协调;如图 1-22 所示,则色彩协调较好。

图 1-21　色彩不协调

图 1-22　色彩协调较好

(3) 色彩的强调对比作用

从色彩效果看,红色、黄色和橘色有凸出显示和突出画面的效果,而紫色、蓝色和绿色则有住后退缩的效果。对于有明亮颜色的物体,视觉上会有扩大的效果;而暗一点的颜色则会起到缩小形状的效果。所以在界面色彩的使用中要注意活动中的对象与非活动中的对象色彩应不同。活动中的色彩要鲜明,非活动中的色彩应暗淡。以暖色、饱和、鲜明的色彩作为活动中的前景,以冷色、暗色、浅色作为背景。如图 1-23 所示,课件文字与背景颜色搭配不合理,文字不突出;如图 1-24 所示,则整体色彩搭配合理。

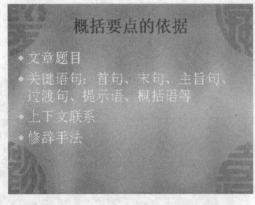

图 1-23　文字不突出

图 1-24　整体色彩搭配合理

(4) 色彩的统一

色彩的统一,指的是整个课件界面的基本色调统一。色彩的基调对于烘托主题思想,表现环境氛围,构成一定的情景有重要作用。如图 1-25 所示,蓝底红字不协调;如图 1-26

所示，则运用色彩构成一定的情景。

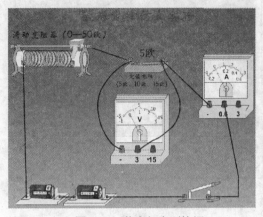
图 1-25　蓝底红字不协调

图 1-26　构成一定的情景

3. 文字与用语

多媒体 CAI 课件中包括了大量的文字信息，是学生获取知识的重要来源。在多媒体 CAI 课件中使用文字，最基本也是重要的原则就是简洁、精确、有感染力。

(1) 文字内容简洁、突出重点

文字内容应尽量简明扼要，以提纲形式为主；使用文字表达诸如概念、原理、事实、方法等学习内容时，要充分考虑屏幕的容量，合理地取舍要表达的内容，语言精练贴切，以最少的文字表达尽可能多的信息，如图 1-27 所示。

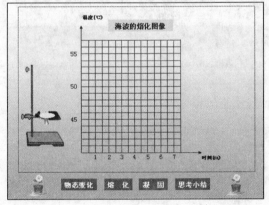
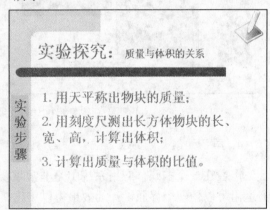
图 1-27　文字简洁

(2) 文字的字体、字号与字型要合适

文字内容的字体不宜过多，字号不能太小；选择的字体要醒目，一般宜采用宋体、黑体和隶书。对于文字内容中关键性的标题、结论、总结等，要采用不同的字体、字号、字型和颜色加以区别，如图 1-28 所示。

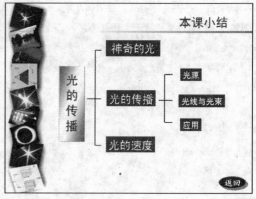

图 1-28　文字格式合适

(3) 文字和背景的颜色搭配

文字和背景的颜色搭配的基本原则是：醒目、易读、不易产生视觉疲劳，如图 1-29 所示。文字和背景的色相区分度应较大，明暗度适宜。浅色背景要配以深色文字，相反深色背景应适当地配以浅色文字来烘托(如白/蓝、白/黑、黄/黑等)。

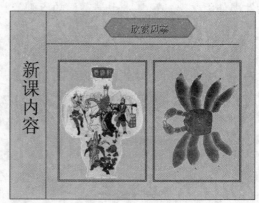

图 1-29　文字和背景搭配合理

4. 声音元素

声音在一个多媒体应用系统中是非常重要的，虽然它无法在界面中可见，但合理的声音运用可以使整个界面设计的效果得以美化，如图 1-30 所示。声音在多媒体应用系统中大体以 3 种方式出现：旁白、音效和音乐。

- 好的旁白应该是能够使用最少的文字来表达最多的意思。有效的旁白是非命令式、具有说服力的，它不仅提供事实让用户记忆，更能激发用户产生新的想法。好的旁白能描述出比视觉更多并且更深的含义，也可以吸引用户去注意重要的事实和想法。
- 音效是指由某些事物或物体产生的声音，如自然界中的风声、雨声、汽车的声音等。在多媒体应用系统中，音效扮演了一个重要的角色，它像是听觉的书签，提醒用户注意重要的事实和想法。

● 音乐可以传递感情、启动情绪、唤醒记忆。音乐有时可以传达语言无法表达的信息。几乎所有的多媒体应用系统都加入了音乐来美化系统界面。

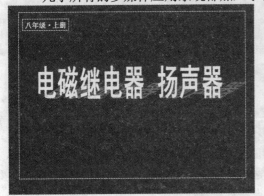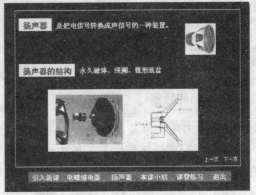

图 1-30　声音元素的运用

1.3.2　多媒体 CAI 课件优化

课件的优化包括教学流程的优化、屏幕布局的优化等。通过优化可提高课件运行的稳定性，加快运行速度，保持课件的兼容性，尽量减少不必要的程序、代码或素材。进行课件制作时，应尽量使用版本较高的成熟工具制作课件；设计操作方式时尽量使用鼠标操作；尽量使用约定俗成的操作方式。

1. 教学流程的优化

安排合理的教学框架，选择与课件风格相似的导航体系，跳转嵌套层次一般在 3 层左右，以方便教师的操作使用。若跳转嵌套层次过多，则会影响教师对当前位置和下一步操作方向的记忆。

2. 素材选择的优化

在 Flash 中，简单的图形尽量使用 Flash 自带工具进行绘制，少用扫描的位图；在 PowerPoint 中尽量使用 JPG 格式的图片，少使用 BMP 格式的图片；在 VB 中尽量用 Image 控件代替 PictureBox 控件，用标签控件代替文本控件。

3. 函数代码的优化

从函数代码上优化是课件优化的最重要的手段，这种优化可大大提高课件的性能。精简代码，使用通用函数和过程可提高课件运行的速度，减少公共变量，占用较少的内存资源等。

1.4　多媒体 CAI 课件使用环境

一个好的课件，如果没有一个良好的应用环境，课件的优势就不能很好地发挥出来。

当前，多媒体网络教室和多功能教室是多媒体 CAI 课件运行的主要环境。

1.4.1 基本使用环境

在学校内，多功能教室和多媒体网络教室是多媒体 CAI 课件运行的两种主要环境，其各具优点。

1. 多功能教室

当前大多数的学校都配备有多功能教室，如图 1-31 所示。多功能教室是演示型多媒体 CAI 课件运行的最好环境。一般来说，多功能教室内都有投影仪、大投影屏幕、实物视频展示台、多媒体计算机、音响、中央控制台等设备。通常是以中央控制台为中心，将计算机、投影仪、视频展示台、音响等输入/输出设备连接起来，实现对声音、视频信号的快速方便的切换。多媒体 CAI 课件就是利用计算机运行后，课件的画面效果通过控制设备将视频信号输入到投影仪中，然后投影在大屏幕上；同时，课件的声音也通过控制设备将音频信号输入到音响设备中，然后播放出来，这样就使得所有学生都能够清楚地看见课件的画面，听见课件的音效。

图 1-31　多功能教室

多功能教室的优点是：适合演示多媒体 CAI 课件，同时能结合常规教学手段进行教学，对学生数量没有太大的限制，加之它还具有其他功能，因而目前在学校中应用较多。缺点是：只适合应用演示型的课件，很难体现新的教学思想。

2. 多媒体网络教室

多媒体网络教室(如图 1-32 所示)主要包括学生计算机若干台、教师计算机、服务器、网络交换设备等，当然也可以配置投影仪等设备。在多媒体网络教室内，由于每一台计算机之间都可以相互通信，所以它是多媒体 CAI 网络课件运行的良好环境。当前，多媒体网络教室主要是有盘工作站组成的网络教室，即每一台学生机都有硬盘，都能够独立启动。它和无盘网络教室相比，缺点是维护量大，每一台学生机都需要去维护。

另外，网络教室一般都需要购买相应的多媒体电子教室软件，这样就可以使用一台教师机对学生机实现屏幕的锁定、教师屏幕信息的广播、远程控制、文件传输、电子举手、语音对话等丰富的交互式功能。

图 1-32　多媒体网络教室

多媒体网络教室的优点是：适合网络环境下各学科教学，能进行个别化学习；可同时兼顾计算机教学、语音教学和 CAI 教学，设备利用率高，成本低。缺点是：结合黑板等常规教学手段比较困难，课堂纪律不好控制；另外，在多媒体网络教室中，学生人数受计算机数量限制，当学生数量多于计算机数量时，教学效果将受影响。

1.4.2　投影仪

现在，投影仪(如图 1-33 所示)已经越来越普遍，几乎成了会议室和多功能教室的必配硬件设备之一。在这里主要针对学校多功能教室和多媒体网络教室的运用，来谈谈投影仪的性能指标和使用知识。

图 1-33　投影仪

1. 投影仪的性能指标

- 亮度：亮度的国际标准单位是 ANSI(流明)。它是在投影仪与屏幕之间距离为 2.4 米、屏幕大小为 60 英寸时，使用测光笔测量投影画面的 9 个点的亮度，然后求出这 9 个点亮度的平均值。目前，大多数投影仪都在 3000 流明以上。
- 对比度：对比度是指黑与白的比值，也就是从黑到白的渐变层次。比值越大，渐变层次就越多，色彩表现就越丰富，图像效果更加清晰，颜色更加艳丽。当前，投影仪的对比度一般在 2000：1 以上。

- 分辨率：投影仪的分辨率包括两种。一种是物理分辨率，是指 LCD 液晶板的分辨率。液晶板按照网格划分液晶体，一个液晶体就是一个像素。如投影仪的输出分辨率为 1024×768 像素，则表示液晶板的水平方向上有 1024 个像素点，垂直方向上有 768 个像素点。一般来说，物理分辨率越高，投影仪的应用范围越广。另一种是最大分辨率，它是指能够接收比物理分辨率大的分辨率，是通过压缩的方式实现的。投影仪使用的分辨率越高，显示的画面越清晰。
- 均匀度：它是指对比度和亮度在屏幕上的平均值。投影仪要尽可能地将投射到屏幕上的光束保持相同的亮度和对比度。

2. 投影仪的使用

首先，在开机之前，投影仪需要稳定地放置，使用环境需要远离热源，比如，避免阳光直射、避免临近供暖设备或其他强的热源。开机前，连接好其他设备，连接投影仪所用的电缆和电线最好是投影仪原装配置的，代用品可能引起输出画面的质量下降或设备的损坏，检查接线无误后才可以加电开机。目前，新一代投影机还具有无线网络功能、单键智能设置、快速关机、自动聚焦、局部放大等功能，方便用户使用。

其次，投影仪开机后，一般需要 10 秒以上的时间，投射画面才能够达到标准的光亮度。在投影仪工作时，教师或学生不能向投影仪镜头里面看，因为投影仪的光源发出的光线很强，直接观看会损伤眼睛。

最后，使用投影仪时，根据不同的使用环境需要对机器进行一下必要的调整。比如聚焦和变焦、进行图像定位；调整投影仪的亮度、对比度和色彩；调整扫描频率以适应不同的信号源，消除不稳定的图像。

1.4.3　视频展示台

视频展示台也称为实物投影仪(如图 1-34 所示)，它能够将要展示的物体直接投影到大屏幕上。它最大的特点就是真实性和直观性，视频展示台不但能够将传统的幻灯机的胶片直接投影出来，而且能够将各种实物以及活动的过程投影到大屏幕上，应用的范围比传统幻灯机更加广泛。从应用上来说，视频展示台只是一种图像的输入设备，它还需要电视机和投影仪等输出设备的支持，才能将图像展示出来。

视频展示台是通过一个专门的 CCD 摄像头将物体的图像直接摄取下来，经过大规模的集成电路数模转换后，将模拟信号变成为数字信号，然后输入到电视机、投影仪或计算机中。目前，视频展示台大致分为三种：一种是模拟信号输出，也就是视频信号，它的清晰度只能达到 47 万像素，480TV 线；二是模拟信号加上 VGA 视频转换卡，通过 RGB 转为数字信号输出，叫模拟转数字，它的清晰度比视频信号要高，输出的信号可达 80 万像素，520TV 线；三是纯数字展示台 RGB 输出，清晰度可达 85 万像素，640TV 线，是目前最好的展示台，但价格相对较贵。

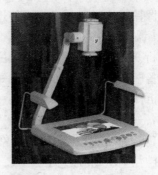

图 1-34　视频展示台

1.5　小结和习题

1.5.1　本章小结

本章主要介绍了制作多媒体 CAI 课件所必须具备的基础知识,具体包括以下主要内容。

- **多媒体 CAI 课件基础**:详细介绍了多媒体 CAI 课件的基本概念、多媒体 CAI 课件的分类、多媒体 CAI 理论基础。
- **多媒体 CAI 课件制作**:介绍了多媒体 CAI 课件制作所需的硬件环境、软件环境,以及应准许的设计原则,同时详细介绍了规范的制作步骤。
- **多媒体 CAI 课件美化、优化**:介绍了多媒体 CAI 课件美化、优化的具体原则和方法。
- **多媒体 CAI 课件使用环境**:介绍了多媒体 CAI 课件使用时的环境。

1.5.2　强化练习

一、选择题

1. 关于多媒体 CAI 课件,下列说法正确的是( )。
   A. 显示的内容丰富,涉及面广,知识量大
   B. 可以根据现实情况模拟各种现象与场景,直观形象
   C. 使用的媒体信息单一
   D. 不利于教师合理安排课堂时间

2. 按照教学内容与教学方式对多媒体 CAI 课件进行分类,下列不属于此分类方法的是( )。
   A. 顺序型　　　B. 演示型　　　C. 娱乐型　　　D. 练习型

3. 关于多媒体 CAI 课件的制作原则,下列说法错误的是( )。
   A. 多媒体 CAI 课件中知识点出现的顺序要合乎逻辑
   B. 应充分地利用人机交互的功能,发挥学生的创造性
   C. 设计和制作课件时最好只在一台计算机上进行,以免出现问题

D. 在设计课件结构时，要考虑方便用户的操作

4. 多媒体 CAI 课件的制作一般过程是(　　)。

A. 需求分析→脚本设计→调试完善→制作作品→素材准备

B. 素材准备→脚本设计→制作作品→调试完善→需求分析

C. 需求分析→脚本设计→素材准备→制作作品→调试完善

D. 素材准备→脚本设计→需求分析→制作作品→调试完善

5. 多媒体 CAI 课件的美化主要包括对象的布局、(　　)、文字与用语和声音元素等。

A. 内容安排　　　B. 屏幕大小　　　C. 色彩运用　　　D. 动画和视频运用

二、判断题

1. 利用多媒体 CAI 课件进行教学可以取代传统模式的教学。　　　　　　　　(　　)

2. 学习是一种建构的过程。　　　　　　　　　　　　　　　　　　　　　(　　)

3. 网络化已经成为多媒体 CAI 课件的发展趋势。　　　　　　　　　　　　(　　)

4. 在多媒体 CAI 课件的制作过程中，设计制作脚本的编写建立在编写文字脚本的基础上。　　　　　　　　　　　　　　　　　　　　　　　　　　　　　　(　　)

5. 制作多媒体 CAI 课件时，视频、动画和声音素材运用得越多，课件的感染力就越强，运用于教学中效果就越好。　　　　　　　　　　　　　　　　　　　　　(　　)

三、问答题

1. 概述一下你对制作多媒体 CAI 课件的认识。

2. 制作多媒体 CAI 课件的一般流程是什么？

3. 赏析一个多媒体 CAI 课件，试评价其特色、优点和不足之处。

第 2 章

多媒体 CAI 课件素材获取
与处理

　　多媒体 CAI 课件是由文本、图像、图形、声音、动画、视频等组成的有机整体，这些就是通常所说的课件素材。如果说课件是工厂中的产品，那么，素材就是制造这些产品的原料。素材是课件制作的关键，也是难点所在，课件素材重在平时的收集与积累。

　　本章通过实例，介绍各种类型素材的获取与处理方法。

本章内容：
- 多媒体素材基础知识
- 文本素材获取与处理
- 图像素材获取与处理
- 声音素材获取与处理
- 动画素材获取与处理
- 视频素材获取与处理

2.1 多媒体素材基础知识

在制作多媒体课件之前，首先要对一些多媒体素材的基础知识有所了解，然后才可以根据需要收集相应的素材，这其中包括文本素材、图片素材、声音素材、动画素材和视频素材等。本节需要了解的内容包括素材类型和素材格式等相关知识。

2.1.1 文本素材

按文本素材的使用目的可以将文本素材分为"标题文字"和"描述文字"。标题文字主要是为了突出课件题目，注重表现效果，其表现形式要求醒目。描述文字用于描述一些教学内容，或者对图片、动画、视频等教学素材进行解说等。描述文字相对于标题文字，篇幅一般较长。标题文字和描述文字的效果如图 2-1 所示。

图 2-1 标题文字和描述文字

2.1.2 图像素材

图像素材是多媒体课件制作中最常用的素材，是一个好课件的灵魂，也是学生获取信息的重要来源之一，是一种直观的教学媒体。

1. 图像素材分类

按文件格式可以将图片分为位图和矢量图。位图由像素构成，又称为像素图。位图放大之后，图像会失真。位图所占磁盘空间非常大，主要用于存放一些需要表达真实效果的图片。位图放大后的效果如图 2-2 所示。

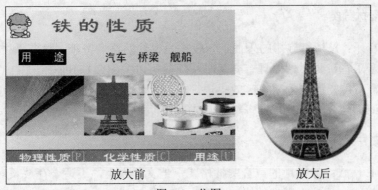

图 2-2　位图

矢量图是用一系列计算机指令来描述和记录一幅图的，矢量图文件存储量很小，特别适用于文字设置、图案设计、版式设计、标志设计和插图等。其缺点是不适合用来描述一些风景、人物和山水图片。所以课件的背景等使用位图；而一些点缀性的小插图；则使用矢量图。矢量图放大后的效果如图 2-3 所示。

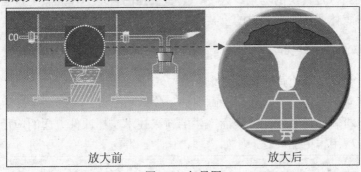

图 2-3　矢量图

2. 图像文件格式

- BMP 格式：最常用的图像文件图格式，此种格式文件几乎不压缩，占用磁盘空间较大。
- PSD 格式： Photoshop 软件的专用格式，可保存图像数据的每一个细节。图像文件较大，不适合在课件中使用，需要对文件格式进行转换。
- GIF 格式：文件压缩比较大，占用磁盘空间小。GIF 格式除可以存储图片以外，还可以存储帧动画。
- JPG 格式：目前最流行的图像格式，可将文件压缩到最小，在课件制作中经常用到。

2.1.3　声音素材

声音是制作多媒体课件常用的一种素材。多媒体课件中的声音，具有突出主题、渲染气氛、衬托背景、调节情绪、传播信息、模拟再现的功能。在多媒体课件中恰当地运用声音，可以创造良好的学习情境，增强课件的趣味性，加深学习者对所学知识的理解和印象。所以声音在多媒体课件的开发中显得尤为重要。

1. 声音素材分类

- 背景音乐：是指有旋律的乐曲，一般作为课件的背景音乐。但需要注意的是，这类背景音乐音量要小，而且有交互时，随时可以关闭或打开。
- 效果声音：指风声、雨声等效果声，作为课件的点缀，增强课件的可欣赏性。
- 解说词：当介绍一些背景资料时，或者课件最后做一些总结时，可以用到解说词。

2. 声音文件格式

- WAVE 格式：最常用的声音文件格式，但文件太大，不适合存放长时间的声音。
- MP3 格式：压缩声音文件格式，最大优点是音质好，压缩比大，节省存储空间。

2.1.4 视频和动画素材

视频和动画又称为"活动图像"，动画适宜表现课件中比较抽象的、学生难于理解的知识内容；而视频图像是真实的场景、人物，具有很强的表现力和感染力。合理地使用视频和动画是增强多媒体课件教学效果的重要途径。

1. 视频和动画素材分类

动画素材分为"二维动画"和"三维动画"。二维画面是平面上的画面，二维与三维动画的区别主要是采用不同的方法获得动画中的景物运动效果。三维动画又称 3D 动画，是近年来随着计算机软硬件技术的发展而产生的新兴技术，在课件方面的应用也非常多，特别是理工类学科应用得更加广泛，比如物理、化学、生物学科等，如图 2-4 所示。

图 2-4　三维动画课件中的应用

2. 视频和动画文件格式

- AVI 格式：最常用的视频格式，调用方便、图像质量好，但文件体积过于庞大。
- GIF 格式：因特网上流行的动画文件，图像文件尺寸较小，被广泛采用。
- SWF 格式：矢量动画格式，缩放时不会失真，适合制作由几何图形组成的动画，如教学演示等。

2.2　文本素材获取与处理

文本是多媒体教学课件中最主要的成分之一，也是现实生活中使用得最多的一种信息存储和传递方式。如各种科学原理、概念、计算公式、命题、说明等课程内容，都需要用文本来进行描述和表达。下面就对文本素材的获取与处理方法作详细介绍。

2.2.1　文本素材获取

计算机中文本素材获取的方法很多，可以用键盘输入进行获取；可以用手写笔、麦克风或扫描识别技术进行获取；也可以从因特网上获取。下面只介绍从网上获取文本素材。

实例 1　网上获取文字

网上有很多的教学所需要的文本素材，可保存下来插入到课件中。课件"口技"对应人教版七年级《语文》下册中的内容。本例主要介绍从网上复制文字到课件中，课件效果如图 2-5 所示。

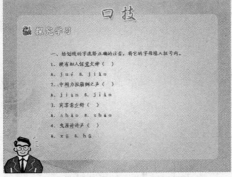

图 2-5　课件"口技"效果图

要实现该课件中的知识点，可先打开网页，选择所需要复制的文字内容，再打开课件，将刚复制的文字粘贴到课件中即可。

 跟我学

1. **复制文字**　打开 IE 浏览器，浏览网页，按图 2-6 所示操作，选中并复制文字。

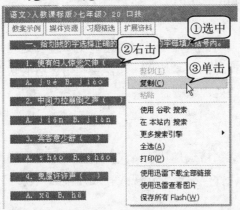

图 2-6　复制文字

2. **插入文本框** 打开课件"口技(初).pptx",切换到第 6 张幻灯片,按图 2-7 所示,在幻灯片中插入文本框。

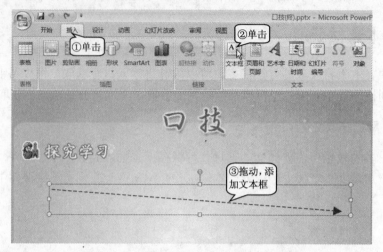

图 2-7 插入文本框

3. **粘贴文字** 按图 2-8 所示操作,先设置字体格式,再粘贴刚复制的文字。

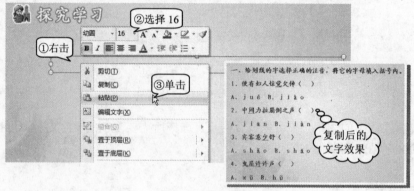

图 2-8 粘贴文字

2.2.2 文本素材处理

当获取了大量的文本素材之后,还需要对这些文本进行处理,使其格式满足制作课件的需求。有时,为了增加课件的艺术效果,还需要利用合适的软件,制作一些漂亮的艺术字等,这也属于文本素材的处理范畴。

实例 2 设置文字格式

直接输入到课件中的文字格式是默认格式,不能满足用户的需要,需要我们对其格式进行适当的修改和美化。课件"核能"对应人教版九年级《物理》教材中的内容,课件效果如图 2-9 所示。

图 2-9　课件"核能"效果图

本例的知识点就是插入文字，并设置文字格式，关于课件的背景和图片都已经事先准备好了。

 跟我学

1. **输入文字**　打开课件"核能(初).pptx"，按图 2-10 所示操作，插入文本框并输入标题文字。

图 2-10　输入文字

2. **设置格式**　按图 2-11 所示操作，设置文字的字体、字号和颜色。

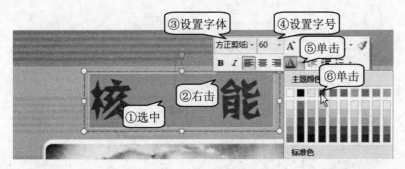

图 2-11　设置文字格式

3. **保存文件**　按图 2-12 所示操作，将文件另存为"核能(终).pptx"。

图 2-12　另存文件

实例 3　处理艺术文字

在 PowerPoint 课件中，可插入形状各异、色彩绚丽、大小不同的艺术字，作为课件的标题，或用于突出显示一些文字教学内容。课件"统计的意义"对应华东师大课标版七年级《数学》教材中的内容，效果如图 2-13 所示。

图 2-13　课件"统计的意义"封面效果图

本实例的知识点就是在 PowerPoint 2007 中插入艺术字，并设置艺术字的格式和艺术效果。

 跟我学

1. **插入艺术字**　打开课件"统计的意义(初).pptx"，按图 2-14 所示操作，插入艺术字。

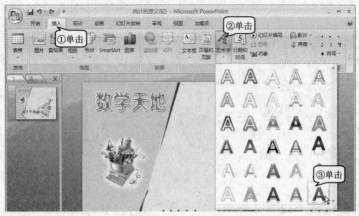

图 2-14　插入艺术字

2. 输入文字　按图 2-15 所示操作，输入文字并调整艺术字的位置到幻灯片中央。

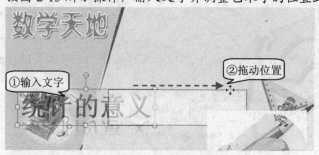

图 2-15　输入文字

3. 设置格式　按图 2-16 所示操作，调整艺术字形状。

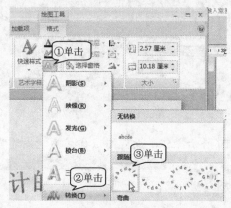

图 2-16　调整形状

实例 4　特效文字处理

在制作课件时，经常需要制作一些特殊效果的文字，以增强课件的美感，使课件更具吸引力。课件"化学肥料"对应人教课标版九年级《化学》教材中的内容，课件效果如图 2-17 所示。

图 2-17　课件"化学肥料"效果图

要制作图示效果的封面，需要用到专门的图像处理软件，如 Photoshop。先准备好几张图片，然后在 Photoshop 中输入文字，最后将文字与图片进行蒙版操作。

跟我学

1. **输入文字** 运行 Photoshop 软件，打开图片文件"化学肥料(初).psd"，按图 2-18 所示操作，输入文字。

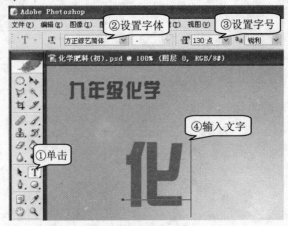

图 2-18 输入文字

2. **设置格式** 按图 2-19 所示操作，设置图层样式为"描边"效果。

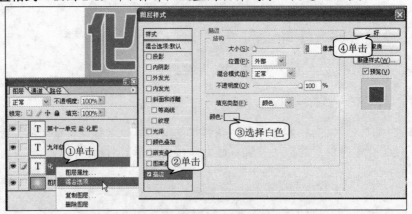

图 2-19 设置图层效果

3. **移动图片** 打开图片文件"太阳花 1.jpg"，按图 2-20 所示操作，将图片拖到"化"字的上方。

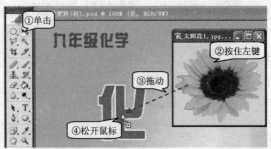

图 2-20 拖动图片

4. **设置格式**　按图 2-21 所示操作，单击"图层 1"，按住 Alt 键的同时在"图层 1"和"化"图层之间单击，创建剪贴蒙版组。

图 2-21　创建剪贴蒙版组

5. **完成制作**　复制步骤 1~4，创建其他文字的剪贴蒙版组，最终效果如图 2-22 所示。

图 2-22　文字效果

信息窗

剪贴蒙版分为两种图层，显示在上面的层，可以想象成带着图案的一块布；而下面的层则可以看成是一块木块。让布盖在木块上，如果木块是方形的，看到的布也是方形的；如果木块是圆形的，则看到的布也是圆形的。效果如图 2-23 所示。

图 2-23　蒙版效果

实例 5　文字格式转换

文本文件的格式种类比较多，不同格式的文件不能直接使用，必须经过相应的格式转换。如 PDF 格式的文件，要使其能在 Word 中进行修改和修饰，就需要将 PDF 格式的文件转换成 DOC 文件，才能被 Word 打开，并进行适当的编辑。

跟我学

1. **运行软件**　网上下载、运行"VeryPDF PDF2Word 3.0"软件。
2. **打开文档**　选择"文件"→"打开"命令,选择需要转换的 PDF 文件"电子教材.pdf"。
3. **选择位置**　按图 2-24 所示操作,设置转换参数,并保存为 Word 文件。

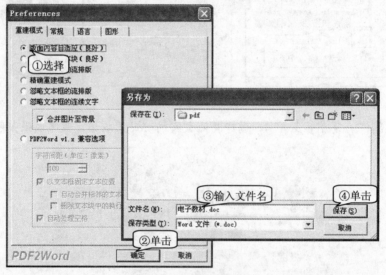

图 2-24　保存 Word 文件

4. **开始转换**　单击"保存"按钮之后,开始转换,转换过程如图 2-25 所示。

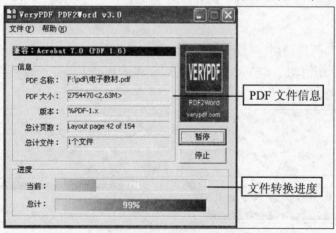

图 2-25　转换过程

2.2.3　应用实例——制作课件标题

　　课件标题在课件中起着非常重要的作用,首先标题在文字上要与课件内容相匹配;其次在格式上要与背景色有鲜明的对比,能够突出显示,给读者以一目了然的感觉。在本节中将介绍如何在不同的课件制作软件中添加标题。

实例 6　制作 Flash 课件标题

在 Flash 中制作标题，需要先添加一行文字，然后设置字体格式，再根据需要对标题进行美化和修饰，制作出漂亮的标题文字。本例对应的内容是人教版七年级《语文》下册中的内容，课件标题效果如图 2-26 所示。

图 2-26　课件"从百草园到三味书屋"标题效果

本实例只要在 Flash 中添加一行标题文字，然后设置文字的字体格式和特殊效果即可。

 跟我学

1. **打开文件**　运行 Flash 软件，按图 2-27 所示操作，打开 Flash 文件"从百草园到三味书屋(初).fla"。

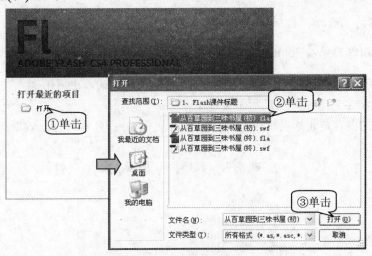

图 2-27　打开 Flash 源文件

2. **输入文字**　按图 2-28 所示操作，选择"文字"工具 **T**，设置好字体、大小和颜色，并在舞台上输入文字。

图 2-28　输入文字并设置字体格式

3. **设置效果**　按图 2-29 所示操作，设置文字的滤镜效果。

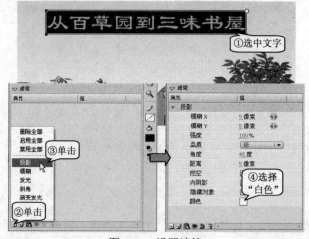

图 2-29　设置滤镜

4. **测试影片**　选择"控制"→"测试影片"命令，测试并观看课件。

实例 7　制作 PowerPoint 课件标题

在 PowerPoint 中制作标题，可以利用添加艺术字的方式，也可用插入文本框的方法，只要能实现文字在封面中突出显示即可。

本例对应的内容是北师大版八年级《历史》下册中的内容，课件标题效果如图 2-30 所示。

图 2-30　课件"中华人民共和国成立"标题效果

本例的知识点是在 PowerPoint 中插入一个自选图形,然后在自选图形中添加文字并设置字体的相关格式。

 跟我学

1. **打开文件** 打开半成品课件"中华人民共和国成立(初).pptx",按图 2-31 所示操作,插入圆角矩形。

图 2-31 插入自选图形

2. **设置格式** 按图 2-32 所示操作,设置圆角矩形中的字体格式。

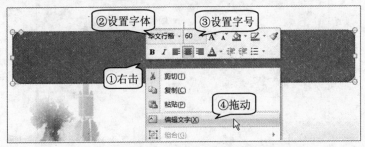

图 2-32 设置字体格式

3. **输入文字** 按图 2-33 所示操作,设置形状样式和字体格式。

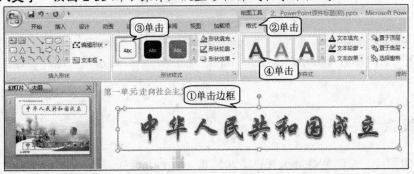

图 2-33 设置文本样式

4. 保存文件   将文件以"中华人民共和国成立.pptx"为名，保存。

2.3   图像素材获取与处理

图形、图像是制作多媒体 CAI 课件必不可少的素材，如背景、人物、界面、按钮等。而且图形和图像是学习者非常容易接受的信息，一幅图可以胜过千言万语，能形象、生动、直观地表现出大量的信息，帮助学习者理解知识，比枯燥的文字更能吸引读者。

2.3.1   图像素材获取

课件制作中需要的图像可以从多种渠道获得，例如，从因特网上下载，从计算机屏幕上直接截取，利用扫描仪或数码相机直接采集等。

实例 8   网上搜索"蛋白质结构"

因特网是一个资源的宝库，从中可以得到很多有用的图像，用于课件制作。既可以从专门的图像网站上下载图像，也可以到与课件制作内容相关的网站上去查找。本例中从网上搜索到的图片效果如图 2-34 所示。

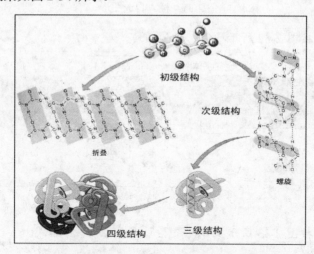

图 2-34   网上下载的"蛋白质结构图"

先打开"百度图片"(http://image.baidu.com)网站，然后搜索相关图片，并且保存下来，用于课件中。

 跟我学

1. **搜索图片**   在浏览器地址栏中输入网址"http://image.baidu.com"，进入"百度图片"网站主页，按图 2-35 所示操作，搜索"蛋白质结构图"相关的图片。

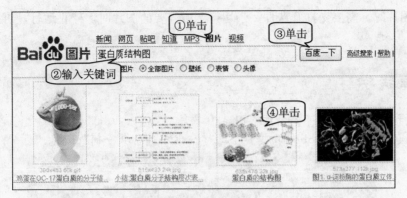

图 2-35 搜索图片

2. 保存图片 右击搜索到的图片，按图 2-36 所示操作，保存图片。

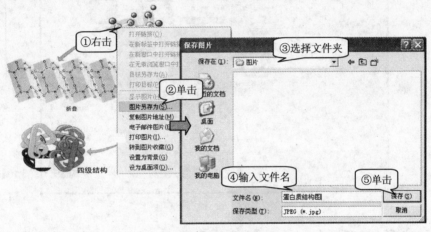

图 2-36 保存图片

实例 9 获取"影响摩擦力大小的因素"图片

有些软件(如现成的课件、教学光盘)在运行时，屏幕上会出现一些让人感兴趣的画面，可使用专用的截图软件将其截取下来，其中最常用的截图软件是 SnagIt，该软件可截取整个屏幕、窗口，甚至是不规则窗口。本例从课件中获取到的图片效果如图 2-37 所示。

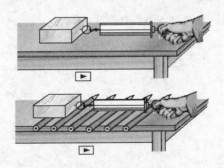

图 2-37 屏幕截取的图片

捕获图片时，需要先打开课件。当运行到所需要的图片时，停止运行，再按捕获键获取图片。

跟我学

1. **运行软件** 搜索、下载、运行 SnagIt 软件。
2. **配置文件** 按图 2-38 所示操作，选择输出方式，准备捕获图像。

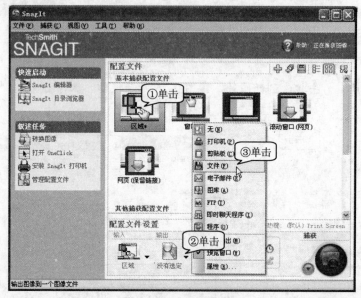

图 2-38 设置捕获选项

3. **开始捕获** 运行课件，当出现需要的画面时，按 PrintScreen 键，鼠标指针变成手形，在所需的画面上拖动出一个矩形框，松开鼠标，出现如图 2-39 所示的画面。

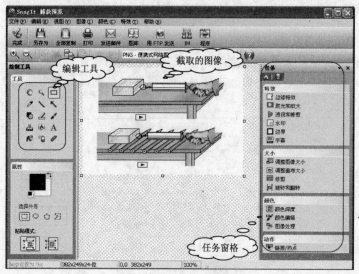

图 2-39 截取并编辑图像

4. **保存图片**　单击 ^{完成 (报筛绍)} 按钮，打开"另存为"对话框，选择保存位置并输入文件名，单击 保存(S) 按钮，将截取的图像保存为文件。

实例 10　扫描图像

当看书或阅读报刊杂志时，经常会遇到一些课件中所需要用到的图片，这时我们可以通过扫描仪将图像扫描下来，存储在计算机中，作为课件素材。本例从教材中扫描的图像效果如图 2-40 所示。

图 2-40　扫描的图片

在扫描图片时，先将书本中含有图片的一页放进扫描仪，然后打开扫描软件进行扫描。扫描完成之后，自动生成一张图片文件。

 跟我学

1. **打开扫描仪**　根据说明书，连接扫描仪到计算机，并打开扫描仪开关。
2. **扫描图片**　打开扫描软件，按图 2-41 所示操作，扫描图片。

图 2-41　扫描图片

3. **生成图片**　经过扫描之后，在指定的文件夹下产生一个相应的图片文件。

2.3.2 图像素材处理

在制作多媒体 CAI 课件过程中，需要从网上下载或是扫描图片，甚至有些是用相机手工拍的照片，但很多图像不是拿来就能用的，需要进行适当的调整，如调整大小、变换格式、调整清晰度等。使用 ACDSee、Photoshop 等软件可以完成此类任务。

实例 11   改变图像文件大小和格式

如果使用的图像非常大，或是文件格式采用得不当，会使制作的课件存储空间变大，而且课件运行的速度也会相应地变慢。这时，就需要将图像大小和格式作适当的调整，然后再使用。本例中所需要调整的图片效果如图 2-42 所示。

图 2-42   图片效果

改变图像大小有两种方法：一是设置图像的尺寸；二是使用压缩的图像格式。这样可以大大减少文件所占的磁盘空间，从而加快课件的运行速度。

 跟我学

1. **认识界面**   安装好 ACDSee 10.0 中文版，运行 ACDSee 10.0 中文版，其使用界面如图 2-43 所示。

图 2-43   ACDSee 10.0 使用界面

2. **选择图片**　在"文件显示区"中找到并选中图片"多变的天气.bmp"。

3. **调整大小**　选择"工具"→"调整图像大小"命令，按图 2-44 所示操作，调整图片
大小，自动生成新文件"多变的天气_调整大小.bmp"。

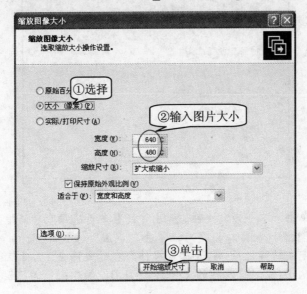

图 2-44　调整图片大小

4. **选择格式**　选定文件"多变的天气_调整大小.bmp"，选择"工具"→"转换文件格
式"命令，按图 2-45 所示操作，选择转换后的文件格式。

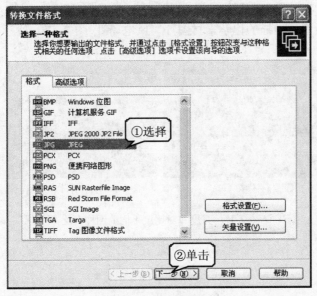

图 2-45　选择文件格式

5. **设置输出选项**　按图 2-46 所示操作，设置转换后的文件格式选项。

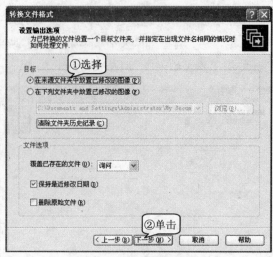

图 2-46　设置输出选项

6. **转换格式**　单击"下一步"按钮，弹出"设置多页选项"对话框，不需作任何修改，直接单击 开始转换 按钮，转换之后，单击"完成"按钮即可。

7. **比较大小**　完成转换之后，打开保存文件所在的文件夹，选择缩小和转换后的文件，比较文件的大小(注：修改后的文件为 137KB，而原文件为 2.25MB)。

实例 12　调整图像亮度与对比度

有时，素材库中扫描的图像过暗，以至于看不清图像上的内容；有时过亮，使图像的对比度下降，同样看不清图像上的内容。对于这些图像，在制作课件前要进行调整，从而满足课件制作的要求。

如图 2-47(a)所示为扫描的化学素材图片"风电场"，图 2-47(b)所示为经过亮度和对比度调整后的图片。

(a) 修改前图像　　　　　　　　　　　　　　　　(b) 修改后图像

图 2-47　亮度和对比度不同的图像对比

 跟我学

1. **选择文件**　运行 ACDSee 中文版，找到并选中素材文件"风电场.jpg"。

2. **设置参数**　选择"工具"→"调整图像曝光"命令，按图 2-48 所示操作，调整图像的亮度和对比度。

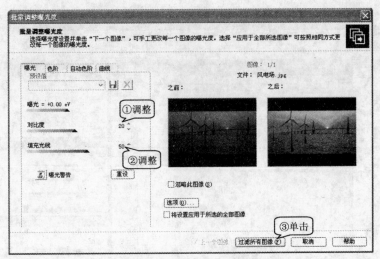

图 2-48　调整亮度和对比度

3. **调整图片**　处理完成后，在弹出的对话框中单击"完成"按钮，自动生成新文件"风电场_exposure.jpg"。

实例 13　旋转图像

在拍摄或扫描照片时，有时出现倾斜、倒置等现象。直接将这些素材引入课件，可能会影响课件效果。所以，在进行课件制作前，要对其进行处理，以满足课件制作的需要。

如图 2-49(a)所示是一幅有待处理的图像，图 2-49(b)所示是一个处理完成的图像。

(a) 旋转前图像　　　　　　(b) 旋转后图像

图 2-49　图像旋转前后

 跟我学

1. **打开图片**　运行 Photoshop CS2 中文版，打开图片"化学仪器.jpg"，效果如图 2-50 所示。

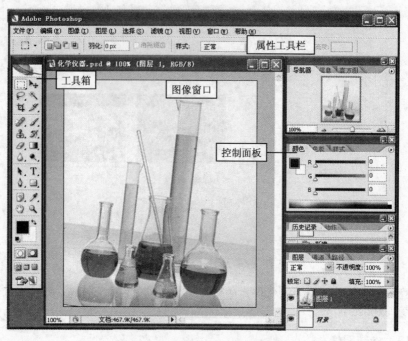

图 2-50　Photoshop CS2 使用界面

2. 改变图层　按图 2-51 所示操作，将背景层转换成普通图层。

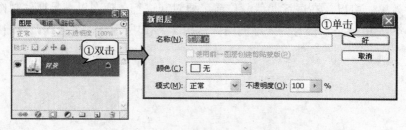

图 2-51　将背景层变成普通图层

3. 旋转图像　选择"编辑"→"变换"→"旋转"命令，按图 2-52 所示操作，旋转图像。

图 2-52　旋转图像

4. **裁剪图像** 单击"裁剪"工具 ⊿ ，按图 2-53 所示操作，裁剪图像。

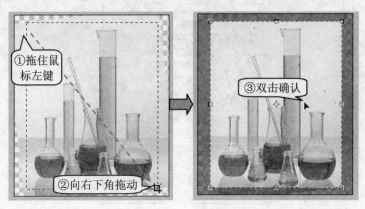

图 2-53 裁剪图像

5. **保存文件** 选择"文件" → "存储"命令，保存文件，完成图像的裁剪工作。

信息窗

旋转图像的方法很多，例如还可以用"图像" → "旋转画布"命令，对图像进行水平、垂直翻转，任意角度旋转等操作。

实例 14 改变图像清晰度

在拍摄图片时，有时会聚焦不准，使得图片产生模糊的感觉，在视觉上会感觉不舒服，需要对这些图片进行锐化，将其变得清晰一些。

如图 2-54(a)所示的是未经处理的图像，图 2-54(b)是经过锐化处理的图像。

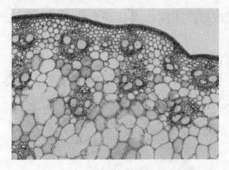
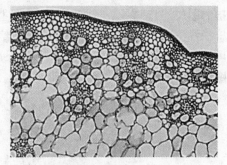

(a) 原始图像   (b) 调整后图像

图 2-54 锐化图片实例

 跟我学

1. **锐化图片** 运行 Photoshop 中文版，打开图片"植物细胞.jpg"，选择"滤镜" → "锐化" → "USM 锐化"命令，按图 2-55 所示操作，将图像锐化。

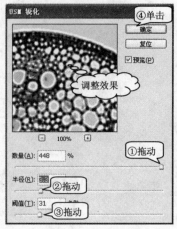

图 2-55　锐化图像

2. **渐隐图片**　选择"编辑"→"渐隐 USM 锐化"命令，按图 2-56 所示操作，对图像锐化进行渐隐操作。

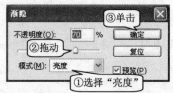

图 2-56　渐隐图像

3. **保存图片**　选择"文件"→"存储"命令，保存文件。

实例 15　消除图像背景阴影

扫描的图像，特别是从一些课本、杂志上扫描的图像，往往会把另一面文字透射过来的阴影也扫描下来，从而影响图像的质量，给制作的课件带来一些缺憾。如何把这些阴影去掉，可能是每位使用扫描图像制作课件的读者都要解决的问题。

如图 2-57(a)所示的是未经过处理的图像，图 2-57(b)是经过消除背景处理的图像。

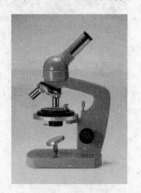　

(a) 原始图像　　　　　　　(b) 调整后图像

图 2-57　消除图像背景阴影实例

跟我学

1. **打开图片** 运行 Photoshop 中文版，打开图片"显微镜.jpg"。

2. **删除背景** 按图 2-58 所示操作，选择"魔棒"工具 ，选中阴影部分，按 Delete 键，将阴影删除。

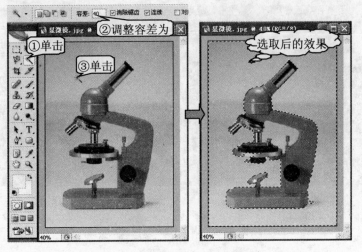

图 2-58 用"魔棒"工具选择阴影

3. **删除背景** 反复执行上面的操作(或将视图放大后，用"橡皮"工具 擦除剩下的阴影)。

4. **锐化图片** 选择"滤镜" → "锐化" → "USM 锐化"命令，按图 2-59 所示操作，调整图像"USM 锐化"属性。

图 2-59 锐化处理图像

5. **保存图片** 选择"文件" → "存储"命令，保存文件。

实例 16　调整图像颜色

有些照片经过一段时间的存放后，颜色就会泛黄；或是由于其他原因，使得图片失去原有的色彩，影响正常的美观效果。用户可将这些照片扫描到计算机中，然后对其进行调整。

如图 2-60(a)所示的是扫描到计算机中的泛黄的图像，如图 2-60(b)所示是经过通道调整成正常绿色的图像。

(a) 原始图像　　　　　　　　　　　　　　　(b) 调整后图像

图 2-60　调整图像颜色实例

 跟我学

1. **调整通道**　运行 Photoshop 中文版，打开图片"春色.jpg"，选择"图像"→"调整"→"通道混和器"命令，按图 2-61 所示操作，调整图像颜色。

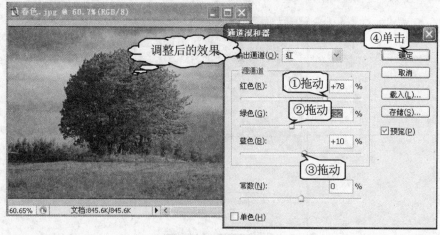

图 2-61　调整图像颜色

2. **保存图片**　选择"文件"→"存储"命令，保存文件。

2.3.3 应用实例——制作课件封面

完整的多媒体教学软件，一般都含有封面，虽然它不是课件的必要组成部分，但它却具有自己独特和重要的作用。课件封面的好坏将直接影响一个课件的质量。好的封面能给学生以美的享受，让学生以饱满的精神状态去听课。

实例 17 制作课件封面

一般常用的图片处理软件都能够制作课件封面，这里采用功能强大的 Photoshop 软件来完成此任务。本例中所需要制作的封面效果如图 2-62 所示。

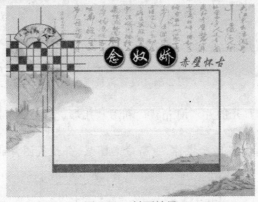

图 2-62 封面效果

为节省工作量，可以先从网上找一些图片素材，经过简单的处理之后，再用 Photoshop进行合成。

 跟我学

1. **新建文件** 运行 Photoshop 软件，新建一个图片文件，按 2-63 所示操作，设置图片参数。

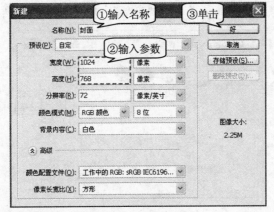

图 2-63 新建文件

2. **设置背景色**　选择"渐变"工具　，按图 2-64 所示操作，为背景层设置颜色。

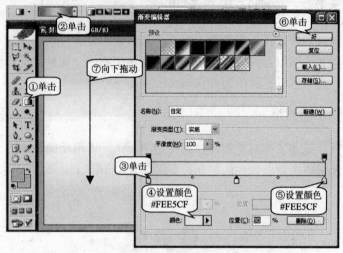

图 2-64　设置背景颜色

3. **设置背景色**　再打开图片"词.jpg"，利用"矩形选取"工具　，将内容复制到"封面"图片右上角。

4. **设置图层**　按图 2-65 所示操作，重新命名图层，并设置图片的混合模式和不透明度。

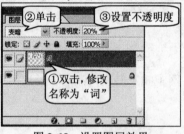

图 2-65　设置图层效果

5. **设置图层**　参照上述步骤 3、4，复制图片"山水"到"封面"图片，并修改其图层名称为"山水"，设置混合模式为"变暗"，不透明度为"30%"。

6. **设置图层**　参照上述步骤 3、4，复制图片"边框"到"封面"图片，并修改其图层名称为"边框"，设置混合模式为"变暗"，效果如图 2-66 所示。

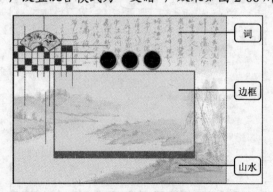

图 2-66　合成效果

7. **输入文字**　选择"文字"工具 $\mathbf{T}$，按图 2-67 所示操作，输入文字，设置文字格式。

图 2-67　输入文字

8. **设置间距**　按图 2-68 所示操作，选中文字，设置文字之间的距离。

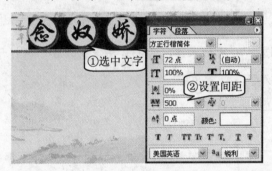

图 2-68　设置文字间距

9. **设置图层效果**　选择"图层"→"图层样式"→"斜面和浮雕"命令，打开"图层样式"对话框，单击"好"按钮，设置图层样式效果。

10. **输入文字**　参照图 2-62 所示效果，在封面上继续添加文字"赤壁怀古"，设置字体为"华文行楷"、字号为"48 点"、字型为"倾斜"。

2.4　声音素材获取与处理

在多媒体 CAI 课件中合理地加入一些声音，可以更好地表达教学内容，有利于学习者的大脑保持兴奋状态，使视觉思维得以维持。

2.4.1　声音素材获取

声音素材可以从多种渠道获得，如从因特网上下载；应用话筒录制；将录音磁带、CD、VCD、DVD 中的声音转换成课件中可以使用的素材。

实例 18　网上获取声音

因特网是声音素材的宝库，在因特网上可以得到很多有用的声音素材，用于课件制作。既可直接从音乐网站下载，也可以通过搜索引擎查找相关音乐。

 跟我学

1. **搜索音乐**　在浏览器地址栏中输入网址 "http://mp3.baidu.com"，进入 "百度 MP3" 网站，按图 2-69 所示操作，搜索诗朗诵 "再别康桥"。

图 2-69　搜索诗朗诵

2. **打开链接**　按图 2-70 所示操作，右击需要下载的音乐，打开快捷菜单。

图 2-70　打开快捷菜单

3. **保存音乐**　按图 2-71 所示操作，保存音乐文件。

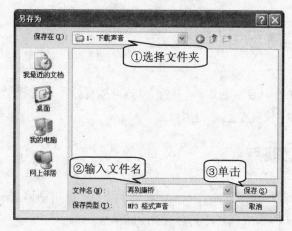

图 2-71　保存声音文件

实例 19　录制声音

"话筒"是多媒体计算机的输入设备之一，用 Windows 自带的 "录音机"程序，可以采集声音素材，操作方法也比较简单，但功能有限。这里不再采用该程序，改用功能更强大的音频处理软件 GoldWave。

 跟我学

1. **连接音频线**　将话筒和计算机的声卡正确地连接好，效果如图 2-72 所示。

图 2-72　连接音频线

2. **打开对话框**　选择"开始"按钮，选择"程序"→"附件"→"娱乐"→"音量控制"命令，打开"音量控制"对话框。

3. **选中麦克风**　选择"选项"→"属性"命令，打开"属性"对话框，按图 2-73 所示操作，选中"麦克风"选项。

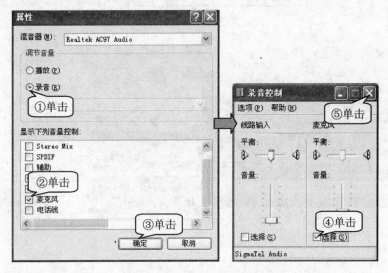

图 2-73　设置"麦克风"选项

4. **运行软件**　单击"开始"按钮，选择"程序"→ GoldWave → GoldWave 5.22 命令，运行 GoldWave 软件，界面如图 2-74 所示。

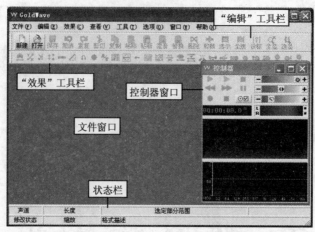

图 2-74　软件 GoldWave 使用界面

5. **新建文件**　单击"编辑"工具栏上的"新建"按钮，按图 2-75 所示操作，新建一个声音文件。

图 2-75　新建声音

6. **开始录音**　按图 2-76 所示操作，对着话筒进行录音。

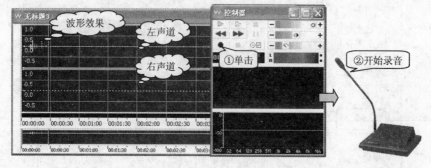

图 2-76　录音

7. **停止录音**　录音完成之后，单击"停止"按钮 ■，停止录音。
8. **保存文件**　选择"文件"→"保存"命令，打开"另存为"对话框，保存文件。

2.4.2　声音素材处理

从因特网上下载的声音或录制的声音，一般都要经过编辑才能使用，这里的编辑是指截取声音片段、插入片段或将不同的声音合并。

实例 20　转换声音文件格式

不同的课件制作软件，所支持的声音文件格式不同。还有些格式的声音文件所占的容量非常大，如 WAV 格式的声音文件，需要适当作些压缩。下面就介绍不同格式的声音文件之间的相互转换方式。

 跟我学

1. **打开文件**　打开 GoldWave 软件，选择"文件"→"打开"命令，打开"海燕.wav"声音文件。
2. **格式转换**　选择"文件"→"另存为"命令，打开"保存声音为"对话框，按图 2-77所示操作，保存文件为"海燕.mp3"。

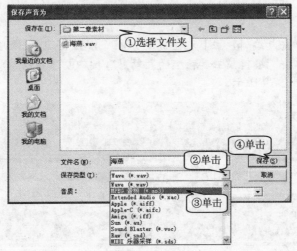

图 2-77　保存文件

3. **比较大小**　完成转换之后，打开保存文件所在的文件夹，选择经过格式转换的文件，比较文件的大小(注：修改后的文件为 5.13MB，而原文件为 56.6MB)。

实例 21　截取声音片段

有时，课件中所使用的声音仅仅是某个声音文件的某一段。例如，语文的课文朗读，需要整篇朗读，也需要某一段课文的朗读，这就需要从一整篇朗读中将某一片段截取下来。

 跟我学

1. **打开文件**　运行音频处理软件 GoldWave，选择"文件"→"打开"命令，打开"海燕.mp3"声音文件。

2. **放大波形** 连续 5 次单击"编辑"工具栏上的"放大"按钮 ，将声音的波形图放大。

3. **选择片段** 按图 2-78 所示操作，选择声音片段的起始与结束标记部位。

图 2-78 选择声音片段的范围

4. **复制片段** 单击"编辑"工具栏上的"复制"按钮，复制所选中的区域。

5. **粘贴片段** 单击"编辑"工具栏上的"粘贴"按钮，自动粘贴为一个新的声音文件，效果如图 2-79 所示。

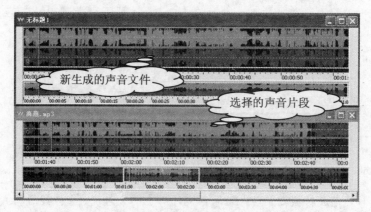

图 2-79 复制与粘贴声音片段

6. **保存文件** 选择"文件"→"保存"命令，保存文件，命名为"海燕_片段.mp3"。

实例 22 混合声音

在制作课件时，特别是制作音乐课件，经常需要将两种声音合并在一起，形成一种混音效果，这样可以增加课堂教学效果。

 跟我学

1. **选择片段** 运行 GoldWave 软件，打开声音文件"蜗牛与黄鹂鸟(配音).wav"，按图 2-80 所示操作，复制整个"蜗牛与黄鹂鸟(配音)"的波形图到内存。

图 2-80　复制声音

2. **试听音乐**　打开音乐文件"蜗牛与黄鹂鸟(伴奏).wav"，单击"播放"按钮 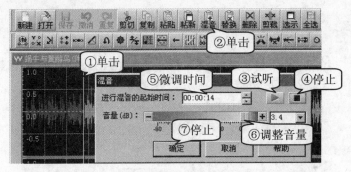，试
   听音乐。

3. **插入混音**　当音乐播放到需要插入配音点时，单击"停止"按钮 ■，按图 2-81
   所示操作，插入混音。

图 2-81　插入混音效果

4. **插入混音**　参照步骤 3，在"蜗牛与黄鹂鸟(伴奏)"音乐的第 1 分 02 秒处(00:01:02)
   再插入一个混音。

5. **保存文件**　选择"文件"→"另存为"命令，将声音文件另存为"蜗牛与黄鹂鸟.wav"
   文件。

2.4.3　应用实例——制作课件解说词

解说词能帮助学生理解教学内容，配上解说词的课件将更具实用性，学生在自己探究
时，可以根据解说词增加对教材内容的理解。

实例 23　制作课件解说词

课件"金属活动性顺序及其应用"对应人教版九年级《化学》教材中的内容，需要添
加解说词的幻灯片效果如图 2-82 所示。

图 2-82 课件"金属活动性顺序及其应用"效果

在插入解说词时，需要先打开所需幻灯片，然后从"幻灯片放映"菜单项中选择"录制旁白"，再根据课件内容录制解说词。

 跟我学

1. **打开文件** 打开课件"金属活动性顺序及其应用(初).pptx"，切换到第 18 张幻灯片。
2. **准备录制** 按图 2-83 所示操作，打开"录制旁白"对话框。

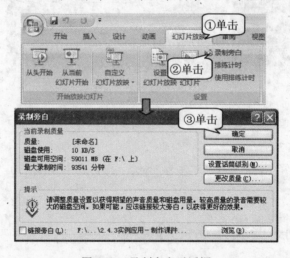

图 2-83 录制旁白对话框

3. **录制旁白** 按图 2-84 所示操作，开始录制旁白。

图 2-84 录制旁白

4. **保存旁白** 按图 2-85 所示操作，保存旁白。

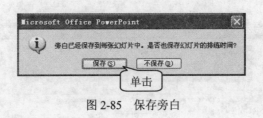

图 2-85　保存旁白

2.5　动画素材获取与处理

在课件的制作过程中，如果缺少动画，将大大降低课堂效率。利用动画可以使课件更具吸引力，使问题分析得更透彻、形象。

2.5.1　动画素材获取

动画和视频都是多媒体 CAI 课件制作过程中常用的素材，同图片和声音素材一样，也可以从因特网上或光盘中获取。

实例 24　网上获取动画

在因特网上用得最多的是 Flash 动画，很多课件也是用 Flash 制作的，这类课件不能像其他课件一样直接下载，需要借助下载工具。

跟我学

1. **运行软件**　在计算机中安装下载工具"迅雷"软件，并打开该软件。
2. **打开网址**　打开含有 Flash 课件的网址(如：初中物理"电压"课件网址"http://www.pep.com.cn/czwl/czwljszx/wl8x/wl8xkj/wl8xkj1/200611/t20061128_274121.htm")，按图 2-86 所示操作，自动弹出浮动的"下载"按钮。

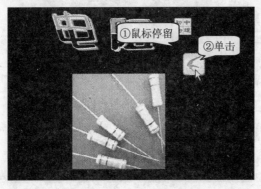

图 2-86　弹出"下载"按钮

3. **保存文件**　按图 2-87 所示操作，保存 Flash 课件。

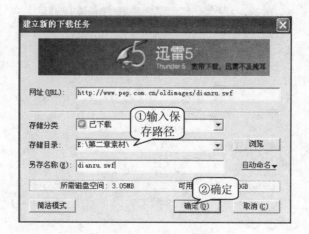

图 2-87　保存 Flash 课件

实例 25　从 Flash 动画提取

在播放 Flash 动画时，经常会看见动画中有某一段精彩的动画镜头，想从中提取出来，这可借助软件实现。

 跟我学

1. **运行软件**　上网下载、运行 Flash 破解软件 SWFDecompiler，按图 2-88 所示操作，打开 Flash 课件。

图 2-88　打开 Flash 课件

2. **选择元件**　按图 2-89 所示操作，选择需要导出的动画元件。

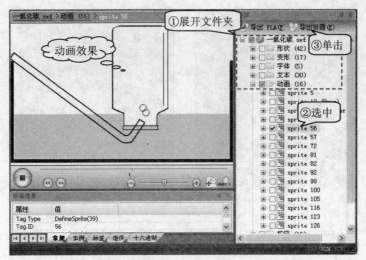

图 2-89　选择元件

3. **导入资源**　按图 2-90 所示操作，导出选择的动画元件，生成一个新的动画。

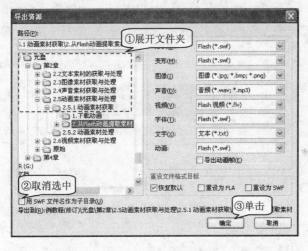

图 2-90　导出资源

2.5.2　动画素材处理

网上下载的或者通过其他方式获取的动画，不一定完全满足需要，这时候就需要对动画进行适当的处理，以满足个性的需求。这里的处理包括动画的全新制作和动画的修改。

实例 26　二维动画素材处理

常见的二维动画文件格式有 GIF 和 SWF，这两类动画分别可用 Ulead GIF Animator 和 Flash 等软件来制作。其中用 Flash 制作出来的 SWF 动画是矢量的，不管怎样放大，都不失真。下面将介绍另一款非常实用的二维动画制作软件 SWiSH。如图 2-91 所示为利用 SWiSH 制作出来的二维文字动画。

图 2-91 用 SWiSH 制作出来的动画效果图

本实例制作时，是先在 SWiSH 中绘制几个椭圆，然后再让小球沿曲线动作。

 跟我学

1. **运行软件** 上网下载、运行 SWiSH Max2 软件，其使用界面如图 2-92 所示。

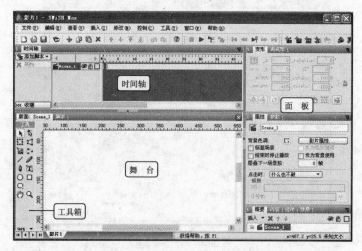

图 2-92 SWiSH Max2 使用界面

2. **设置舞台大小** 按图 2-93 所示操作，单击"属性"面板上的"影片属性"选项，设置舞台的大小。

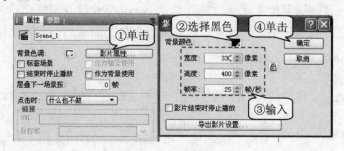

图 2-93 设置舞台大小

3. **输入文字**　单击工具栏上的"文本工具"按钮 **T**，按图 2-94 所示操作，输入文字"同步卫星发射过程平面示意图"。

图 2-94　添加文字

4. **插入图片**　选择"插入"→"导入图像"命令，按图 2-95 所示操作，插入一张图片到舞台，并适当拖动图片到舞台中央。

图 2-95　插入图片

5. **绘制圆形**　选择"椭圆"工具 ◯，按图 2-96 所示操作，设置椭圆参数，并在舞台上绘制一个圆。

图 2-96　画圆

6. 绘制椭圆　参照图 2-96 所示操作，继续在舞台绘制 2 个椭圆，效果如图 2-97 所示。

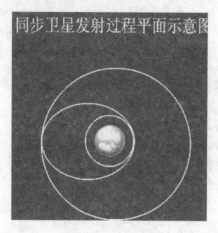

图 2-97　绘制椭圆

7. 绘制圆形　选择"椭圆"工具 ⬭，按图 2-98 所示操作，设置椭圆参数，在舞台绘制一个具有过渡颜色的小圆，代表"卫星"。

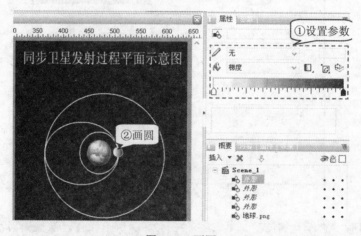

图 2-98　画圆

8. 绘制路径　单击工具栏上的"动作路径"按钮 ，按图 2-99 所示操作，沿白线绘制路径。

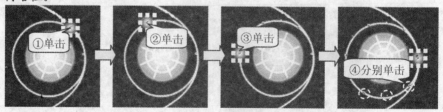

图 2-99　绘制路径

9. 绘制路径　按图 2-100 所示操作，沿椭圆的白线多次单击，绘制一条椭圆路径。

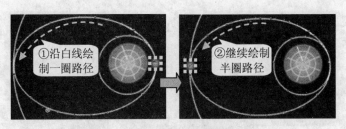

图 2-100 绘制路径

10. **绘制路径** 参照前面步骤,再沿最外层大圆绘制一条路径。

11. **保存文件** 选择"文件"→"保存"命令,将文件命名为"同步卫星发射过程平面示意图.swi",并按图 2-101 所示操作,导出 SWF 文件。

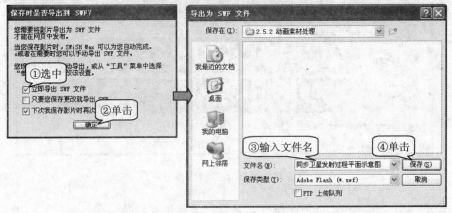

图 2-101 导出 SWF 文件

实例 27 三维动画素材处理

COOL 3D 是非常好的三维文字制作软件,利用此软件可制作课件片头文字和片尾文字。如图 2-102 所示就是利用 COOL 3D 3.5 制作出来的三维文字动画。

图 2-102 COOL 3D 制作的文字动画效果图

 跟我学

1. **认识软件** 从网上下载、运行 COOL 3D 3.5 软件,其界面如图 2-103 所示。

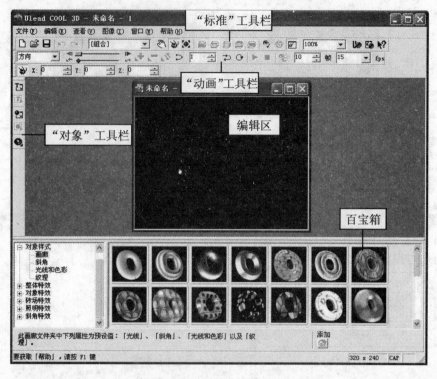

图 2-103　COOL 3D 3.5 使用界面

2. **组合对象**　按图 2-104 所示操作，将组合对象拖到编辑区域。

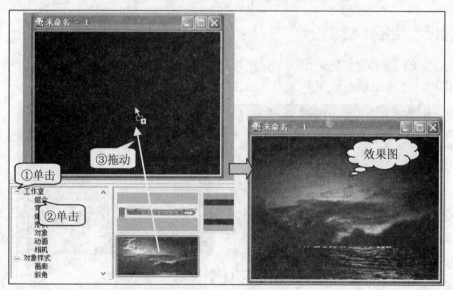

图 2-104　拖动组合对象到编辑区域

3. **删除对象**　选择"查看"→"对象管理器"命令，打开"对象管理器"对话框，按图 2-105 所示操作，删除不需要的对象。

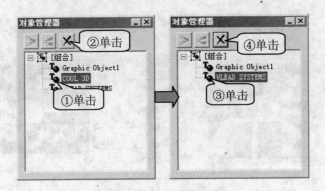

图 2-105　删除对象

4. **调整大小**　选择"图像"→"尺寸"命令，按图 2-106 所示操作，改变"编辑区"的大小。

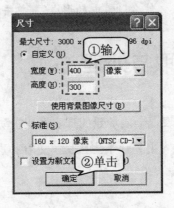

图 2-106　改变大小

5. **插入文字**　单击"对象"工具栏上的"插入文字"按钮，按图 2-107 所示操作，添加文字，并设置字体格式。

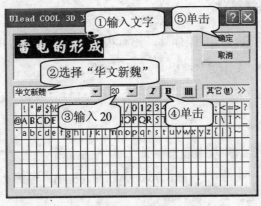

图 2-107　添加文字

6. **设置效果** 按图 2-108 所示操作，设置文字的"对象样式"和"对象特效"。

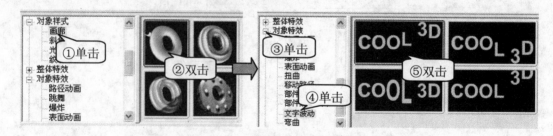

图 2-108　设置文字效果

7. **保存文件** 选择"文件"→"保存"命令，将文件保存为"雷电的形成.c3d"。
8. **创建视频** 选择"文件"→"创建动画文件"→"视频文件"命令，打开"另存为视频文件"对话框，输入文件名"雷电的形成"，单击"保存"按钮，生成视频文件。

2.6　视频素材获取与处理

在制作课件时，有时为了表现一段场景的真实性或生动性，可以配上一段精彩的视频。这些视频可以使我们的教学内容更易让学生接受，更容易理解。

2.6.1　视频素材获取

课件中视频的来源，可以是自己用摄像机拍摄的，也可以是从网上下载的，或者可以直接从 VCD 光盘中截取视频片段。

实例 28　网上获取视频素材

因特网上除了有大量的 Flash 课件外，还有很多精彩的视频。将这些视频下载下来用在课件中，可以使课件更具有魅力，更具有实用价值。

 跟我学

1. **运行软件** 在计算机中安装视频下载工具"FlashMov 视频下载器"，并运行该软件。
2. **搜索视频** 打开"优酷网"(http://www.youku.com/)，按图 2-109 所示操作，搜索高中化学实验"镁与水的反应"视频。

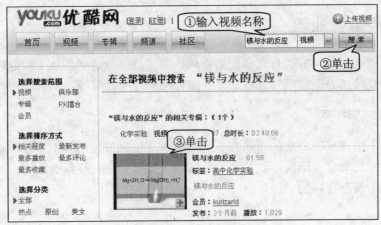

图 2-109　搜索视频

3. **复制网址**　按图 2-110 所示操作，复制视频地址到剪贴板。

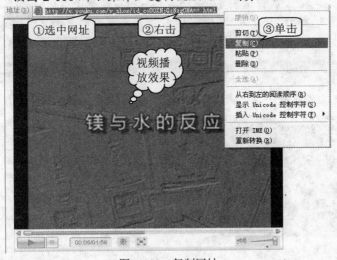

图 2-110　复制网址

4. **下载视频**　将窗口切换到"FlashMov 视频下载器"，单击"新建"按钮，按图 2-111 所示操作，捕捉视频文件，单击"确定"按钮，开始下载视频文件。

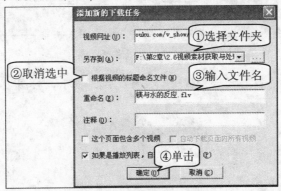

图 2-111　捕捉视频文件

2.6.2　视频素材处理

从网上下载的视频，或者自己录制的视频，有些需要做适当的加工和处理，才能应用到课件中。对视频的处理包括视频合成、分离和添加特殊效果等。

实例29　裁剪视频

如果从网上下载一段精彩的电影或者其他视频，但只想使用其中一段，就需要用到对视频的裁剪。利用教材前面所用到的"超级解霸"可以实现对视频的裁剪，但这里我们介绍一款专门用于裁剪视频的软件。

 跟我学

1. **运行软件**　网上下载、运行 Ultra Video Splitter 软件。
2. **打开视频**　选择"文件"→"打开"命令，打开要裁剪的视频文件"镁与水的反应.flv"。
3. **选择范围**　按图 2-112 所示操作，选择视频裁剪的范围。

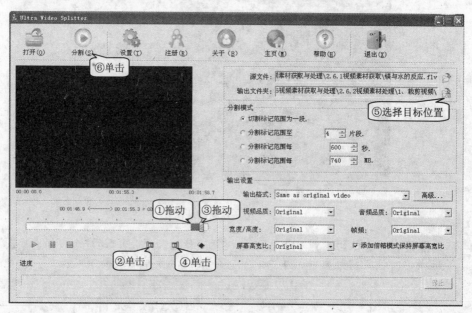

图 2-112　选择裁剪范围

4. **完成裁剪**　经过裁剪之后，弹出"任务完成"提示，按图 2-113 所示操作，完成裁剪。

图 2-113　完成裁剪

实例 30　合成视频

前面在欣赏视频时，看到的只是一个独立的节目，观看起来很不方便。需要采用合适的软件，将它们合成在一起，制作成精彩的电影文件，然后将其导入 Authorware、Flash 等课件制作软件中使用。

 跟我学

1. **运行软件**　网上下载、运行 Ultra Video Joiner 软件。
2. **打开文件**　按图 2-114 所示操作，打开需要合并的视频文件。

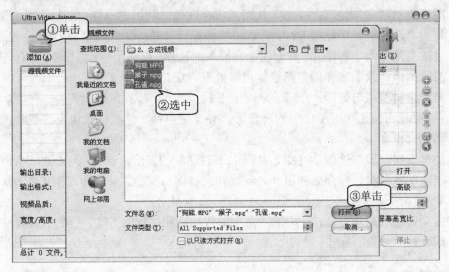

图 2-114　打开视频文件

3. **合并文件**　按图 2-115 所示操作，合并已经选择的视频片段。

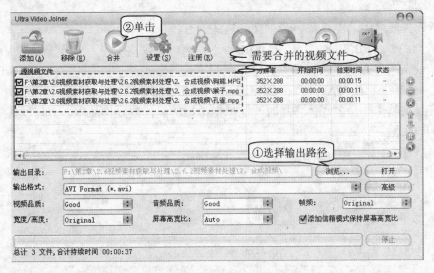

图 2-115　合并视频文件

2.7　小结和习题

2.7.1　本章小结

本章介绍了多媒体课件素材获取与制作的方法，具体包括以下主要内容：

- **文本素材获取与处理**：介绍了获取文本素材的几种方式，包括从键盘输入文本、用手写笔输入文本和用麦克风输入文本等；并介绍了文本格式之间的相互转换和在 Word 中处理艺术字。
- **图像素材获取与处理**：介绍了从网上保存图像、利用 SnagIt 软件截取屏幕图像和利用"超级解霸"截取 VCD 光盘上的图像等方法。并介绍了利用 Photoshop 软件来改变图像大小和格式、调整图像亮度与对比度、旋转图像、将模糊的图像变清晰、消除图像背景阴影和调整图像颜色等处理方法。
- **声音素材获取与处理**：介绍了从网上下载声音、用麦克风录制声音、获取动画中的声音和获取 CD 或 VCD 中的声音等。并介绍声音文件的格式转换、截取声音片段和混合声音等。
- **动画素材获取与处理**：介绍了从网上下载动画的方法，以及从现成的 SWF 文件中提取动画素材，并介绍利用 Swish 软件来制作二维动画、利用 COOL 3D 制作三维动画。
- **视频素材获取与处理**：介绍了从网上下载动画和视频的方法，利用工具软件合成和截取视频片段等操作。

2.7.2　强化练习

一、选择题

1. 下列扩展名中，不是数字音频文件格式的有(　　)。

A. MP3　　　B. DOC　　　C. MID　　　　D. WAV

2. Windows 自带的"录音机"程序，录制声音的格式是(　　)。

A. MP3　　　B. WAV　　　C. MID　　　　D. DOC

3. 张强在制作一份多媒体作品时，他想把拍摄的照片放到作品中，下列设备中，能帮他采集图片的是(　　)。

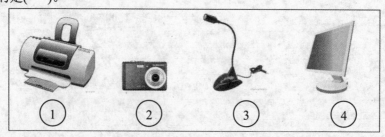

A. ①打印机　　　B. ②数码相机　　　C. ③话筒　　　D. ④显示器

4. 周老师想在课件中添加录音，他准备安装一款软件，先录音，再对声音进行编辑处理，下列软件可选的是(　　)。

    A. Photoshop   B. Word   C. GoldWave   D. PowerPoint

5. 陈强将一张图像进行局部放大后，发现该图像的品质未发生变化，由此可判断该图像是(　　)。

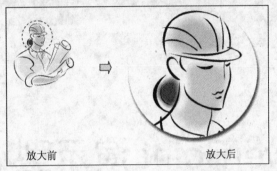

放大前　　　　　　　　　　放大后

    A. 位图   B. 矢量图   C. 三维图   D. 数码照片

6. 物理老师在用 Flash 制作课件时，要将左图中的开关变成右图样式，需使用的工具是(　　)。

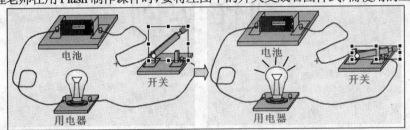

    A. 填充变形▦   B. 套索🔎   C. 矩形工具▢   D. 任意变形▣

二、判断题

1. 用截图软件无法截取正在播放的 VCD 上的精彩画面。   (　　)

2. 使用 ACDSee 在浏览图像时，不能对图像进行任何操作。   (　　)

3. 使用"豪杰超级音频解霸"程序可以截取 VCD 影碟中某一段声音。   (　　)

4. 在因特网上可以随意下载音乐素材，不涉及任何版本问题。   (　　)

5. 用 COOL 3D 软件可以生成 AVI 格式的视频文件。   (　　)

三、问答题

1. 要获取课件中所需的图像素材，有多种方法，请列举其中三种。

2. 在 Photoshop 中如何将下面左侧破损的照片修复成右图样式？

第 3 章

PowerPoint 演示型课件
制作实例

在多媒体 CAI 课件的各种制作软件中，PowerPoint 以其简单易学、功能实用而著称，因而成为教师制作课件的首选工具。PowerPoint 内置丰富的动画、过渡效果和多种声音效果，并有强大的超链接功能，教师能够根据教学内容快速直观地制作出各种类型的课件，如以演示文字、图片、影音、表格等对象为主的演示型课件；能动态展示教学内容的动画型课件；能与使用者自由交互的交互型课件；供随堂使用的选择、填空、判断、连线、填图等练习型课件等等。通过这些课件的使用，使学生在学习中获得愉悦的享受，从而大大提高课堂效率，起到事半功倍的效果。

本章通过实例示范，介绍利用 PowerPoint 2007 制作课件的基础知识和操作方法，希望读者能够举一反三，制作出精美实用的课件。

本章内容：
- PowerPoint 课件制作基础
- 添加课件教学内容
- 设置课件动画效果
- 设置课件交互效果
- 制作综合课件实例

3.1　PowerPoint 课件制作基础

用 PowerPoint 制作的课件为"演示文稿",它由多张"幻灯片"组成,每张幻灯片上可根据需要添加文字、图片或插入影片、声音等来展示教学内容,这些幻灯片按教学需要进行播放演示。

为对 PowerPoint 有初步的认识,本节将介绍 PowerPoint 的使用界面和工作环境以及相关基本概念。

3.1.1　使用界面

运行 PowerPoint 2007 软件后,进入如图 3-1 所示的使用界面。可以看出,界面由选项卡栏、功能区、大纲窗格、编辑区、状态栏等主要部分组成,下面介绍其中较特殊的几个部分。

图 3-1　PowerPoint 2007 使用界面

1. 功能区

PowerPoint 2007 窗口的选项卡栏下方是功能区,由若干个工具按钮区域组成,其中包含了许多工具按钮。

功能区和选项卡栏上的选项相关联,图 3-1 中显示的是"开始"选项卡的功能区,当单击"插入"、"设计"、"动画"等选项卡后,功能区将自动进行相应切换,如图 3-2 所示,方便用户使用相关的工具按钮。

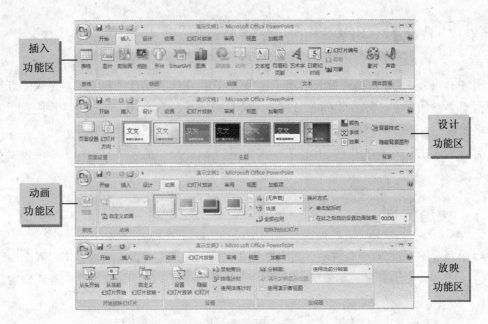

图 3-2　不同的功能区示意图

2. 幻灯片编辑区

　　幻灯片编辑区显示正在编辑制作的幻灯片。在当前幻灯片上，可以添加新的内容，也可编辑修改已经制作好的内容。通过用鼠标拖动"大纲窗格"和"幻灯片编辑区"之间的分隔竖线，可调整 2 个窗格大小，操作方法如图 3-3 的操作步骤①所示。

　　幻灯片编辑区中的幻灯片的大小，可通过调整状态栏上的"显示比例"滑动条来调整；也可按图 3-3 操作步骤②所示操作，将其设置为"最佳大小"，使幻灯片大小自动适应编辑区的大小。

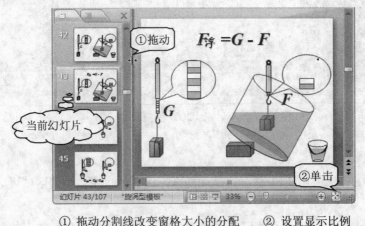

① 拖动分割线改变窗格大小的分配　　② 设置显示比例

图 3-3　改变幻灯片窗格的大小

3. 备注窗格

备注窗格位于幻灯片编辑区的下方,用于对某张幻灯片输入一些备注性的说明文字,备注内容只供制作者或使用者参考,在放映时不会被显示出来。

3.1.2　视图介绍

PowerPoint 提供了不同的工作环境,称为视图。在 PowerPoint 中,有 4 种基本视图:普通视图、幻灯片浏览视图、幻灯片放映视图和备注页视图。在不同的视图中,可用相应的方式查看和操作演示文稿。

利用如图 3-4(a)所示的"视图"选项卡,可在功能区中的 4 种视图之间单击切换。另外,在使用界面的视图切换区,如图 3-4(b)所示,也可以方便地在除备注页视图之外的 3 种视图之间进行切换。

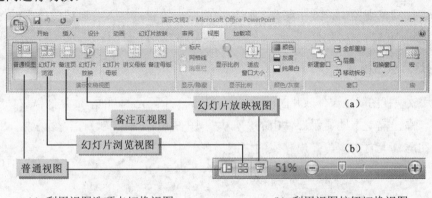

(a) 利用视图选项卡切换视图　　　(b) 利用视图按钮切换视图

图 3-4　切换视图

1. 普通视图

普通视图如图 3-1 所示,具有同时编辑文稿大纲、幻灯片和备注页的功能,可较全面地掌握整个课件的情况。

用户可以在视图切换区中单击"普通视图"按钮,或选择"视图"→"普通"命令切换到此视图。

2. 幻灯片浏览视图

幻灯片浏览视图如图 3-5 所示。在此视图中,按编号由小到大的顺序显示课件中全部幻灯片的缩略图,可清楚地看到课件内容连续变化的过程。

在幻灯片浏览视图中,不能像普通视图那样编辑单张幻灯片上的内容,但可以方便地完成对整张幻灯片的各种操作,如删除、复制、移动幻灯片等。关于幻灯片的相关管理操作,将在后续的内容中穿插介绍。

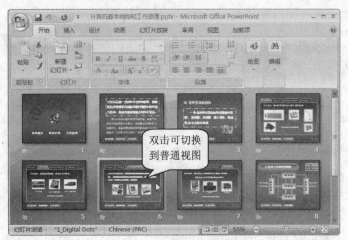

图 3-5　幻灯片浏览视图

在幻灯片浏览视图中，双击某张幻灯片缩略图，可直接转入普通视图(如图 3-5 所示)，在幻灯片窗格中编辑该张幻灯片。

3. 幻灯片放映视图

幻灯片放映视图就是课件放映时的效果，它不是单个静止的画面，而是像播放真实的幻灯片那样，一幅一幅动态地显示课件中的幻灯片。图 3-6 就是语文课件"变色龙"的放映视图，此时在屏幕上右击，可弹出相应的快捷菜单。

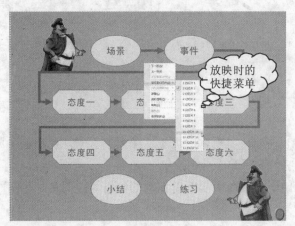

图 3-6　幻灯片放映视图

在视图切换区单击"幻灯片放映"按钮，或按 F5 键，可放映幻灯片。但值得注意的是，第 1 种方法是从当前幻灯片开始放映，按 F5 键是从第 1 张幻灯片开始放映。

3.1.3　幻灯片的基本操作

PowerPoint 课件由多张幻灯片组成，通过这些幻灯片来展示教学内容。因此，幻灯片的操作是 PowerPoint 的最基本操作之一。对幻灯片进行操作时，通常先切换到图 3-5 所示的"幻灯片浏览视图"中进行操作。

1．新建幻灯片

新建幻灯片是最常进行的幻灯片操作，如图 3-7 所示，是在第 1、2 张幻灯片之间插入一张新幻灯片。具体操作是：先选择要插入幻灯片的位置，然后利用"开始"功能区中的"新建幻灯片"按钮，插入新幻灯片。

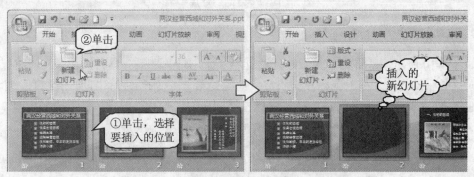

图 3-7　新建幻灯片

2．删除幻灯片

如图 3-8 所示，是删除第 2 张幻灯片。具体操作是：先选择第 2 张幻灯片，再利用"开始"功能区中的"剪切"按钮(或按 Delete 键)删除。

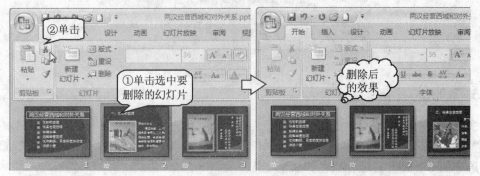

图 3-8　删除幻灯片

3．复制幻灯片

如图 3-9 所示，是将第 2 张幻灯片复制到第 5 张幻灯片之后。具体操作是：先选择要复制的第 2 张幻灯片，单击"复制"按钮，再选择要插入的位置(第 5、6 幻灯片之间)，单击"粘贴"按钮。

图 3-9　复制幻灯片

4. 移动幻灯片

如图 3-10 所示，是将第 6 张幻灯片移到第 2 张幻灯片之后。具体操作是：先将鼠标指针指向第 6 张幻灯片，按下鼠标左键不放，拖动到第 2、3 张幻灯片之间，看到有一个竖线显示在第 2、3 张幻灯片之间时，释放鼠标左键即可。

图 3-10　移动幻灯片

5. 多张幻灯片操作

多张幻灯片的操作与单张幻灯片操作的唯一区别是，要先选中多张幻灯片，然后再进行相关的复制、删除、移动等操作。图 3-11 所示的是用拖动的方法选中第 2 至第 7 张幻灯片，选中的 6 张幻灯片边框颜色和其他幻灯片不同。

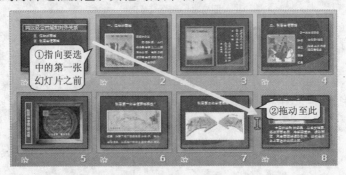

图 3-11　选中幻灯片

除了这种方法之外，还可按 Ctrl 和 Shift 键进行多选，方法和在操作系统中选择多个文件一样，具体操作请参考操作系统的多文件选择。

3.2　添加课件教学内容

用 PowerPoint 制作课件时，教师根据教学内容的需要，在幻灯片上添加文字、图形、图片、表格、声音、影片等教学素材，并根据教学实际，使它们依次展示，从而辅助教学。本节将介绍在课件中添加文字、图片、音视频等教学素材的操作方法和技巧。

3.2.1　添加文字内容

课件中最常用的是文字，在 PowerPoint 中加入文字，可通过插入艺术字和文本框两种方法来完成。艺术字往往用来制作漂亮的标题文字，文本框则通常用来制作幻灯片上的说明性文字。

实例 1　变色龙

本例内容是中学语文课文《变色龙》，课件运行效果如图 3-12 所示。该课件共 13 张幻灯片，第 1 张设置为封面，其他为课件内容。在制作时，可利用 PowerPoint 提供的主题和背景设置，统一课件的整体风格。

本例的主要任务是在课件中添加文字内容，因限于篇幅，这里主要介绍第 1 张封面幻灯片的制作，其他幻灯片的制作，请参考配套光盘实例及后续章节的介绍自行完成。

图 3-12　课件"变色龙"封面效果图

　跟我学

新建课件

新打开 PowerPoint，会自动打开一个新的演示文稿。另外通过"**新建**"菜单也可以方便地新建演示文稿。

1. **运行软件** 单击"开始"按钮,选择"所有程序"→Microsoft Office 2007→Microsoft PowerPoint 2007 命令,运行 PowerPoint 软件。
2. **选择主题** 按图 3-13 所示操作,选择"纸张"主题。

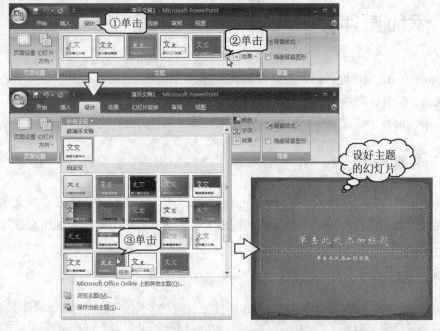

图 3-13 选择主题

PowerPoint 2007 主题是以前版本中设计模板的延续和升级。主题包含主题颜色、主题字体或主题效果等。当选中一个主题后,主题所包含的这些元素将应用于课件的所有部分,包括文本和数据。

3. **选择版式** 按图 3-14 所示操作,选择"空白"版式。

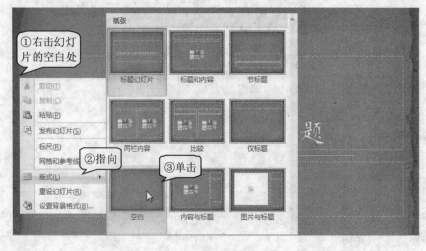

图 3-14 选择版式

版式是 PowerPoint 提供的一种快速制作幻灯片的方法。版式提供了这张幻灯片的大致布局样式，即幻灯片上的标题、副标题在什么位置，用什么字体、字号，图片、视频放在什么地方等等。用户还可以自由定义新版式。

制作艺术字标题

在 PowerPoint 中，幻灯片上比较大的标题文字，一般使用艺术字工具来制作，并且可以通过多样化的设置使艺术字更加美观醒目。

1. **插入艺术字**　单击"插入"选项卡，选择"艺术字"工具，选择第一种艺术字样式，直接输入文字"变色龙"，效果如图 3-15 所示。

图 3-15　插入艺术字

2. **设置渐变填充色**　单击"格式"选项卡，在功能区中利用"文本填充"按钮，按图 3-16 所示操作，设置艺术字线性对角渐变填充色。

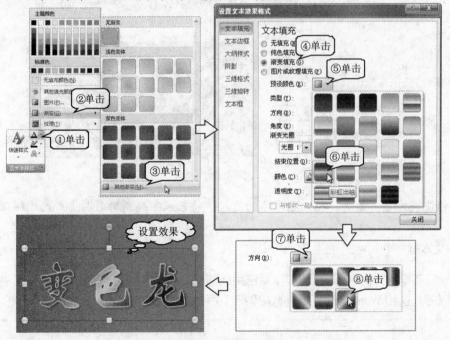

图 3-16　设置渐变色

在任何时候，单击 PowerPoint 左上角的"撤销"按钮，即可撤销一步误操作，还原到前面的状态。

3. **设置字体** 单击"开始"选项卡，按图 3-17 所示操作，设置艺术字的字体为"微软雅黑"。

图 3-17　设置字体

4. **修饰艺术字** 按图 3-18 所示操作，在"格式"选项卡中利用"艺术字样式"功能区的"文本效果"，设置"棱台"效果为"艺术装饰"，"转换"效果为"槽形"；然后在"大小"功能区，设置好高度和宽度。

图 3-18　修饰艺术字

5. **修饰艺术字** 最后，拖动艺术字的边框，将艺术字移到幻灯片上部的中间位置。

制作文本框

　　文本框是课件制作中最基本、最常用的功能。幻灯片上各种文字大多是用文本框来完成的，这和 Word 中在光标处直接输入文字是不同的。

1. **输入文字** 选择"开始"选项卡上的"文本框"工具，在标题艺术字下方单击，自动插入一个文本框，在光标处输入文字，如图 3-19 所示。

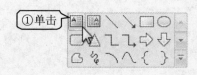

图 3-19　输入文字

2. **输入符号**　单击"插入"选项卡，按图 3-20 所示操作，插入"·"符号。

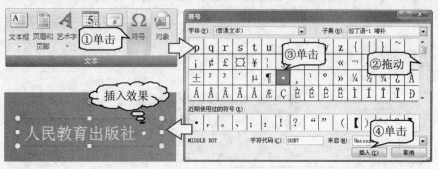

图 3-20　输入符号

3. **换行输入**　输入完一行文字后，按回车键换行，依次再输入另外两行文字。

4. **调整文本框**　按图 3-21 操作，通过拖动文本框的控制点调整文本框大小，拖动边框线移动文本框到合适的位置。

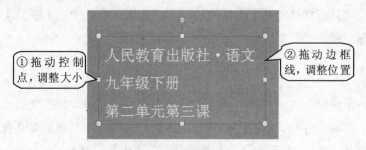

图 3-21　调整文本框

5. **设置文字格式**　单击文本框边框选中文本框，在"开始"选项卡中按图 3-22 所示操作，设置好整个文本框文字的字体、字号、文字颜色以及居中对齐方式。

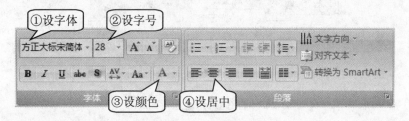

图 3-22　设置文字格式

6. **输入作者信息**　用类似的方法，制作好下面的制作者信息文本框，最后的效果如图 3-12 所示。

知识库

1. 调整文本框

插入的文本框,可调整其大小、位置、角度等。如图 3-23 所示,拖动文本框 4 条边上的 4 个方形控制点,可调整文本框的宽度和高度;拖动四角的 4 个圆形控制点,则可同时调整宽度和高度大小。

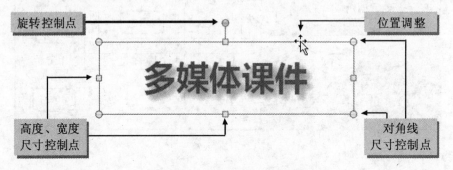

图 3-23　文本框的调整

拖动文本框中上方的绿色圆形控制点,则可旋转文本框,使文本框倾斜放置。如果要移动文本框,可将鼠标指针移到文本框的边框上,当鼠标指针变成十字箭头时,如图 3-23 所示,按下鼠标左键拖动,即可移动文本框。

2. 应用主题

选择幻灯片主题时,在"设计"选项卡的功能区单击某个主题样式后,即可将该主题应用于课件中的所有幻灯片。有时,如只想将主题样式应用于某张或某几张幻灯片,可先选中幻灯片,再按图 3-24 所示操作,将主题应用于选定的幻灯片。

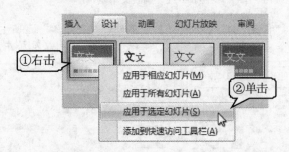

图 3-24　将主题应用于选定的幻灯片

一套幻灯片主题,可有多种背景样式选择。在"设计"选项卡的功能区右侧,利用"背景样式"按钮,按图 3-25 所示操作,即可切换不同的背景样式。

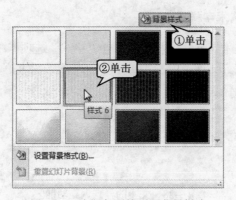

图 3-25　选择主题的不同背景样式

3. 设置文字格式

当选中文本框中的部分文字后，在选中文字的旁边会自动弹出设置文本格式的工具栏，如图 3-26 所示，方便用户进行文字格式的设置。

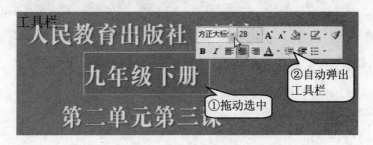

图 3-26　文本设置的浮动工具栏

要设置文本字体、字号、颜色等，可通过单击相应按钮右边的小三角形，在弹出的下拉列表中选择合适的设置即可，如图 3-27 所示。

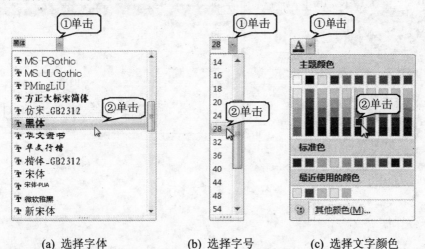

(a) 选择字体　　　　(b) 选择字号　　　　(c) 选择文字颜色

图 3-27　工具栏上按钮的用法

4. 调整形状样式和艺术字样式

当选中了课件中的艺术字或文本框后，可在"格式"选项卡中设置"形状样式"和"艺术字样式"，如图 3-28 所示。形状样式是调整艺术字或文本框的外边框样式的，而艺术字样式则是调整文字的填充色、轮廓和效果等等。

图 3-28　文本的样式调整功能区

利用这 2 个功能区中的各种样式，可方便地调整出各种漂亮的文字效果组合，图 3-29 所示是利用"形状样式"和"艺术字样式"制作的漂亮文本。

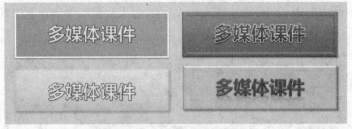

图 3-29　各种漂亮的文字效果

5. 调整行距

为了美观和浏览的清晰，常常需要调整艺术字或文本框中文字的行距，为了实现这个功能，可先选中需要调整的文字，按图 3-30 所示操作，调整文本行距。

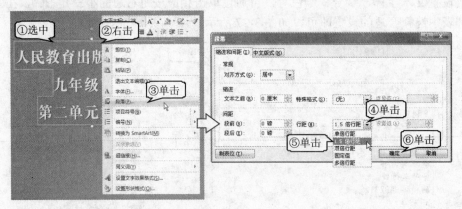

图 3-30　调整文本行距

6. 保存课件

第一次保存课件才出现"另存为"对话框，以后再单击"保存"按钮![保存图标]，则直接保存，不会再出现"另存为"对话框。另外，保存的操作也可按 Ctrl+S 键来完成。

3.2.2　添加图像

有些教学内容，用文字很难解释，而利用图像可轻松解决教学难点，达到事半功倍的效果。在 PowerPoint 中，图像的含义比较广，包括剪贴画、外部图片、形状、Smart 结构图、图表等。本节的实例主要涉及外部图片和形状的使用。

实例 2　透镜成像作图法

本例对应的内容涉及中学物理学科光学部分的内容，课件运行效果如图 3-31 所示。

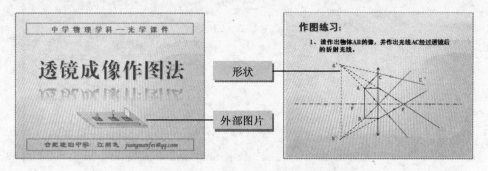

图 3-31　课件"透镜成像作图法"效果图

该课件由 20 张幻灯片构成，本例主要介绍在课件中添加图形和图像。限于篇幅，主要介绍图 3-31 中两张幻灯片的相关制作，一个是左边幻灯片上外部图片的插入，另一个是利用形状制作右边幻灯片上的光线图。其他幻灯片的制作，请参考配套光盘实例及后续章节的介绍自行完成。

 跟我学

插入外部图片

利用"打开"按钮打开 PowerPoint 演示文稿，在幻灯片上插入装饰图片，调整图片大小和位置，并设置背景透明。

1. **添加"打开"按钮**　按图 3-32 所示操作，在顶部"快速访问"工具栏上添加"打开"按钮，单击"打开"按钮 ，打开"透镜成像作图法(初).pptx"课件。

图 3-32　添加"打开"按钮

2. **插入图片**　按图 3-33 所示操作，在封面幻灯片上插入"凸透镜成像实验装置图.jpg"图片。

图 3-33　插入图片

3. **调整图片**　按图 3-34 所示操作，调整图片的大小和位置。

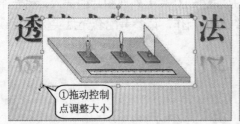

图 3-34　调整图片

4. **修饰图片**　双击图片，在"格式"选项卡中按图 3-35 所示操作，设置图片中背景的白色为透明色，使图片融入封面幻灯片中，效果如图 3-31 所示。

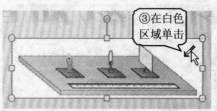

图 3-35　修饰图片

绘制形状

　　利用 PowerPoint 提供的丰富的形状功能，可以绘制复杂多变的图形，并且对图形可以进行修饰、对齐、组合等各种操作。

1. **绘制箭头**　按图 3-36 所示操作，选择"开始"选项卡→"绘图"功能区→"箭头"按钮 ，绘制"箭头"图形，设置箭头颜色为深褐色。

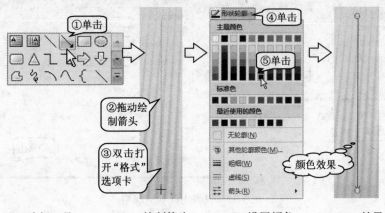

(a) 选择工具　　　　(b) 绘制箭头　　　　(c) 设置颜色　　　　(d) 效果

图 3-36　绘制箭头

 绘制时，按住 Shift 键不放，可以方便地绘制竖直箭头、水平箭头或 45 度角放置的箭头。绘制其他形状时，也可以利用 Shift 键绘制某类规则图形。

2. **设置箭头属性**　按图 3-37 所示操作，将箭头设置成凸透镜符号，并加粗。

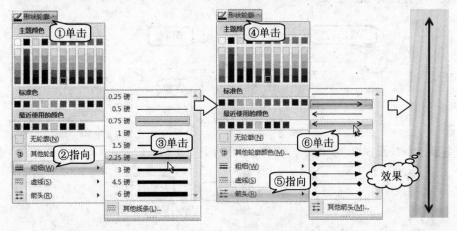

(a) 设置线条粗细　　　　(b) 设置双箭头效果　　　　(c) 效果

图 3-37　绘制凸透镜符号

3. **绘制虚线主光轴**　选择"绘图"功能区的"直线"按钮，绘制水平的主光轴，双击该直线，按图 3-38 所示操作，将线型设置为点划线。

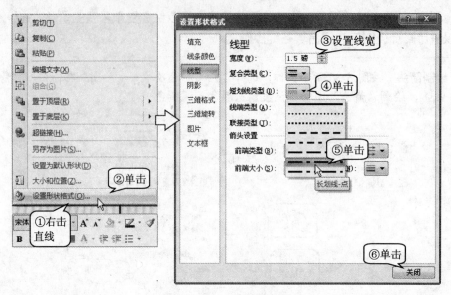

图 3-38　设置主光轴的线型

设置虚线线型也可用图 3-36 中"形状轮廓"中的虚线功能来实现。这里用右击直线对象，调用"设置形状格式"对话框来设置，目的是给读者介绍另外一种设置对象属性的方法，这种方法对于大多数对象都是适用的。

4. **绘制圆**　利用"绘图"工具栏上的"椭圆"按钮，按住 Shift 键不放，拖动鼠标，绘制一个圆。

5. **调整圆的大小**　按图 3-39 所示操作，切换到"格式"选项卡，调整圆的大小，使其高度和宽度都为 0.2 厘米。

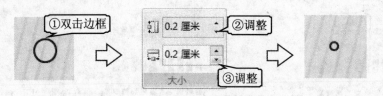

图 3-39　绘制小圆

6. **复制圆**　按图 3-40 所示操作，将制作好的小圆复制 3 份。

图 3-40　复制小圆

第①步双击幻灯片空白处，目的是将顶部的选项卡切换到"开始"选项卡；第②步单击小圆，是选中小圆。第③、④步是利用复制粘贴的方法快速制作相同的对象，这种快速简便的方法在制作课件时经常采用。

7. **制作焦点**　将 4 个小圆分别放置到主光轴的焦距和 2 倍焦距处，再利用"开始"选项卡上的"文本框"工具，在焦距下方制作 2 个文本框 F，设置字体为"Time New Roman"、字号 20、红色，标出焦距位置，效果如图 3-41 所示。

图 3-41　制作焦点

8. **制作物体 AB**　利用"箭头"工具，制作物体 AB，设置为单箭头、深红色，并利用焦点 F 的文本框复制制作两个端点的文本框 A 和 B，效果如图 3-42 所示。

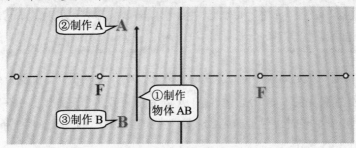

图 3-42　制作物体 AB

9. **制作光线**　按图 3-43 所示操作，制作从 A 点发出的光线 AC，设置线条颜色为深蓝色。

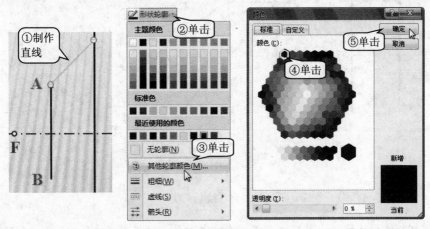

图 3-43　制作光线 AC

10. **制作小箭头**　按图 3-44 所示操作，制作光线 AC 上的小箭头，并把它们组合起来。组合时(单击选中一个对象，再按住 Ctrl 键不放，单击另一个对象，即可选中 2 个对象)。

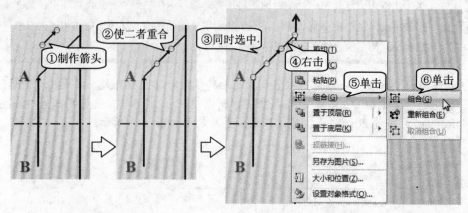

(a) 制作并移动箭头　　　　(b) 将它们组合成一个对象

图 3-44　制作光线 AC 中间的小箭头

为保证小箭头和直线倾斜角度相同，可以先制作直线，再将直线复制一份，利用"形状轮廓"按钮将其调整为短箭头。使二者重合时，鼠标不太方便操作，可以使用 Ctrl 键+光标键进行微调。

11. **制作文本框**　在光线 AC 和凸透镜的交点处，制作文本框 C，设置为红色。

12. **制作另外 3 条光线**　类似地，制作自 A 点发出的另外 2 条光线。一条是与主光轴平行的光线，以及它经过透镜后的光线；另一条是经过光心的光线，用 3 条箭头线来表示，效果如图 3-45 所示。

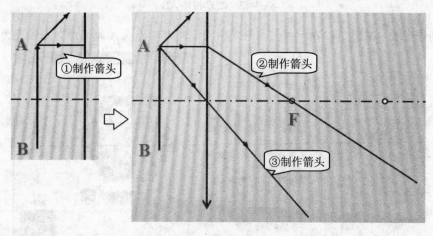

图 3-45　绘制光线

13. **复制制作平行线**　按图 3-46 所示操作，将过焦点的折射光线复制一份，利用 Shift 键，在保证角度不变的情况下调整复制直线的长短。

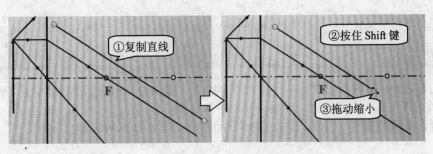

图 3-46　复制制作短直线

制作小箭头时，如果直接调整其大小，很难保证调整后的箭头和原来的直线平行，这时，按住 Shift 键不放，然后调整箭头尺寸，即可保证角度不变。

制作物体成像图

利用虚线线型设置，可以方便地制作光线的反向延长线，利用虚线箭头也可以方便地表示物体的虚像。

1. **制作反向延长线 1**　按 Ctrl 键+光标键移动平行线和原来的直线相接，再利用"格式"选项卡中的 形状轮廓 中的"虚线"选项，将其设为虚线线型，如图 3-47 所示。

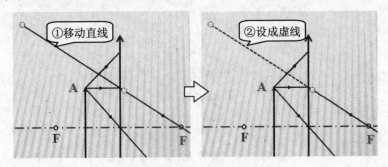

图 3-47　制作反向延长线

2. **制作反向延长线 2**　类似地，制作过光心光线的反向延长线，并在 2 条虚线的交点左边制作文本框 A'，如图 3-48 所示。

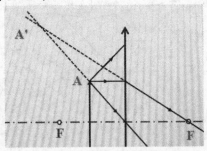

图 3-48　求出 A 点的像 A'

制作文本框"A'"时，为了和数学表示接近，后面的" ' "符号不要用中文的单引号，而应该用前面"变色龙"实例中介绍的插入符号的方法插入。

3. **组合箭头**　将前面制作的 3 条光线和其上的小箭头分别组合。要注意的是，经过光心的光线上有 2 个小箭头，即要将 3 个对象组合起来。

4. **制作 B'相关图形**　同理，按图 3-49 所示操作，求出 B 点的像 B'。

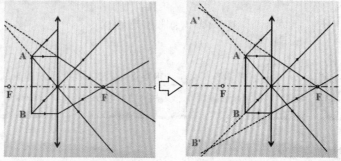

(a) 制作 B 点发出的光线及折射光线　　　(b) 制作反向延长线求像 B'

图 3-49　求出 B 点的像 B'

5. **制作虚像 A'B'**　在 A'B'点之间制作一红色箭头，并设置成虚线线型，表示物体 AB 所成虚像 A'B'，如图 3-50 所示。

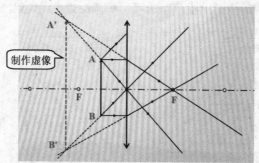

图 3-50　制作物体 AB 所成虚像 A'B'

6. **制作虚像 CC'**　在 A'C 之间制作一蓝色虚线，将此虚线复制一份，设置成红色实线，并使其左端连接 C 点，在其右端制作 C'文本框，效果如图 3-51 所示。

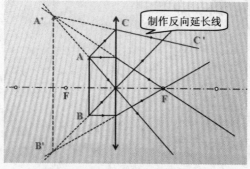

图 3-51　制作 AC 的折射光线 CC'

7. **保存课件**　将设置好的课件以"透镜成像作图法(终)"为名保存。

知识库

1. 及时保存课件

实例中，保存是在所有操作完成后再进行的。但在实际的课件制作过程中，要养成随时保存的良好习惯，这样可以把因死机、停电等原因造成的损失降到最低点。

2. 利用"图片样式"修饰图片

插入外部图片后，双击图片，切换到"格式"选项卡，其中提供了一个"图片样式"功能区，利用左边的默认样式，可方便快速地修饰图片，图 3-52 所示的是图片修饰的效果。而"图片样式"功能区右边的几个功能按钮可自由定义修饰图片，"图片形状"可将图片套到 PowerPoint 形状中去；"图片效果"可设置三维、阴影等效果。

图 3-52　"图片样式"功能修饰的图片示例

3. 插入其他形状

除了实例中涉及的箭头、直线、椭圆之外，PowerPoint 还提供了大量的形状供使用，如图 3-53 所示。这些形状都可通过"插入"选项卡中的"形状"按钮插入。

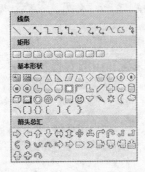

图 3-53　PowerPoint 中的形状工具

4. 在课件中插入其他图形

在 PowerPoint 的"插入"选项卡中，还内置"剪贴画"、"相册"、"Smart 图"、"图表"等功能，这些功能使用起来非常简单，但效果不错，也很方便，限于篇幅，就不再一一介绍。图 3-54 是"Smart 图"功能演示。

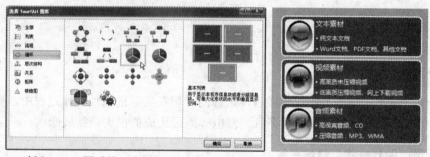

(a) 插入 Smart 图时的"选择 Smart 图形"对话框　　　(b) Smart 图形示例

图 3-54　Smart 图的功能示意

5. 在课件中插入表格

在课件中还可方便地设计各种各样的表格。利用"插入"选项卡中的"表格"按钮可以方便的插入表格。选中表格后，PowerPoint 在选项卡栏"设计"和"布局"选项卡来对表格进行设置调整，如图 3-55 所示。

"设计"选项卡主要用来对表格的外观，如单元格底色，边框线粗细、线型、颜色等等进行设计；"布局"选项卡则对表格的逻辑结构，如插入行、列，合并、拆分单元格，行高、列宽，以及表格数据的对齐等等进行设置。

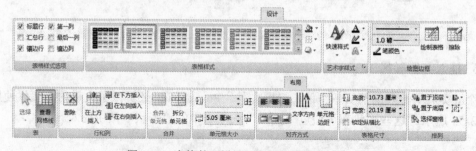

图 3-55　表格的"设计"和"布局"选项卡

利用这 2 个选项可方便地制作出各式各样美观实用的表格，图 3-56 是利用表格工具制作的表格效果。

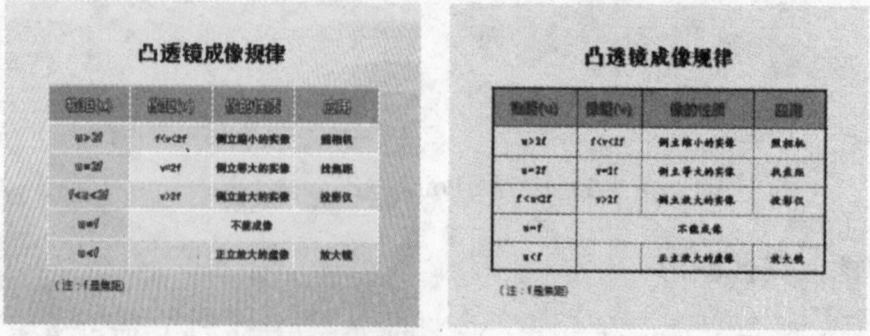

图 3-56　表格示例

6. 对象的组合

当幻灯片上的细小对象较多时，可将对象按需要进行组合，便于整体控制。不仅形状可以组合，文本框、艺术字、外部图片等等均可组合。对象是否已经组合可以通过选中对象后，观察其控制点状态来进行判断，图 3-57 所示的就是 2 个形状组合前后的选中状态对比。

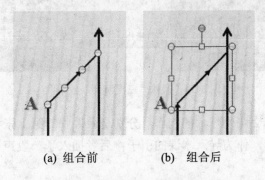

(a)　组合前　　　　(b)　组合后

图 3-57　组合前后的选中状态

有时又需要对组合对象的某个对象单独进行调整，这时可取消组合，图 3-58(a)所示为取消组合的操作。取消组合后的对象，还可重新组合，如果还是原来的几个对象重新组合，只需要右击其中任何一个对象，选择"重新组合"命令即可，如图 3-58(b)所示，为此功能可避免很多对象重新组合时需要都选中的麻烦。

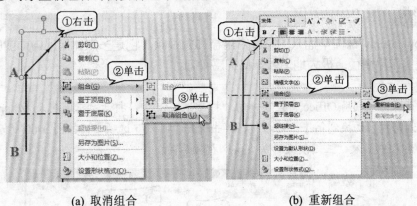

(a)　取消组合　　　　　　　　　　(b)　重新组合

图 3-58　取消组合与重新组合

3.2.3　添加影片和声音

声音和动态的影像比文字和静态的图片更具表现力，在课件中使用这些媒体来表现，能给学生强烈的视觉和听觉冲击，加深印象，提高教学质量。本节通过历史课件"三国鼎立"的制作实例，来简要介绍如何在课件中加入影片和声音。

实例3 三国演义

本例对应的内容涉及中学历史学科的相关内容，课件运行效果如图 3-59 所示。

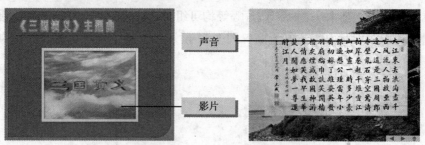

声音

影片

图 3-59　课件"三国演义"效果图

本例主要介绍图中 2 张幻灯片的制作，分别是课件中的第 1 张和第 8 张幻灯片，前者是引用了一段视频影片，作为导入本课的引子；后者插入了一段声音，是《赤壁怀古》的配乐诗朗诵。

本课件需要在幻灯片中插入影片和声音，制作时，要先将影片和声音复制到课件所在的文件夹中，然后再通过"插入"菜单将素材插入到幻灯片。这样可避免在演示课件时，由于找不到素材路径而不能播放的情况。

 跟我学

| 插入影片 |

　　PowerPoint 课件中插入的影片常常被称为视频，它是多媒体作品中重要的内容之一，能为作品增色，极大地增强作品的感染力。

1. **打开课件**　利用 Office 窗口顶部的"打开"按钮，打开"三国演义(初).pptx"课件。
2. **插入影片**　切换到第 1 张幻灯片，单击选择"插入"选项卡，按图 3-60 所示操作，在幻灯片中插入"三国演义片头.mpg"视频影片。

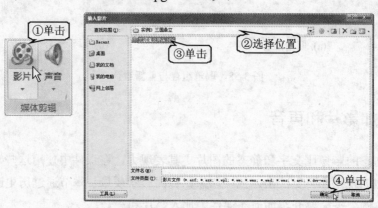

图 3-60　插入影片

3. **设置播放方式**　在弹出的对话框中，设置影片播放方式为"在单击时"播放，如图 3-61 所示。

图 3-61　设置影片播放方式

4. **修饰影片外观**　选中影片，按图 3-62 所示操作，为影片加上"金属框架"边框。

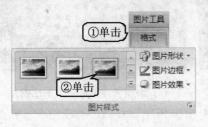

图 3-62　修饰外观

5. **另存课件**　按图 3-63 所示操作，将课件保存为"三国演义(终).ppx"。

图 3-63　将课件改名存盘

插入声音

　　声音是多媒体课件的一个重要元素，动听的背景音乐、感人的朗诵、适当的音效等，都可以使课件更加生动，达到更好的播放效果。

1. **插入赤壁图片** 在第 7、8 张幻灯片之间插入一张新幻灯片，利用"插入"选项卡中的"图片"按钮，插入"赤壁.jpg"图片，调整大小使其铺满整张幻灯片，作为背景，如图 3-64(a)所示。

2. **插入书法图片** 用类似的方法，再插入"赤壁怀古"书法图片，如图 3-64(b)所示。

    (a) 添加赤壁实景图作为背景   (b) 添加"赤壁怀古"书法图片

图 3-64 添加图片

本张幻灯片是制作配乐诗朗诵效果，利用实景图片和书法图片，可以增加朗诵古朴、宏伟的气氛，增强朗诵的感染力。

1. **选择插入声音** 单击选择"插入"选项卡，按图 3-65 所示操作，选择在幻灯片中要插入的"赤壁怀古.wav"声音文件。

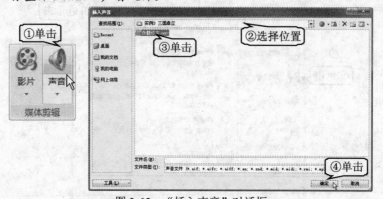

图 3-65 "插入声音"对话框

2. **设置播放方式** 在弹出的对话框中，设置声音的播放方式为"在单击时"播放，如图 3-66 所示。

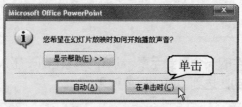

图 3-66 设置声音播放方式

3. **移动声音图标**　按图 3-67 所示操作，将幻灯片中央刚插入的声音图标，移到书法图片的右上角，以便使图标不影响画面美观。

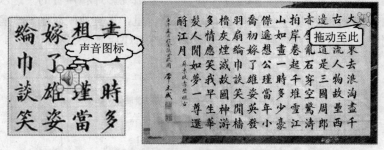

图 3-67　移动声音图标

播放影片和声音

　　插入 PowerPoint 课件中的影片和声音，在放映时可进行播放和暂停，自由地控制。

1. **放映影片**　按 F5 键，放映课件，放映第 1 张幻灯片时，将鼠标指针移到影片上，鼠标指针将变成小手形，如图 3-68 所示。

2. **控制影片播放**　此时单击，即可放映影片；再次单击，将暂停播放；如果再单击，将继续放映。

图 3-68　播放影片

3. **播放声音**　切换放映到第 8 张幻灯片时，单击幻灯片上的声音图标，将播放《赤壁怀古》的配乐诗朗诵声音。

4. **退出放映**　按 Esc 键，退出放映状态。

5. **保存课件**　将设置好的课件以"三国演义(终)"为名保存。

 知识库

1. 自动播放影片和声音

　　在图 3-61 和图 3-66 中，如果单击"自动"按钮，所选的影片和声音也会被添加到幻灯片中，而且一放映这张幻灯片时就会自动播放影片和声音。

2. 设置影片和声音选项

当选中插入的影片和声音时，PowerPoint 顶部会出现影片和声音的"选项"选项卡，如图 3-69 所示。通过该选项卡，可预览效果，调整音量，设置放映时隐藏声音图标、循环播放，还可调整播放属性为单击播放、自动播放或跨幻灯片播放等等。

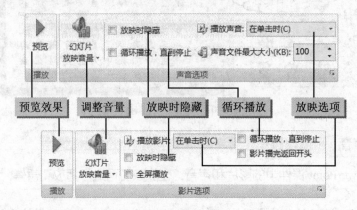

图 3-69　设置声音选项

3. 复制课件到其他计算机使用

当需要将课件从制作的计算机复制到其他计算机使用时(如从课件制作室复制到多媒体教室使用)，需要将声音(*.WAV)和视频文件(*.MPG、*.AVI 等)与课件一起复制到其他计算机上，并且它们要放置在同一个文件夹中，否则在目的计算机放映时，课件中的声音和视频将不能使用。而插入课件中的文字和图片是嵌入到幻灯片中的，所以不需要另外复制。

4. 声道的处理

某些英语课件中插入的影片，常常是从一些教学 VCD 光盘中截取出来的，这些 VCD 往往都是双语 VCD，即一个声道是英文伴音，另一个声道是中文配音，因此截取的影片也是同样效果。这样的影片在使用时，应将中文配音的声道关闭。操作方法是，在桌面右下角的任务栏上双击声音图标，再按图 3-70 所示操作，即可关闭右声道。

图 3-70　关闭右声道

3.3　设置课件动画效果

　　动画是课件中经常使用的技术之一，利用动画技术可以吸引学生的注意力，突出教学内容中的重点难点，极大地调动学生的学习热情，改善教学效果。

　　在 PowerPoint 中，动画可大致分为两种类型，一种是在一张幻灯片播放过程中使用了动画，称片内动画，通过"自定义动画"功能来实现；还用一种是在一张幻灯片播放完，切换到另外一张幻灯片时的动画，称为片间动画，利用"幻灯片切换"功能来实现。

3.3.1　设置自定义动画

　　自定义动画可以为幻灯片上的文字、图片、图形等分别设置各种动画效果，在制作课件过程中非常具有实用价值。

实例 4　光合作用

　　本例是"初一生物复习"课件的一部分，如图 3-71 所示。本例主要介绍第 7 张幻灯片"光合作用"(左图)的动画实现方法，本张幻灯片上的所有对象已经制作完毕。

图 3-71　课件"初一生物复习"效果图

　　动画的播放效果顺序依次是：出现太阳 → 射出光线 → 出现叶绿体 → 二氧化碳→ 水 → 有机物 → 氧气，在相关对象出现时，文字标签也相应出现。另外，本张幻灯片中大多数对象是由多个形状制作而成，为了方便设置动画，应事先将这些对象分别组合，由于篇幅原因，组合的工作已经事先完成。

 跟我学

制作太阳和光线动画

　　太阳和光线的动画效果是：先出现太阳由小变大的动画，接着出现太阳光线射向绿色树叶的动画，然后出现"光能"文字标签。

1. **打开课件**　打开光盘中的"初一生物复习(初).pptx"课件。

2. **打开"自定义动画"窗格**　切换到第 7 张(光合作用)幻灯片，单击"动画"选项卡，再单击下面的 🥷 自定义动画 按钮，打开右边的"自定义动画"窗格。

3. **添加动画效果**　按图 3-72 所示操作，先选中太阳，再选择"其他效果"菜单。

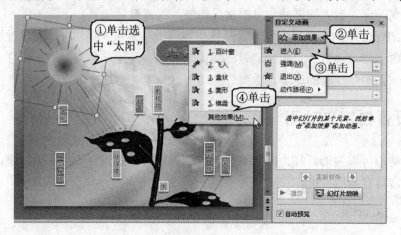

图 3-72　设置"进入"动画效果

4. **设置动画速度**　按图 3-73 所示操作，设置太阳的进入效果为"渐变式缩放"，动画的速度为"中速"。

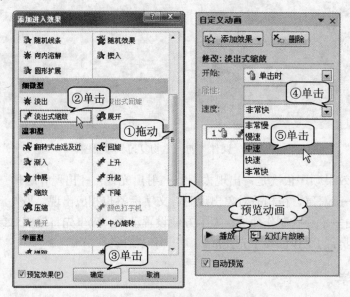

图 3-73　设置太阳的自定义动画效果

5. **设置光线动画**　按图 3-74 所示操作，单击选中太阳光线，为光线设置"擦除"进入效果，将光线"擦除"方向改为"自顶部"或"自左侧"；再设置光线的动画"开始"参数，使其在太阳动画播放完后就自动开始播放。

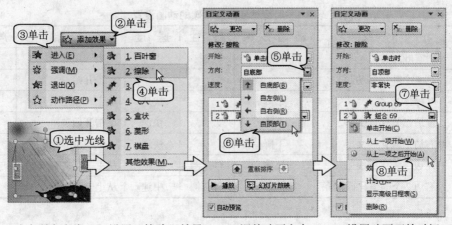

(a) 选中所有光线　(b) 设置"擦除"效果　(c) 调整动画方向　(d) 设置动画开始时间

图 3-74　设置光线的自定义动画效果

6. **设置动画伴音**　按图 3-75 所示操作，给光线线条设置"风铃"声音效果。

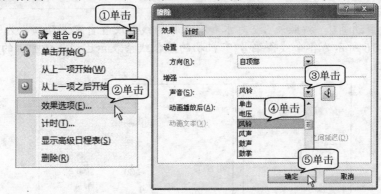

图 3-75　设置声音效果

7. **设置文字动画**　在幻灯片中选择"光能"文字标签，参照图 3-72、图 3-73 所示的方法，为其设置"下降"进入动画效果，并按图 3-74(d)所示操作，设置动画开始时间为"从上一项之后开始"，即光线动画播放完后，自动出现"光能"文字。

制作叶绿体和二氧化碳动画

　　先出现叶绿体的动画和标注文字，接着出现左、右 2 个二氧化碳的文字标注，最后分别出现左、右二氧化碳吸入的线条。

按表格设置动画 1　按照表 3-1 序号的顺序，依次为叶绿体和二氧化碳设置自定义动画。如对象栏中包含多个对象，则表示要同时选中多个对象，再设置动画。

　　同时选中多个对象的操作方法是：按住 Ctrl 键不放，依次单击需要选中的多个对象，即可同时选中多个对象。

表 3-1　叶绿体和二氧化碳的动画设置

序　号	对　象	动画效果	属　性	速　度	开　始	声　音
1	所有叶绿体	轮子	8	中速	从上一项开始	
2	第一个叶绿体动画				单击开始	
3	叶绿体文字	下降		快速	从上一项之后开始	
4	左边二氧化碳文字	下降		快速	单击开始	
5	右边二氧化碳文字	下降		快速	从上一项开始	
6	左边二氧化碳线条	擦除	自左侧	中速	从上一项之后开始	推动
7	右边 2 个二氧化碳线条	擦除	自右侧	中速	从上一项开始	

制作水和有机物动画

　　先出现"水"文字标签,再出现由植物茎部向树叶的动画,接着是有机物由树叶向枝干的动画,最后出现"有机物"文字标签。

按表格设置动画 2　按照表 3-2 对水和有机物的线条设置自定义动画,为了表述方便,按照图 3-76 所示为各个线条编号(有机物的组合线条表示已经将树叶上的 3 个线条先组合起来)。

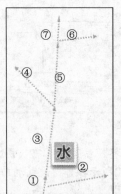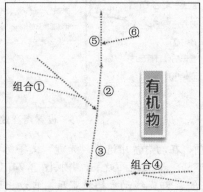

图 3-76　水和有机物线条的编号

表 3-2　水和有机物的动画设置

序　号	对　象	动画效果	方　向	速　度	开　始	声　音
1	水的文字标注	下降		快速	单击开始	
2	水线条①	擦除	自底部	快速	从上一项之后开始	微风
3	水线条②	擦除	自左侧	快速	从上一项之后开始	
4	水线条③	擦除	自底部	快速	从上一项开始	微风
5	水线条④	擦除	自底部	快速	从上一项之后开始	微风
6	水线条⑤	擦除	自底部	快速	从上一项开始	
7	水线条⑥	擦除	自左侧	快速	从上一项之后开始	微风

(续表)

序　号	对　象	动画效果	方　向	速　度	开　始	声　音
8	水线条⑦	擦除	自底部	快速	从上一项开始	
9	有机物组合线条①	擦除	自左侧	快速	单击开始	微风
10	有机物线条②	擦除	自底部	快速	从上一项之后开始	微风
11	有机物线条③	擦除	自顶部	快速	从上一项开始	
12	有机物组合线条④	擦除	自右侧	快速	从上一项开始	
13	有机物线条⑤	擦除	自底部	快速	从上一项之后开始	微风
14	有机物线条⑥	擦除	自右侧	快速	从上一项开始	
15	有机物的文字标注	下降		快速	从上一项之后开始	

制作氧气动画

　　氧气动画效果是：先出现左边、右边 3 个氧气线条，然后出现左、右 2 个"氧气"的文字标注文本框。

1. **按表格设置动画 3**　接着按照表 3-3 为氧气设置相关的自定义动画。

表 3-3　氧气的动画设置

序　号	对　象	动画效果	属　性	速　度	开　始	声　音
1	左边氧气线条	擦除	自底部	中速	单击开始	风铃
2	右边 2 个氧气线条	擦除	自底部	中速	从上一项开始	
3	左边氧气文字标注	下降		快速	从上一项之后开始	
4	右边 2 个氧气文字标注	下降		快速	从上一项开始	

2. **播放检查**　单击右下角"视图"栏上的"放映"按钮 🖳，观看放映效果，对不符合次序或者效果不满意的地方进行修改。

3. **保存课件**　将设置好的课件以"初一生物复习 (终)"为名保存。

知识库

1. 调整动画顺序

　　设置好的动画，有时候会因为教学的需要而调整播放的先后顺序，此时可通过"重新排序"按钮进行调整。按图 3-77 所示操作即可将选中的动画顺序提前一位。

图 3-77　调整自定义动画的顺序

2. 自定义动画参数

在"自定义动画"窗格中，每个自定义动画有 4 个参数，即序号、开始方式、动画效果和对象名称，如图 3-78(a)所示，这些信息对设置自定义动画会有所帮助。

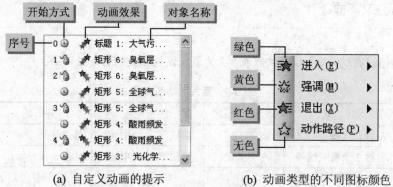

(a) 自定义动画的提示　　　　　　(b) 动画类型的不同图标颜色

图 3-78　"自定义动画"的含义

- 序号：表示动画播放的顺序，在幻灯片上设置了动画的对象也出现相应的序号。如果动画列表中某个自定义动画前没有序号，表示和前一动画是一组的。
- 开始方式：是指动画如何开始播放的，具体说明参见表 3-4。
- 对象名称：指出是何对象应用了此动画。
- 动画效果：是指设置了哪种自定义动画，这些动画分为进入、强调、退出、动作路径 4 大类，通过颜色来区分，如图 3-78(b)所示。

表 3-4　开始方式的说明

图　标	汉字名称 1	汉字名称 2	序号列显示情况	动画播放开始方式
🐭	单击开始	单击	递增序号	单击开始播放当前动画
空白	从上一项开始	之前	空白，无序号	和上一动画同时播放
🕐	从上一项之后开始	之后	空白，无序号	上一动画播放完后播放当前动画

3. 不同对象的"效果选项"

图 3-75 是设置动画的声音效果。值得注意的是，不同的对象、不同的动画效果，其"效果选项"对话框的内容会有所不同。

例如，在图 3-79(a)的"弹跳"效果选项对话框中，可设置"声音"、"动画播放后"等相关参数，如果是对文本框设置了弹跳效果，还可设置文本框中的文字是整体、按词、按字或按字母出现；而在图 3-79(b)的"放大/缩小"效果选项对话框中，除了能完成前面的设置之外，还可设置放大/缩小的尺寸，动画的起止平稳度以及播放后自动翻转等效果。

 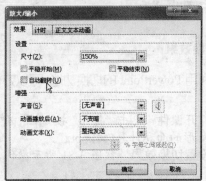

(a)　"弹跳"动画的"效果选项"对话框　(b)　"放大/缩小"动画的"效果选项"对话框

图 3-79　不同的效果对话框

4. 删除动画效果

如果设置的动画效果不合适，可将其删除。在右边的"自定义动画"窗格中，先选中动画，然后单击上方的"删除"按钮，即可将选中的动画效果删除。

5. 批量设置自定义动画

如果先同时选中几个对象，再进行自定义动画的设置，可批量设置对象的自定义动画，而且设置后，这些对象的动画将同时播放。

3.3.2　设置幻灯片切换效果

在课件放映时，除了利用自定义动画针对幻灯片内部的各个对象来设置动画效果外，也可通过幻灯片切换功能，来设置一张幻灯片切换到另一张幻灯片的动画效果，就好像制作电影、电视镜头的转场效果一样。

实例 5　三角形的面积

本例的教学内容是小学数学中关于三角形面积计算的部分，其中部分幻灯片的效果如图 3-80 所示。本例除了介绍如何设置幻灯片之间的切换效果之外，还将介绍幻灯片放映时的一些播放控制技巧。

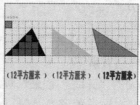

图 3-80　课件"三角形的面积计算"效果图

 跟我学

设置切换效果

利用 PowerPoint 的切换功能, 可以方便地设置幻灯片与幻灯片之间的转场切换效果。

1. **打开课件**　单击"打开"按钮 📂, 弹出"打开"对话框, 打开配套光盘上的课件"三角形的面积计算(初).pptx"。

2. **设置切换效果**　按图 3-81 所示操作, 设置所有幻灯片的切换效果为"溶解"效果。

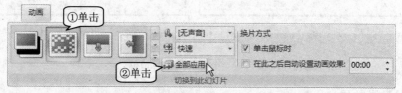

图 3-81　设置所有幻灯片之间的切换效果

3. **设置封面切换效果**　切换到第 1 张幻灯片, 按图 3-82 所示操作, 设置封面幻灯片的切换效果为"新闻快报"。

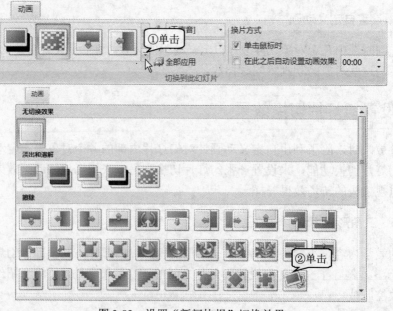

图 3-82　设置"新闻快报"切换效果

设置不同切换效果时要注意次序，先用"全部应用"功能设置好多数幻灯片的切换效果，然后再单独设置一些不同的幻灯片之间的切换效果。

4. 保存课件　将设置好的课件以"三角形的面积计算(终)"为名保存。

 知识库

1. 设置幻灯片之间切换效果

在第 2 步中，如果最后不是单击"全部应用"按钮，设置的切换效果仅仅是应用于当前幻灯片，也就是从上一张幻灯片切换到当前幻灯片时使用该效果。

2. 制作自动演示课件

有时，需要制作整个课件能够从头至尾自动演示，并且反复循环的效果，这种课件的制作要注意以下 3 个方面的设置。

- 对片内的每个自定义动画，为了使其能自动播放，需要在其"计时"选项中选择"之后"，并适当延时，如图 3-83 所示。这样每个自定义动画就能在前一动画之后自动播放，并稍作延时，以便能观看清楚。

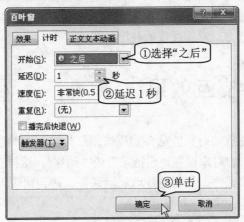

图 3-83　自定义动画的"计时"选项卡

- 对于片间动画，要使其能自动换片，应在"幻灯片切换"窗格的"换片方式"位置，按图 3-84 所示操作，就能使课件每隔 10 秒自动切换幻灯片。

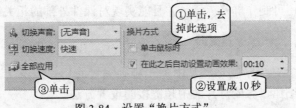

图 3-84　设置"换片方式"

● 选择"幻灯片放映"→"设置幻灯片放映"命令，弹出"设置放映方式"对话框，按图 3-85 所示操作，即可使播放结束后，再回到开头重复播放。

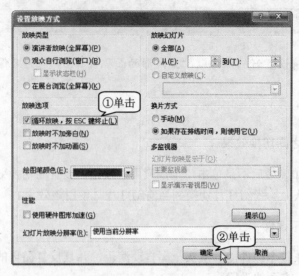

图 3-85　设置"循环放映"放映方式

3. 设置切换时需注意的问题

在给课件设置切换效果或自定义动画时，切忌设置得太纷繁复杂、华而不实。动画的设置应结合课件所表现的教学内容，为教学服务，太花哨的动画效果和伴音有可能适得其反，反而分散学生的注意力，影响课件的使用效果。

3.4　设置课件交互效果

前面制作的课件，在放映时只能从头到尾按幻灯片排列的顺序播放。其实，在制作课件时，可事先对幻灯片中的对象设置"超链接"或"动作"，这样在使用课件时，即可按照课件内在逻辑内容来演示课件，从而更好地展示课件，达到比较理想的教学效果。

3.4.1　使用超链接进行交互

利用"超链接"或"动作"功能进行交互完成的效果比较类似，但"动作"是课件制作中最常用的、基础的一种人机交互方式，常用在组织课件内部结构上；而"超链接"除了完成交互之外，还可制作屏幕提示，并且能实现对课件外部的相关链接。

实例 6　游标卡尺和螺旋测微器

本例对应的内容是中学物理教学中关于精确测量的相关知识，课件的运行效果如图 3-86 所示。本例介绍第 1 张幻灯片的中超链接的设置方法。

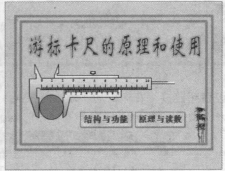

图 3-86　课件"游标卡尺和螺旋测微器"效果图

课件放映时，在第 1 张幻灯片上单击"游标卡尺"图片或"游标卡尺"艺术字，将会跳转到第 2 张幻灯片，介绍游标卡尺；而单击"螺旋测微器"图片或"螺旋测微器"艺术字，将会转到第 13 张幻灯片，开始介绍螺旋测微器。因此，第 1 张幻灯片既是课件的封面，也是课件的主目录。

插入超链接

利用超链接功能可以方便地在课件内部实现幻灯片的跳转，并且超链接的对象还可以设置文字提示，更加人性化。

1. **打开课件**　打开"游标卡尺和螺旋测微器(初)"课件，进入第 1 张幻灯片。
2. **选择"超链接"命令**　按图 3-87 所示操作，选择"超链接"命令。

图 3-87　选择"超链接"命令

选中需要设置超链接的对象后，在 PowerPoint 顶部的工具栏上选择"插入"选项卡，单击"链接"组的"超链接"按钮也可打开"超链接"对话框。

3. **设置超链接**　在弹出的"插入超链接"对话框中按图 3-88 所示操作，设置链接的目标幻灯片，然后选择"屏幕提示"功能。

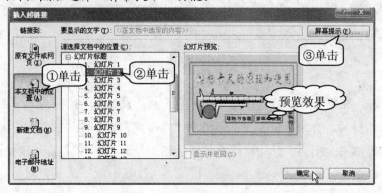

图 3-88　"插入超链接"对话框

4. **设置超链接提示文字**　在弹出的对话框中按图 3-89 所示操作，设置屏幕提示文字为"进入游标卡尺部分"，返回图 3-88 所示的对话框中，单击"确定"按钮，结束超链接的设置。

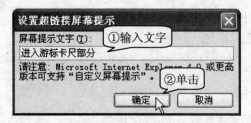

图 3-89　"设置超链接屏幕提示"对话框

5. **完成超链接**　用类似的方法为"游标卡尺"艺术字设置同样的超链接效果。同样制作"螺旋测微器"图片和"螺旋测微器"艺术字的超链接，使其链接到第 13 张幻灯片。

测试超链接

　　放映课件后，当鼠标指针移动到有超链接的对象上时，鼠标指针会变成手形，此时单击，就可以实现超链接效果，就像浏览网页一样。

1. **查看超链接提示**　按 F5 键，放映课件，将鼠标指针指向游标卡尺图片稍停，屏幕上出现如图 3-90 所示的屏幕提示，单击鼠标左键，课件跳转到第 2 张幻灯片。

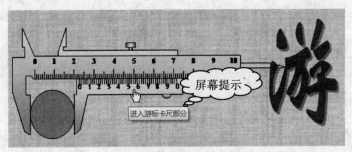

图 3-90　屏幕提示的效果

2. **检查其他超链接**　按 Esc 键，退出放映，返回课件编辑状态。同样检查封面幻灯片上的其他对象，看看超链接及屏幕提示的设置是否正确。

设置二级目录超链接

除了封面之外，有时课件中间可能还会有一些二级目录幻灯片，也可以利用超链接功能设置好放映的逻辑关系。

1. **设置超链接**　切换到第 2 张幻灯片，如图 3-91(a)所示，设置单击"结构与功能"文本框链接到第 3 张幻灯片、单击"原理与读数"文本框链接到第 4 张幻灯片，并且二者都有屏幕提示。

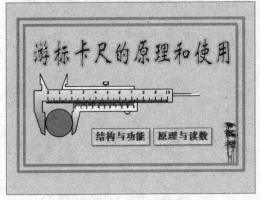
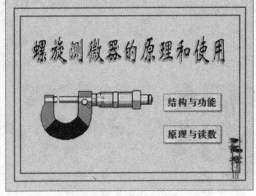

(a)　第 2 张幻灯片　　　　　　　　　　　　　　(b)　第 13 张幻灯片

图 3-91　对第 2 张和第 13 张幻灯片的超链接设置

2. **设置超链接**　切换到第 13 张幻灯片，如图 3-91(b)所示，设置单击"结构与功能"文本框链接到第 14 张幻灯片、单击"原理与读数"文本框链接到第 15 张幻灯片，并且二者都有屏幕提示。

一般情况，在链接的目标幻灯片上，还需选择对象设置超链接，以便播放完该内容后使其返回目录幻灯片，实现课件的自由跳转播放。

3. 保存课件　将设置好的课件以 "游标卡尺和螺旋测微器(终)" 为名保存。

知识库

1. 为文本对象设置超链接

这里指的文本对象是课件中使用的文本框和艺术字,为它们设置超链接时,要注意一定要先选中整个文本对象,而不是部分选中。

二者的差别如图 3-92 所示,图 3-92(a)是选中整个对象的效果,图 3-92(b)是部分选中的效果。它们的区别是,前者边框是实线的,而后者是虚线的。如果要选中整个文本对象,必须将鼠标指针指向对象的边框,当鼠标指针变成图 3-92(a)所示的十字箭头时单击即可。

如果不选择整个文本对象,设置超链接后,文本对象会变色,而且有下划线,影响课件的美观度和整体配色设计,两者效果对比如图 3-93 所示。

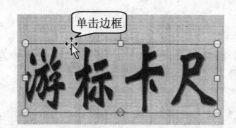

(a) 选中整个文本对象　　　　　　　　　　(b) 部分选中文本对象

图 3-92　文本对象的选择

(a) 选中整个对象设置超链接　　　　　　　(b) 部分选中对象设置超链接

图 3-93　文本对象的选择不同造成不同超链接效果的对比

2. 删除和编辑修改超链接

当不再需要某个超链接时,可将其删除。按图 3-94 所示操作,利用 "取消超链接" 命令即可删除超链接。如果在图 3-94 所示的快捷菜单中,选择 "编辑超链接" 命令,即可进入与图 3-88 类似的 "编辑超链接" 对话框,重新编辑修改超链接的相关设置。

图 3-94　删除超链接

3.4.2　使用动作进行交互

无论用何种软件制作多媒体 CAI 课件，按钮交互都是最常用的一种人机交互方式。在 PowerPoint 中，按钮交互也是一种简单、基础的交互方式。在放映时，使用者单击动作按钮，将链接到相应的幻灯片或应用程序，就和前面的动作设置相类似。

实例 7　能够承受挫折

本例对应的内容是《思想品德》课的相关部分，课件运行效果如图 3-95 所示。当单击如图 3-95(c)所示的第 7 张幻灯片右下角的动作按钮时，将返回到第 2 张总目录幻灯片。下面，通过这个实例介绍这个动作按钮的制作方法，以及复制制作其他动作按钮的方法。

(a) 第 1 张幻灯片

(b) 第 6 张幻灯片

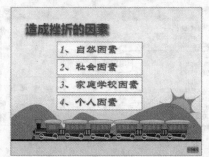
(c) 第 7 张幻灯片

(d) 第 17 张幻灯片

图 3-95　课件"能够承受挫折"效果图

跟我学

新建课件

新打开 PowerPoint，会自动打开一个新的演示文稿。另外通过"新建"菜单也可以方便地新建演示文稿。

1. **打开课件** 打开"能够承受挫折(初)"课件，切换到第 7 张幻灯片(已制作好幻灯片上的各个对象，并设置好 4 个目录选项的超链接)。

2. **选择所需动作按钮** 按图 3-96 所示操作，选择"插入"选项卡→"形状"按钮→"开始"动作按钮图标。

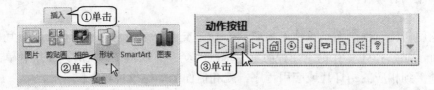

图 3-96　选择所需动作按钮

3. **绘制动作按钮** 按图 3-97 所示操作，移动鼠标指针到幻灯片左下角，此时鼠标指针为黑色十字形，拖动鼠标绘制按钮。

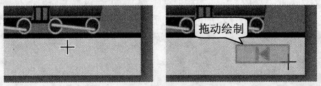

图 3-97　绘制动作按钮

4. **进行动作设置** 松开鼠标左键后，在弹出的"动作设置"对话框中，按图 3-98 所示操作，将动作按钮的超链接改为指向第 2 张总目录幻灯片。

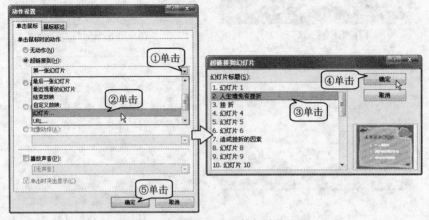

图 3-98　改变动作按钮的超链接设置

5. **调整按钮大小和位置**　适当调整动作按钮的位置，使其放置在幻灯片的右下角；同时适当调整其大小，以保证其美观性。

6. **调整按钮形状样式**　按图 3-99 所示操作，修改动作按钮的形状样式外观。

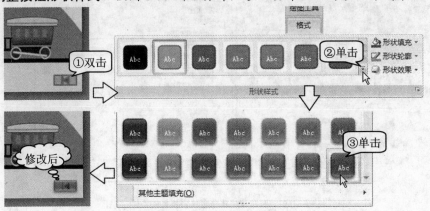

图 3-99　修改动作按钮的外观

 利用 PowerPoint 2007 的形状样式功能，可以轻松地设置各种外观效果的按钮，包括各种立体效果的按钮，而且还可以进行各种个性化的调整。

7. **测试效果**　放映幻灯片，测试该动作按钮的设置是否符合课件内容要求。

复制制作按钮

课件中的多个类似的动作按钮，可以利用复制、粘贴的方法快速制作，还可以根据需要进行动作链接的调整。

1. **复制按钮**　退出放映，按图 3-100 所示，将该动作按钮复制到其他幻灯片中。

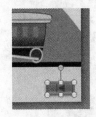   

(a) 单击选中　　　(b) 复制　　　(c) 切换幻灯片　　　(d) 粘贴　　　(e) 复制好的按钮

图 3-100　制作第 19 张幻灯片上的动作按钮

2. **类比制作**　用类似的方法，完成需要制作动作按钮的其他幻灯片的制作。

3. **修改动作按钮**　当有些按钮需要修改链接对象时，按图 3-101 所示操作，进入该动作按钮的"动作设置"对话框，按图 3-98 所示方法修改超链接。

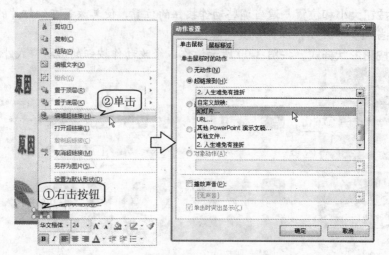

图 3-101　制作第 19 张幻灯片上的动作按钮

4. 保存课件　将设置好的课件以"能够承受挫折(终)"为名保存。

 知识库

1. 利用自选图形制作按钮

在利用按钮交互时,除了使用 PowerPoint 提供的"动作按钮"功能之外,还可利用自选图形来模拟实现,不仅更加自由,设计的按钮也比默认的按钮漂亮。

图 3-102(a)为自选图形制作的几个按钮示意。其中的文字是先右击自选图形边框,在快捷菜单中选择"添加文字"命令来完成的。制作好按钮后,利用"动作设置"或者"超链接"功能来给按钮设置链接效果即可。

2. 利用按钮图片制作按钮

除了前面的方法之外,一些素材光盘或者素材网站上常常提供有不少按钮图片,利用这些按钮图片也可以制作交互按钮。如图 3-102(b)所示的就是利用按钮图片制作的按钮。其中的文字是利用文本框添加上去的,设置链接的方法和前面介绍的相同。

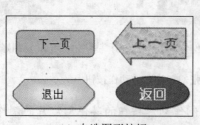　

(a)　自选图形按钮　　　　　　(b)　图片按钮

图 3-102　按钮示意

3.4.3　使用放映功能进行交互

PowerPoint 的交互功能很强大，除了在课件中设计制作超级链接、动作按钮等交互对象进行交互之外，还可以在放映使用课件的过程中，利用交互菜单或者快捷键进行动态交互，非常自由方便。

实例 8　基因对性状的控制

本例是对中学生物"基因对性状的控制"相应内容的展现，其中重点对基因控制蛋白质的合成过程进行了展现，课件的运行效果如图 3-103 所示。本例已经完全制作完毕，只是要通过这个课件，介绍在课件放映过程中如何利用菜单或快捷键进行交互。

 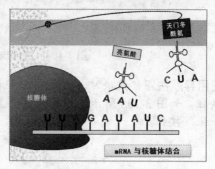

图 3-103　课件"基因对性状的控制"效果图

使用放映菜单交互

在课件播放的过程中，可以用鼠标选择菜单命令来实现课件和使用者之间的交互，非常方便直观。

1. **打开课件**　打开"基因对性状的控制(初)"课件，选择"视图"选项卡，单击"幻灯片放映"按钮，开始从头放映课件。

"视图"选项卡中的"放映幻灯片"按钮用于从头开始放映幻灯片，按键盘上的 F5 键也可以实现同样效果。而用 PowerPoint 窗口下方视图区中的"幻灯片放映"按钮 🖵，则是从当前幻灯片开始放映。

2. **跳转幻灯片**　在课件的放映过程中，在当前幻灯片(如：第 6 张)的任意位置，按图 3-104(a)所示操作，可直接跳转到第 5 张幻灯片。

3. **使用工具**　在放映到第 10 张幻灯片时，按图 3-104(b)所示操作，使用电子的"圆珠笔"在屏幕上绘制，帮助课件的讲解。

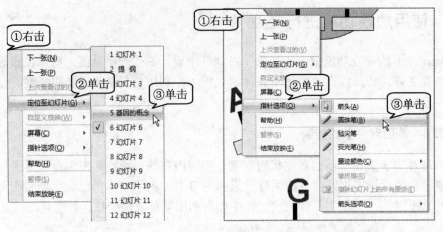

(a) 定位至其他幻灯片　　　　　　　　　　(b) 使用"圆珠笔"

图 3-104　课件放映时的快捷菜单

4. **使用导航按钮**　放映时,在屏幕左下角的"导航按钮区"中有 4 个淡淡的导航控制按钮,如图 3-105 所示。如果要返回上一张幻灯片或上一个动画对象,可单击"上一张"按钮。

图 3-105　导航按钮区

导航按钮有时可能会影响课件的播放,按 Ctrl+H 键,可将导航按钮全部隐藏起来。
按 Ctrl+A 键,又可将导航按钮显示出来。

5. **用菜单结束放映**　课件放映时,在如图 3-104 所示的快捷菜单中,选择"结束放映"命令,可结束幻灯片的放映。

使用键盘交互

在课件的放映过程中,有时需要不露痕迹地进行交互,利用 PowerPoint 提供的键盘快捷键交互就不失为一种较佳方法。

1. **放映课件**　按 F5 键,从头开始放映课件。
2. **用键盘切换幻灯片**　按空格键(回车键或下方向键、右方向键)1 次,进入第 2 张幻灯片的播放,如图 3-106(a)所示。
3. **用键盘演示动画**　按空格键(回车键或下方向键、右方向键)3 次,逐步演示 3 个提纲(共 4 个提纲)的自定义动画,如图 3-106(b)所示。

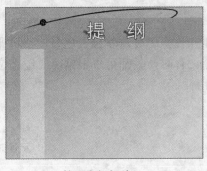
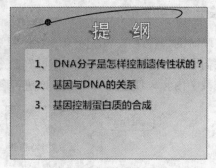

(a) 第 2 张幻灯片　　　　　　　(b) 展示前 3 个提纲的效果

图 3-106　放映课件时的交互过程

按退格键(或者上方向键、或者左方向键)，可以返回上一张幻灯片或上一个刚播放的
动画对象。

4. **用键盘定位播放**　此时教师可对第 3 个提纲进行简要解释。在键盘上先输入数字"6"
后，按回车键，可直接跳转至如图 3-107(a)所示的第 6 张幻灯片。

5. **定位至后面幻灯片**　稍作解释，再输入"26"，按回车键，则跳至如图 3-107(b)所示
的第 26 张幻灯片。

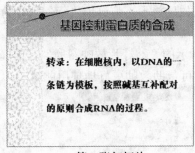
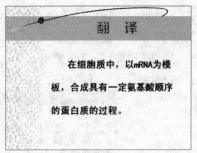

(a) 第 6 张幻灯片　　　　　　　(b) 第 26 张幻灯片

图 3-107　直接跳转至这两张幻灯片

6. **返回提纲幻灯片**　在键盘上按数字"2"，再按回车键，返回第 2 张提纲幻灯片，接
着第 4 个提纲的播放。

7. **用键盘结束放映**　按键盘左上角的 Esc 键，结束放映。

知识库

1. "指针选项"命令的功能

在如图 3-108 所示的"指针选项"子菜单中，可根据需要选择不同的笔触类型，在幻
灯片上绘制。笔迹的颜色，可以自行定义，也可以用电子"橡皮擦"擦除。

2. 关于"屏幕"命令

在放映时的快捷菜单中，按图 3-108 所示操作，可使屏幕纯白色显示，将课件内容隐藏；如果需要黑色屏幕，可选择"黑屏"命令。有时，教师可以根据需要选择这个功能，暂时隐藏教学内容，使学生安心思考或进行各种练习。

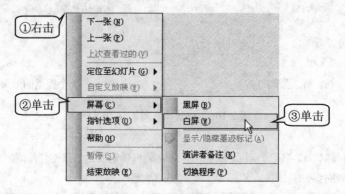

图 3-108　选择"白屏"命令

3. 键盘交互的优点

虽然利用"放映"菜单进行交互非常简便易行，但是在授课过程中使用这种方法，操作的过程就会完全显示在屏幕上，画面不美观，不利于课件的完整体现，有时还可能分散学生的注意力。因此，在课件的放映过程中，如果想不露痕迹地进行幻灯片的切换，利用快捷键就是比较实用而方便的方法。

课件放映时，按 F1 键，弹出如图 3-109 所示的"幻灯片放映帮助"对话框，其中列出了在放映课件时利用键盘交互的所有快捷键，可帮助教师更好地使用此功能。

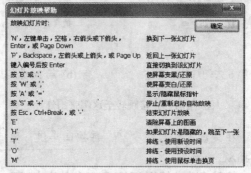

图 3-109　"幻灯片放映帮助"对话框(部分)

4. 鼠标滚轮在放映时的作用

现在绝大多数鼠标的左右键之间都有一个滚轮，一般是用于浏览网页时的滚屏、查看文件夹时的滚动。在 PowerPoint 课件放映时，滚轮也有妙用。向前滚动滚轮表示切换到前一张幻灯片或前一个动画，而向后滚动滚轮表示切换到后一张幻灯片或后一个动画，非常方便实用。

3.5　制作综合课件实例

前面分知识点介绍了 PowerPoint 的基本功能和使用方法技巧，本节以一个综合实例来展示完整课件制作的基本过程，通过本例体验 PowerPoint 课件制作的完整步骤和方法，进一步提高制作水平。

实例 9　设计遮阳篷

本例对应九年级数学课题学习"设计遮阳篷"的相关内容，是三角函数知识应用于生活实践的综合应用。本课的教学目的是让学生把实际问题数学化，完成数学建模过程。

课件运行效果如图 3-110 所示，其中利用自选图形制作了许多示意图，并通过动画逐步展示。每张幻灯片均文字简洁、突出重点，便于学生掌握。

 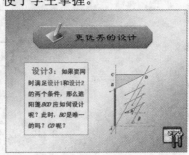

图 3-110　课件"设计遮阳篷"效果图

课件的第 1 张幻灯片是课件封面和目录的综合幻灯片，从封面可以分别跳转到相应的内容，播放完该部分内容后，还能返回封面。课件的结构如图 3-111 所示。

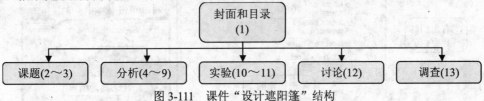

图 3-111　课件"设计遮阳篷"结构

3.5.1　制作课件封面幻灯片

首先来制作封面幻灯片，封面幻灯片的效果如图 3-110 左图的幻灯片所示。

设置课件背景

制作课件首先要考虑的是课件的整体配色设计，背景设计是整体风格的重要部分，不同的背景会影响所有幻灯片的文字、图片配色。

1. **选择版式**   启动 PowerPoint，新建一演示文稿，按图 3-112 所示操作，在"版式"
   列表中选择"空白"版式。

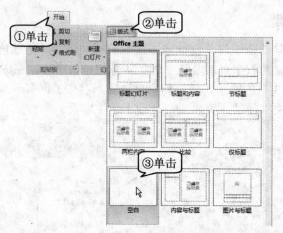

图 3-112   设置"空白"版式

2. **设置幻灯片背景 1**   按图 3-113 所示操作，设置背景的"光圈 1"为橘黄色。

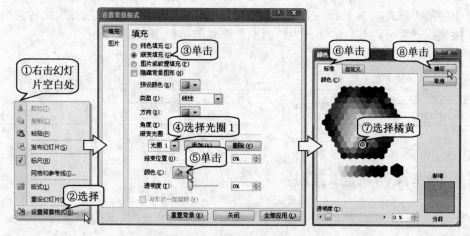

图 3-113   设置幻灯片的背景 1

3. **设置幻灯片背景 2**   类似地，重复图 3-113 所示中第④至⑧步，设置"光圈 2"为"淡
   黄"，设置"光圈 3"为橘黄。

4. **设置幻灯片背景 3**   按图 3-114(a)所示操作，将"方向"设置为"线性对角"，最后
   单击"全部应用"按钮，设置后的幻灯片效果如图 3-114(b)所示。

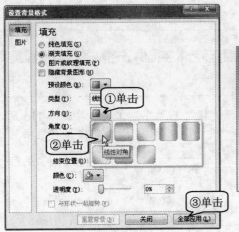 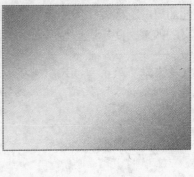

(a) 改变渐变方向　　　　　　　　　　(b) 背景效果

图 3-114　设置幻灯片的背景 3

 最后一步是单击"全部应用"按钮，这样，后面每次增加新幻灯片时，就会使用图中的渐变背景。

5. **设置幻灯片背景 4**　接着按图 3-115 所示操作，将封面幻灯片的背景设置成"羊皮纸"预设颜色，"方向"为"线性向下"。

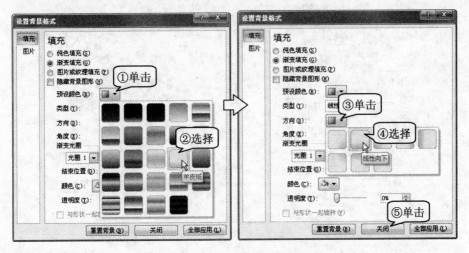

图 3-115　设置幻灯片的背景 4

 最后一步是直接单击"关闭"按钮，当前的封面幻灯片被设置成渐变"羊皮纸"背景。但是新增幻灯片的背景还是前面设计的背景效果。

制作标题艺术字

封面幻灯片的标题一般用艺术字来制作,艺术字提供了各种各样的设置预设效果和自由定义的效果,使标题醒目美观。

1. **插入艺术字** 单击"插入"选项卡,选择"艺术字"工具,按图 3-116 所示操作,选择"粗糙棱台"样式,输入文字"设计遮阳篷",设置字体为"隶书"。

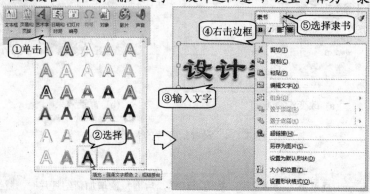

图 3-116 插入艺术字

2. **设置艺术字效果** 双击"设计遮阳篷"艺术字的外边框,PowerPoint 顶部功能区自动切换到"格式"选项卡,按图 3-117 所示操作,设置艺术字形状为"上弯弧"形,并适当调整艺术字的大小和位置。

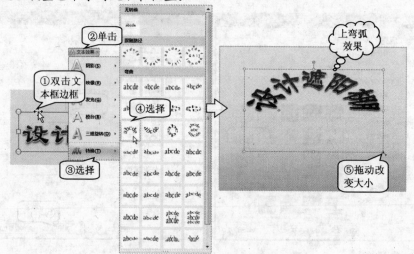

图 3-117 调整艺术字形状和大小、位置

制作导航菜单

导航菜单可以用多种方法来制作,其中一种简单实用的方法是利用文本框或自选图形来设计外观,然后在其中添加文字。

1. 选择"开始"选项卡→"绘图"组→"文本框"按钮📇，如图 3-118 所示，在幻灯片中添加学段信息文本框。

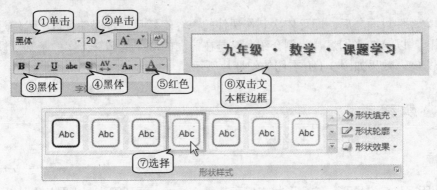

图 3-118　调整艺术字形状和大小、位置

2. 选择"开始"选项卡→"绘图"组→"矩形"按钮▭，绘制一个矩形，右击矩形，选择"编辑文字"命令，添加文字"课题"。

3. 双击该矩形，选择"强烈效果-强调颜色 4"紫色形状样式，设置效果如图 3-119(a) 所示。

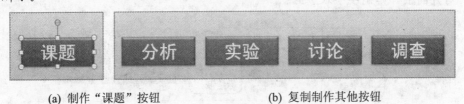

(a) 制作"课题"按钮　　　　　　(b) 复制制作其他按钮

图 3-119　利用"矩形"工具制作的目录按钮

4. 利用"Ctrl+拖动"的方法，将"课题"按钮复制 4 份，分别将文字改为"分析"、"实验"、"讨论"、"调查"，并适当对齐，效果如图 3-119(b)所示。

5. 选择"插入"选项卡→"图片"按钮，插入"封面插图.png"图片，适当调整其大小，拖到艺术字的下方。

 知识库

在课件中选择漂亮合适的字体，可极大地美化课件的展示效果，这些字体可在一些专门的字体网站中下载，下载的字体要安装到系统中才能使用。

字体安装方法是：选择"开始"→"控制面板"→"字体"命令，在打开的"字体"窗口中，选择"文件"→"安装新字体"命令，在弹出的"添加字体"对话框中将下载好的字体安装到系统中，重新打开课件即可看到效果。

值得注意的是，如果课件需要转移到别的计算机上使用，也要在该计算机上安装有这些字体，否则都会显示成"宋体"文字。

3.5.2　制作课件内容幻灯片

制作完课件封面之后，即可依次制作课件的内容幻灯片。本课件有数十张幻灯片，由于篇幅原因，以第 7 张幻灯片为例介绍，这是在前面的 2 个遮阳篷方案的基础上设计的最优的一个方案，效果如图 3-110 右图的幻灯片所示。

制作标题

利用各种自选图形，结合形状样式和艺术字样式，再利用一些小图标图片，可以方便的设计非常漂亮美观的标题。

1. **新建幻灯片**　切换到第 6 张幻灯片，单击"开始"选项卡，选择"新建幻灯片"→"空白"版式，在其后新增加一张幻灯片。
2. **绘制八边形**　在"开始"选项卡的"绘图"按钮区中，按图 3-120 所示操作，在幻灯片的上部绘制一个八边形。

图 3-120　绘制八边形

3. **设置八边形效果**　双击该八边形，在"形状样式"组中，选择"强烈效果-强调颜色 3"的淡绿色形状样式。
4. **为八边形添加文字**　按图 3-121 所示操作，在八边形中添加文字"更优秀的设计"，双击八边形，在"艺术字"样式组中选择"粗糙棱台"艺术字效果。

图 3-121　添加文字并插入装饰图片

5. **插入装饰图片**　选择"插入"选项卡→"图片"按钮，插入小装饰图标"装饰图1.png"，置于八边形的左边，使整个标题更加美观。
6. **插入说明文字**　选择"开始"选项卡→"绘图"组→"文本框"按钮，在标题左下方制作一个文本框，输入文字，设置文字格式，如图 3-122 所示。

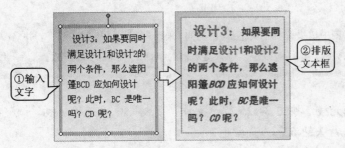

图 3-122　制作文本框

7. **修饰文本框**　双击文本框边框，在"形状样式"组中利用 形状填充 按钮，填充淡黄色，用"线条颜色" 形状轮廓 设置橘黄色线条颜色。

制作示意图

利用各种自选图形，可以方便地制作出几乎任何示意图；结合文本框，还可以给示意图添加图注。

1. **制作窗户剖面**　选择"矩形"按钮 ，在文本框的右边绘制一个竖长细矩形，按图 3-123 所示操作，为矩形设置立体的浅蓝色形状效果，用它模拟窗户的剖面图。

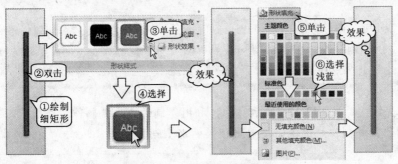

图 3-123　制作窗户的剖面图

2. **制作辅助线**　制作 A、B 两个文字标注文本框；制作窗户剖面图旁边的竖直直线，以表示墙面；过 A 点制作一个水平点划线；最后制作一个斜方向的箭头表示太阳光线，步骤如图 3-124 所示。

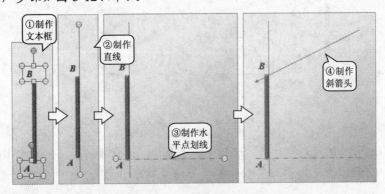

图 3-124　制作辅助线条

示意图中如果有多个文字标注，可以采用先制作好一个，再复制并修改文字内容的方法完成，这样可以保证每个文本框的字体、字号、字型一致。

3. **复制制作光线** 按图 3-125 所示操作，复制一根平行的射线，调整射线的长短和位置，设置箭头的颜色为蓝紫色。

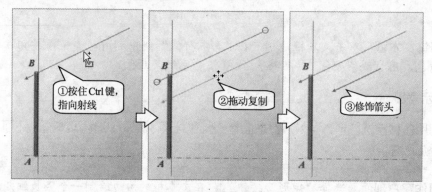

图 3-125 制作平行线

为保证两条射线的倾斜角度相同，可利用已经制作好的射线，将其复制一份。复制对象可利用键盘上的 Ctrl 键，结合鼠标拖动对象来完成，这是非常方便的技巧，而且这个方法可适用于幻灯片上的任何对象。

4. **制作光线组** 按图 3-126 所示操作，利用复制的方法再制作两条射线，完成光线组的制作，并制作好最下面与射线相接的水平点划线。

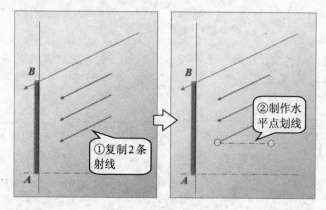

图 3-126 制作光线组

5. **制作小扇形** 切换到"开始"选项卡，按图 3-127 所示操作，在幻灯片的空白处，利用"饼形"自选图形工具制作一个小角度扇形示意图。

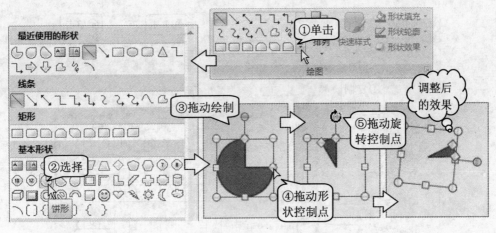

(a) 选择"饼形"工具　　(b) 绘制饼形　　(c) 调整内部形状　　(d) 旋转

图 3-127　制作小扇形

6. **制作角度图示**　按图 3-128 所示操作，将小扇形移动到夹角处。放大显示比例，微调扇形的位置(还可根据情况，调整小扇形的大小和角度)。

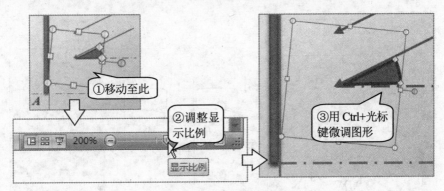

图 3-128　制作角度的图示

 一些细小的图示，在制作时可以利用显示比例先放大，再进行调整，这样可以调整得比较精准。调整结束后再还原显示比例。

7. **修饰角度图示**　双击小扇形，在"形状样式"组中利用 形状填充 按钮填充淡绿色，用"线条颜色" 形状轮廓 设置蓝色边线颜色。

8. **还原显示比例**　单击"显示比例"工具条上的"使幻灯片适应当前窗口"按钮，还原显示比例。

9. **制作 α 文本框**　按图 3-129 所示操作，利用复制、修改的方法制作"α"文本框。

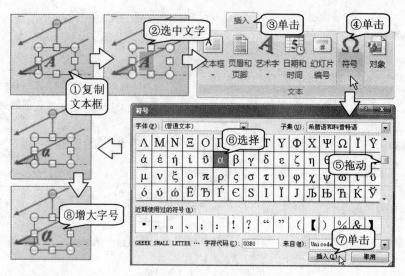

图 3-129　制作 α 文本框

10. **组合对象**　按图 3-130 所示操作，同时选中光线组的 6 个对象，将它们组合成一个对象。

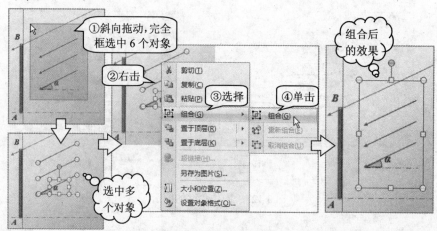

图 3-130　组合对象

除了拖动选中多个对象的方法之外，按住 Shift 键不放，依次单击需要多选的对象，也可以同时选中它们。

11. **制作 β 角光线组**　用类似的方法，在右边空白处制作 β 示意图，并将 β 示意图中的各个对象组合成一个对象，如图 3-131(a)所示。

12. **制作 β 角平行射线**　制作一个与 β 角平行的斜箭头，表示 β 角度的光线，操作步骤效果如图 3-131(b)所示。

13. **制作水平线**　过 α 角和 β 角光线的交点作水平线条，交于 AB 墙面。并将 β 角示意图移动到过 A 点光线的附近，与 α 角示意图重叠，效果如图 3-131(c)所示。

　　(a) 制作 β 角示意图　　　(b) 制作 β 角平行箭头　　　(c) 制作水平线

图 3-131　制作 β 示意图的其他部分

14. **绘制直角三角形**　单击"开始"选项卡，按图 3-132 所示操作，绘制一个直角三角形。

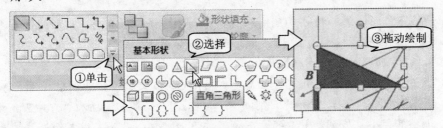

图 3-132　绘制直角三角形

15. **翻转直角三角形**　双击直角三角形，按图 3-133(a)所示操作，垂直翻转直角三角形。

16. **精确设置三角形大小**　在工具栏右端的"大小"框中，设置直角三角形的高度和宽度值，精确设置其大小，如图 3-133(b)所示。

17. **去掉轮廓线**　在"形状样式"组中，按图 3-133(c)所示操作，去掉三角形的轮廓线。

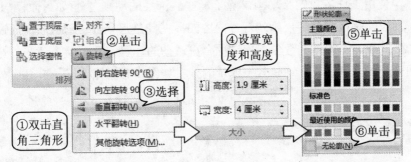

　　(a) 垂直翻转直角三角形　　　(b) 调整直角三角形大小　　　(c) 去掉轮廓线

图 3-133　调整直角三角形

18. **设置填充颜色**　在"形状样式"组中，按图 3-134 所示操作，填充半透明淡绿色。

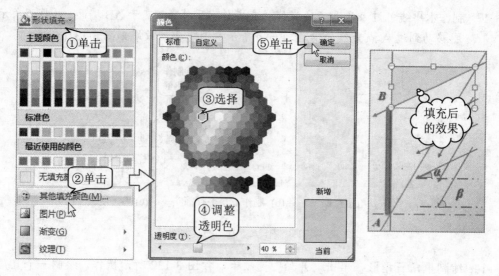

图 3-134　填充直角三角形颜色

19. **调整三角形位置**　利用"Ctrl 键+方向键"的方法微调直角三角形的位置，使其重合在示意图的墙面直线和 α 角光线处。如果大小不合适，还需要反复进行图 3-133(b)所示的大小调整操作。

20. **制作图注文本框**　利用文本框 A 复制制作 C、D 文本框，并调整好位置。

21. **制作装饰图**　选择"插入"选项卡→"插入图片"按钮，插入"工具 2.png"图片，调整其大小，拖到幻灯片的右下角用作返回按钮，从而完成本幻灯片的制作。制作好的幻灯片效果如图 3-110 右图的幻灯片所示。

22. **保存课件**　单击 Office 顶部的"保存"按钮![保存]，保存修改的结果。

3.5.3　设计课件的动画效果

　　本课件中使用了许多自定义动画，除了一些装饰性的动画之外(如封面)，主要都是为了课堂讲解而设，是按需分步展示幻灯片内容的。尤其是那些分析示意图，通过逐步分析展示，使学生对设计遮阳篷的数学建模过程有更透彻的理解。下面以第 7 张幻灯片为例，介绍示意图部分的动画设置。动画分步展示的效果如图 3-135 所示。

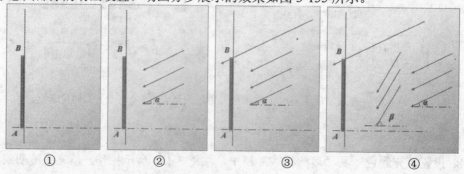

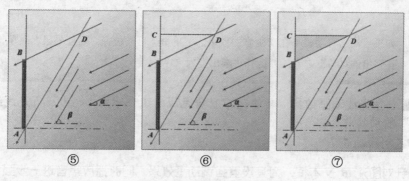

图 3-135　动画的展示过程

各步含义是：①显示窗、墙示意及 A、B 两点；②展示 α 角光线；③闪烁 B 点，并过 B 点作射线；④α 角光线移到右边，显示 β 角光线；⑤闪烁 A 点，过 A 点作射线，并显示两条射线交点 D；⑥过 D 作 AB 垂线交于 C；⑦显示遮阳篷的大小。

 跟我学

制作墙和窗的动画

墙和窗的动画效果是：墙、窗、水平辅助线 A、B 文本框这几个对象同时出现，以渐变效果呈现。

1. **同时选中对象**　切换到第 7 张幻灯片，按住 Shift 键不放，依次单击窗、墙、水平虚线以及 A、B 文本框，同时选中这些对象，如图 3-136(a)所示。

 先同时选中多个对象，再设置自定义动画，放映时，这些对象的将会同时采用同一种动画效果放映出来。

2. **设置进入动画效果**　按图 3-136(b)所示操作，选择"动画"→"自定义动画"命令，打开右边的"自定义动画"窗格，给刚才选中的多个对象设置"淡出"动画效果。

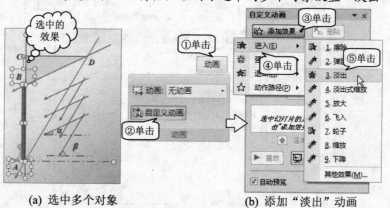

(a) 选中多个对象　　　　　　(b) 添加"淡出"动画

图 3-136　设置动画效果

如果"淡出"动画不在动画添加效果的菜单里，可以选择"其他效果"菜单，然后在弹出的对话框中查找并选择"淡出"效果。

3. **设置 α 角光线动画效果** 单击选中 α 角光线的组合对象，也为 α 角光线组设置"淡出"的动画效果。

制作过 B 点射线动画

先针对图注 *B* 文本框，为其设置强调动画效果，同时播放声音进一步强调，最后显示通过 *B* 点的射线。

1. **设置强调动画** 选中文本框 *B*，按图 3-137 所示操作，为其添加"强调"类型的"彩色延伸"自定义动画，以强调 *B* 点。

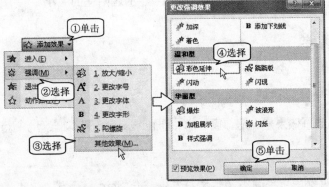

图 3-137 添加"彩色延伸"动画效果

2. **设置播放选项** 在右边的"自定义动画"窗格中按图 3-138 所示操作，为 *B* 文本框添加"风铃"声音效果，并设置播放后还原颜色效果。

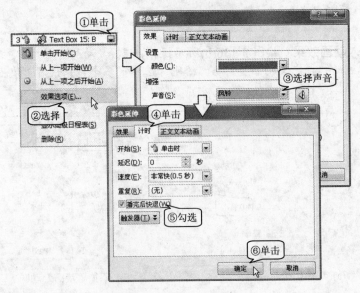

图 3-138 设置动画的选项

3. **设置射线动画**　选中过 B 点的射线 DB，按图 3-139 所示操作，为其设置"擦除"动画效果，修改擦除的方向为"自右侧"，模拟光线自右向左射到 B 点。

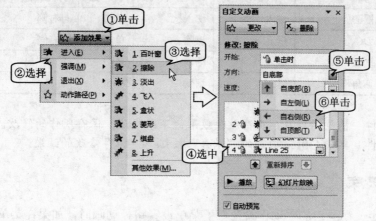

图 3-139　设置射线动画

4. **设置射线动画**　再次选中 α 角光线的组合对象，按图 3-140(a)所示操作，为其设置"向右"的路径动画。

5. **调整路径动画**　放映幻灯片，可看到 α 角光线的组合对象向右移动，但是该路径动画运动轨迹过长，致使组合对象移动到画面外。退出放映，按图 3-140(b)所示操作，缩短路径动画的运动轨迹，使其不致移动过多。

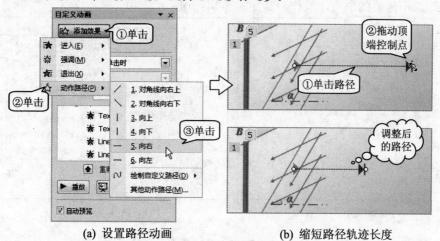

(a) 设置路径动画　　　　　　　　　(b) 缩短路径轨迹长度

图 3-140　设置并调整路径动画

6. **设置动画**　按表 3-5 所列的对象进行相应设置，完成该幻灯片自定义动画的设置。

表 3-5　幻灯片上其他对象的动画设置

序　号	对　象	动画类型	动画效果	开　始	方向或选项	速　度
1	β 角光线组合对象	进入	渐变	单击	-	快速
2	文本框 A	强调	彩色延伸	单击	加"风铃"声	快速
3	射线 DA	进入	擦除	单击	自右侧	快速

(续表)

序 号	对 象	动画类型	动画效果	开 始	方向或选项	速 度
4	文本框 D	进入	切入	单击	自右侧	非常快
5	直线 DC	进入	擦除	单击	自右侧	快速
6	文本框 C	进入	渐入	之后	-	快速
7	直角三角形	进入	渐变	单击	-	非常快

7. 测试课件 播放幻灯片，观察放映效果，不断修改，保存所作的修改。

8. 保存课件 单击 Office 顶部的"保存"按钮，保存修改的结果。

 知识库

利用"自定义动画"的"动作路径"子菜单设置路径动画时，如果在菜单中选择"绘制自定义路径"命令，可自行绘制"直线"、"多边形"、"曲线"等路径，所有路径都可编辑修改，操作步骤如下：

- 先利用"自定义动画"的"动作路径"菜单制作一个路径动画，右击路径，进入编辑路径状态，操作步骤如图 3-141(a)所示。
- 拖动顶点，可改变路径形状。单击路径的某处位置可增加一个顶点。
- 删除不需要的顶点，操作步骤如图 3-141(b)所示。

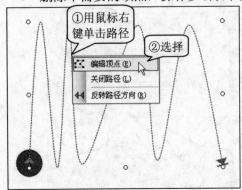

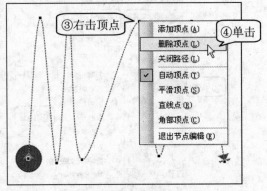

(a) 编辑路径的顶点 (b) 删除顶点

图 3-141　编辑路径

3.5.4　完善课件的目录功能

本课件的第 1 张幻灯片是封面和目录的二合一幻灯片，其中有 5 个按钮，用来实现课件的目录功能。目录功能可通过 PowerPoint 的"超链接"或"动作设置"功能来实现。要注意的是，除了完成从目录跳转到相应幻灯片的功能之外，还要在该部分内容演示完之后能返回目录。

跟我学

制作目录超链接

　　对目录中的按钮设置超链接，可以实现从课件目录幻灯片跳转到相应的内容幻灯片，增加操作的便捷性。

1. **设置"动作设置"**　切换到第 1 张幻灯片，单击"课题"文本框的边框，选中该文本框，按图 3-142 所示操作，为其设置链接到第 2 张幻灯片的动作设置。

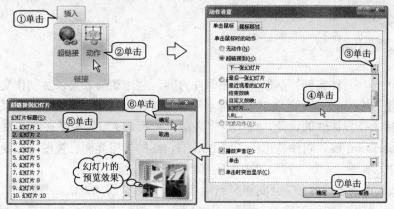

图 3-142　设置"动作设置"

2. **完成目录超链接**　用类似的方法，再完成其他 4 个文本框的动作设置，使单击它们能分别链接到第 4、10、12、13 张幻灯片。

制作返回超链接

　　为了完善整个课件的跳转结构，从目录跳转到内容幻灯片后，还要在内容幻灯片播放完毕之后，实现从内容返回目录的功能。

1. **设置返回超链接**　切换到第 3 张幻灯片，选中右下角的太阳图标，选择"插入"选项卡→"超链接"按钮，按图 3-143 所示操作，设置超级链接，使单击太阳图标能返回第 1 张目录幻灯片。

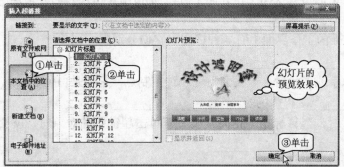

图 3-143　"插入超链接"对话框

2. 完成所有返回链接　用类似的方法完成所有需要返回目录的超链接设置。

> "屏幕提示"按钮，可以给超链接的对象增加气泡提示。比如本例中，可以增加屏幕提示为"返回目录"，这样放映时，只要鼠标指针移到太阳图标上，就会出现淡黄色的气泡提示文字"返回目录"，使课件更加人性化。

3. 保存课件　单击 Office 顶部的"保存"按钮![保存按钮]，保存修改的结果。

3.6　小结和习题

3.6.1　本章小结

本章通过一些具体实例，从制作添加课件内容、制作动画效果以及制作交互效果等几个方面，对使用 PowerPoint 课件制作的基本知识和操作技巧进行系统介绍。最后通过完整实例，从整体上把握课件的设计，进一步提高制作技巧。本章需要掌握的主要内容如下：

- **PowerPoint 课件制作基础**：了解 PowerPoint 的使用界面、视图，以及有关幻灯片新建、增删、复制、移动等方面的基本知识以及操作方法。
- **添加课件的学内容**：学会制作静态幻灯片上的素材添加方法，主要有文字的添加和设置；图形、图像的插入、调整、组合等；在课件中添加影片和声音等；另外还要掌握幻灯片模板、背景的设置方法等等。
- **设置课件动画效果**：熟练利用"自定义动画"制作具有动态效果的课件，利用"幻灯片切换"功能设置幻灯片之间的过场动画。
- **设置课件交互效果**：熟练利用"动作设置"和"超链接"制作非线性播放的课件，能按照教学的需要快速便捷地展示教学内容，辅助教学。

3.6.2　强化练习

一、填空题

1. PowerPoint 的常规视图工作界面中有 3 个常用窗格，它们分别是 _____、_____、_____。

2. PowerPoint 的工作界面中有 4 种视图，它们分别是 _____、_____、_____、_____。

3. 选中艺术字或形状后，一般会出现 3 种控制点，它们是白色的 _____、绿色的 _____ 和黄色的 _____。

4. 放映课件时，当鼠标指针指向某个具有单击超链接的对象时，就会变成_____，如果单击，就会 _____。

5. 课件中使用的超链接是在 _____ 而不是在创建幻灯片时起作用的。

二、选择题

1. 在 PowerPoint 中，用于保存课件的工具按钮是(　　)。

A. 　　　　B. 　　　　C. 　　　　D.

2. 在 PowerPoint 中，如果要给课件选择主题，应该选择的功能区是(　　)。

A. 开始　　　　B. 视图　　　　C. 动画　　　　D. 设计

3. 在同一课件中，要复制和删除幻灯片，最适合操作的视图是(　　)。

A. 普通视图　　　　B. 幻灯片浏览视图　　　C. 幻灯片放映视图

4. 在课件中输入符号，可以选择"插入"菜单中的按钮是(　　)。

A. 符号　　　　B. 特殊符号　　　　C. 批注　　　　D. 文本框

5. 要给自定义动画配上声音，应使用的菜单命令是(　　)。

A. "单击开始"　　B. "现实高级日程表"　　C. "计时"　　D. "效果选项"

6. 在 PowerPoint 中，幻灯片上的对象设置的动画，也称为(　　)。

A. 片间动画　　　　B. 片内动画　　　　C. 动画　　　　D. 切换

7. 制作一个对象沿着一个曲线运动，可选择自定义动画的动画类型是(　　)。

A. 进入效果　　　　B. 强调效果　　　　C. 退出效果　　　　D. 动作路径

8. 为便于整体控制，当幻灯片上的细小对象较多时，可以将对象按需要进行(　　)。

A. 组合　　　　B. 取消组合　　　　C. 修饰　　　　D. 排列

9. 在放映课件时，能直接跳转到放映某张幻灯片的键盘操作是(　　)。

A. 空格键或向右、向下光标键　　　　B. 退格键或向左、向上光标键

C. 数字编号 + 回车键　　　　D. Esc 键

10. 用 PowerPoint 制作课件，下列说法错误的是(　　)。

A. 设置了动作设置或超链接后，不可以删除

B. 动作设置不仅可设置单击鼠标左键时交互，还可设置鼠标移过时交互

C. 动作设置可以链接到其他课件中的幻灯片，还可链接到其他应用程序

D. 动作按钮实际上是带有超链接的形状

11. 用 PowerPoint 制作课件，其一般制作步骤是(　　)。

① 美化课件和设置动画效果　　　　② 设计提纲

③ 放映调整　　　　④ 制作幻灯片

A. ①②③④　　　B. ②①④③　　　C. ②③④①　　　D. ②④①③

12. 微调某个对象，使用的组合键是(　　)。

A. Alt + 方向键　　　　B. Ctrl + 方向键

C. Shift + 方向键　　　　D. 空格键 + 方向键

三、判断题

1. 在 PowerPoint 中输入文字必须首先插入文本框。　　　　(　　)

2. PowerPoint 功能区按钮是根据不同的选项卡进行切换的。　　　　(　　)

3. 在幻灯片浏览视图中双击某张幻灯片，可以直接切换到普通视图。　　　　(　　)

4. 课件中所有幻灯片的背景都是一样的，不能改变部分幻灯片的背景。 （ ）

5. 双击艺术字对象，功能区会自动切换到与艺术字相关的"格式"功能 （ ）

6. 当将课件复制到另一台电脑上使用时，需要将声音、视频文件随课件一起复制，并放置在同一个文件夹中。 （ ）

7. 要移动文本框，可以通过拖动文本框的外边框处(非控制点)来实现。 （ ）

8. 自定义动画的速度一旦设定，将不能改变。 （ ）

9. 对一个对象设置自定义动画效果后，该动画效果无法删除。 （ ）

10. 路径动画的动作路径是不能自行任意设计的。 （ ）

11. 不能对同一个对象设置多个自定义动画效果。 （ ）

12. 保存是在所有操作完成后再进行的。但在实际的课件制作过程中，要养成随时保存的良好习惯，这样可把因死机、停电等原因造成的损失降到最低点。 （ ）

第 4 章

Flash 动画型课件制作实例

Flash 是一款非常著名的动画制作软件，它操作简便、易学，而且功能强大，利用它可以制作出界面美观、动静结合、声形并茂、交互方便的多媒体 CAI 课件。同时 Flash 所制作的动画有着良好的兼容性，可以很方便地被其他课件制作工具如 Authorware、PowerPoint 等所调用，因而受到越来越多教师的喜爱。

本章以 Flash CS4 软件版本为例，详细介绍 Flash 课件的制作方法与技巧。

本章内容：

- Flash 课件制作基础
- 添加课件教学内容
- 设置课件动画效果
- 设置课件交互效果
- 制作综合课件实例

4.1 Flash 课件制作基础

Flash CS4 中文版功能比以往版本有了很大提高。为了能尽快地使用 Flash 制作动画，必须首先熟悉 Flash CS4 的工作环境，初步了解其基本功能，掌握一些基本知识，为后面的课件制作打下基础。

4.1.1 使用界面

Flash CS4 的工作界面继承了以前版本的风格，只是更加美观，使用更加方便快捷。单击"开始"按钮，选择"程序"→Adobe Flash CS4 Professional 命令，运行 Flash CS4 软件。首先看到的就是 Flash CS4 的使用界面，如图 4-1 所示。

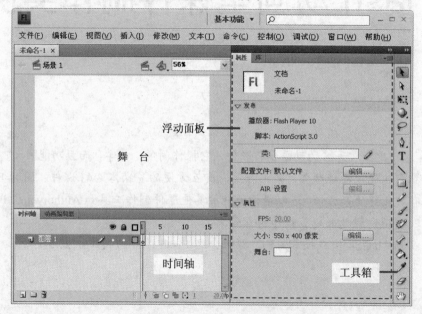

图 4-1　Flash CS4 使用界面

1. 菜单栏

菜单栏是 Flash CS4 的重要组成部分，其绝大部分的功能都可以通过从菜单栏中选择相应命令来实现。

2. 工具箱

工具箱中包含了很多绘画工具，其中放置了可供图形和文本编辑的工具，用这些工具可以绘图、选取、喷涂、修改以及编排文字等。工具箱可以根据需要调整大小和位置。

可通过选择"窗口"→"工具"命令打开或关闭工具箱，如图 4-2 所示。

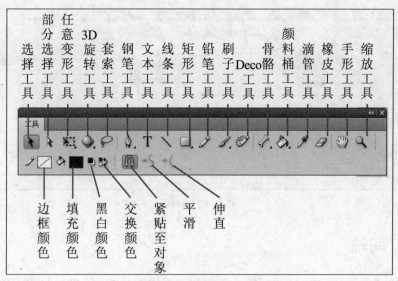

图 4-2　"绘图"工具箱

3. 控制面板

控制面板(以下简称"面板")主要用于帮助用户查看、组织和编辑各类对象,通过面板上的各个选项控制元件、实例、颜色、类型、帧等对象的特征。

如果所需的面板没有显示,可通过"窗口"菜单中的命令来打开,也可将某个控制面板关闭,如图 4-3 所示为"属性"面板和"库"面板。

图 4-3　"属性"面板和"库"面板

4. 编辑区

编辑区是制作动画的工作区域,也可用于多场景管理,包括工作区(舞台四周的灰色区域)和舞台,如图 4-4 所示。舞台是创作动画中各帧内容的区域,可以在其中直接绘制图形或导入图片。

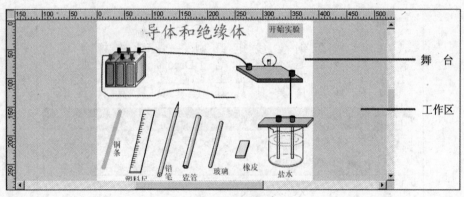

图 4-4　编辑区

4.1.2　时间轴

"时间轴"面板是 Flash 进行动画创作和编辑的重要工具，默认状态下位于编辑区下方。用它可以查看每一帧的情况、调整动画播放的速度、安排帧的内容、改变帧与帧之间的关系等，如图 4-5 所示。

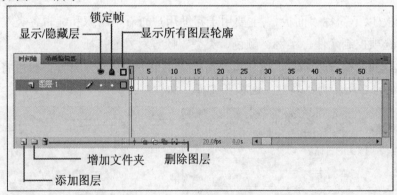

图 4-5　"时间轴"面板

1. 图层

通过"时间轴"面板，可以对图层进行添加、删除、修改名称等操作。

(1) 选取图层

选取一个图层也就是激活一个图层，并将其设置为当前的操作图层，此时可以对该图层中的所有图形对象进行操作。选取一个图层可以有以下 3 种方法：

● 在"图层"面板中单击需要激活的图层的名称。

● 在时间轴上单击某一帧可以激活相应的图层。

● 在舞台上选择某一图形对象，可以激活该图形对象所在的图层。

(2) 创建新图层

要创建一个新的普通图层，只需在"图层"面板下方单击 按钮即可。

(3) 删除图层

要删除一个图层，可选中该图层后，单击"删除图层"按钮 🗑 ，即可删除该图层。

(4) 隐藏图层

在制作课件时，如果发现上面图层中的对象覆盖住了下面的对象，可将上面的图层隐藏起来，当完成操作之后再显示出来。具体操作如图 4-6 所示。

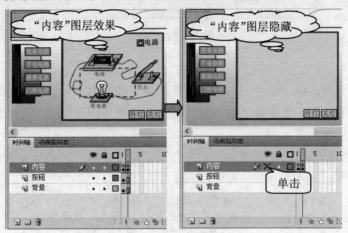

图 4-6　隐藏"内容"图层

若要隐藏或者显示所有图层，可单击"显示/隐藏所有图层"按钮 👁 ，完成操作。

(5) 锁定图层

当图层比较多，舞台上的对象又分布在不同的图层，则在选择对象操作时，为防止出现误操作，可以将某个图锁定。其操作方法与隐藏图层类似。

(6) 移动图层

通过时间轴可以改变图层的次序，只要拖动图层到相应的位置即可。

2. 帧

动画的制作是离不开帧的，帧在形状上就是时间轴上的小格，帧的编号是帧上的数字。关键帧指用于定义动画变化的帧，在时间轴上用一个小圆表示，有实心(有内容的关键帧，即实心关键帧)和空心(无内容的关键帧，即空心关键帧)两种。

(1) 空帧

空帧不是真正的帧，而是一些矩形框，在矩形框里可以放入帧。在设计 Flash 动画时，没有内容的帧占了时间轴的大部分，所以时间轴运行到空帧时就会停止放映，如图 4-7 所示。

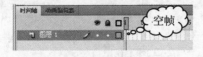

图 4-7　空帧

(2) 关键帧

关键帧是特殊的帧，用来定义动画中的变化，包括对象的运动和特点(如大小和颜色)、在场景中添加或删除对象以及帧动作的添加。任何时候，当希望动画发生改变，或者希望发生某种动作时，必须使用关键帧，如图 4-8 所示。

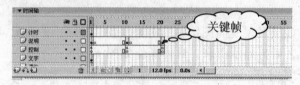

图 4-8　关键帧

(3) 普通帧

普通帧也称为静态帧，显示同一层上最后一个关键帧的内容。在时间轴上，关键帧必须总是在普通帧的前面。关键帧的内容显示在随后的每个普通帧中，直到到达另一个关键帧为止。

在已填充的关键帧后面的普通帧为银灰色，在空关键帧后的普通帧为白色，如图 4-9 所示。

图 4-9　普通帧

(4) 过渡帧

过渡帧包含了一系列帧，其中至少有两个关键帧：一个决定对象的起始点，另一个决定对象的终止点，而在这之间可以有任意多的过渡帧。在两个关键帧之间的帧表示了对象在过渡点的状态。

利用 Flash 可处理两种类型的过渡：运动过渡和形状过渡。运动过渡帧至少需要用两个关键帧来标识，这两个关键帧被带有一个黑箭头和浅蓝背景的中间过渡帧分开；形状过渡帧至少需要用两个关键帧来标识，它们被带有一个黑箭头和浅绿背景的中间过渡帧分开，如图 4-10 所示。

图 4-10　过渡帧

(5) 添加帧

在时间轴上可添加普通帧和关键帧，添加普通帧可延长对象在时间轴上的显示时间。要添加普通帧，可先单击时间轴上相应的帧，然后再按 F5 键；要添加关键帧，则按 F6 键。

（6）删除帧

当遇到不需要的帧时，可选择该帧将其删除。如果删除的是普通帧，则相应图层在时间轴上的显示时间被截短；如果删除的是关键帧，则关键帧在舞台上的对象也一并被删除，操作方法如图 4-11 所示。

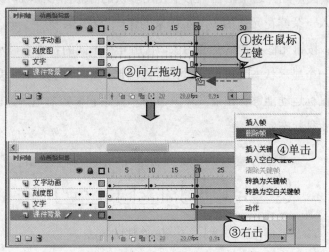

图 4-11　删除帧

（7）移动帧

要移动普通帧或者关键帧的位置，可先选中该帧，按住鼠标左键拖到目标位置之后松开鼠标即可。操作方法如图 4-12 所示。

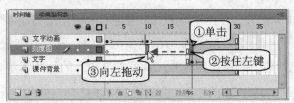

图 4-12　移动帧

4.1.3　元件和实例

Flash 的各类元件都放在"库"面板中，需要时从"库"面板中拖到舞台上即可使用。将元件拖到舞台上之后就称之为"实例"。选择"窗口"→"库"命令(或按 F11 键)即可显示"库"面板。

1. 元件

使用 Flash 制作课件时，经常使用到元件和实例。简单地说，元件可以是图形、按钮、电影片断、声音文件或者字符。创建后的元件保存在"库"面板中，当从"库"面板中将元件置入舞台上时，就创建了一个该元件的实例。不管做了多少个该元件的实例，Flash 仅把该元件保存一次，所以元件的应用缩小了文件的体积。

(1) 元件的类型

在 Flash 中，元件的种类一共有 3 种，它们分别是图形元件、按钮元件和影片剪辑元件。

- 图形元件：图形元件通常由在电影中使用多次的静态图形组成。例如，可以通过在场景中加入一朵鲜花元件的多个实例来创建一束花。

- 按钮元件：按钮元件不是单一的图像，它用 4 种不同的状态来显示。按钮的另一个特点是每一个显示状态均可以通过声音或图形来显示。它是一个交互性的动画。按钮元件对鼠标运动能够作出反应，并且可以使用它来控制电影。图 4-13 是一个按钮元件的 4 种状态。

图 4-13　按钮的 4 种状态

- 影片剪辑元件：影片剪辑元件是 Flash 电影中一个相当重要的角色，大部分的影片其实是由许多独立的影片剪辑元件的实例组成的。它可以拥有绝对独立的时间轴，不受场景和时间轴的影响。

(2) 元件的创建与编辑

元件包含的功能非常广泛，使用 Flash CS4 创建的一切动画功能，都可以通过某个或多个元件来实现。所以制作 Flash CS4 动画的很重要的一步，就是要创建元件。

- 创建元件：能创建"图形元件"的元素可以是导入的位图图像、矢量图形、文本对象以及用 Flash 工具创建的线条、色块等。可以选择"插入"→"新建元件"命令，打开"新建元件"对话框，按需要创建元件类型。

- 编辑元件：可以在元件编辑模式下进行编辑；也可以右击该元件，选择"编辑"命令；或者双击元件，在舞台上直接编辑该元件。此时舞台上的其他对象将以浅色显示，表示和当前编辑的元件的区别。在编辑元件时，Flash 将自动更新电影或动画中所有运用该元件的实例。

2. 实例

在 Flash 中创建的元件并不能直接应用到场景中，还需要创建实例。实例就是把元件拖动到舞台上，它是元件在舞台上的具体体现。如果元件中有一个按钮，将这个按钮拖动到舞台上，这时舞台上的这个按钮就不再称作"元件"，而是一个"实例"。

(1) 创建实例

创建实例的操作步骤是，首先在时间轴上选取一个图层，然后选择"窗口"→"库"命令，打开"库"面板，按图 4-14 所示操作，选择所要使用的元件，将其拖动到舞台中，可在舞台上创建一个实例。

图 4-14　将图形元件拖入到舞台中

实例创建完成后，可设定其颜色效果、图形显示模式以及实例的类型。这些修改只影响到实例，不会影响到元件。一个元件可以创建多个实例。

(2) 改变实例样式

每个实例都可设置自己的颜色效果。当改变某一帧的实例颜色和透明度时，会在显示该帧时作出变化。如果想得到颜色的渐变效果，就必须对颜色进行运动变化处理。当对颜色进行变化时，需要在实例的开始帧和结束帧输入不同的效果，然后设定运动，实例的颜色将会随时间发生变化。

4.1.4　文件操作

在用 Flash 制作课件的过程中，经常遇到文件属性的设置，如动画播放速度、动画背景颜色、画面大小等，以及如何将制作好的动画输出为可脱离 Flash 环境而单独运行的文件。

1. 文件的新建、保存及属性设置

要利用 Flash 制作多媒体 CAI 课件，首先要新建一个 Flash 动画文件，然后设置文件属性，并保存文件。

 跟我学

1. **打开软件**　单击"开始"按钮，选择"程序"→"Adobe Flash CS4 Professional"命令，运行 Flash 软件 CS4。
2. **新建文档**　按图 4-15 所示操作，新建一个 Flash 文档。

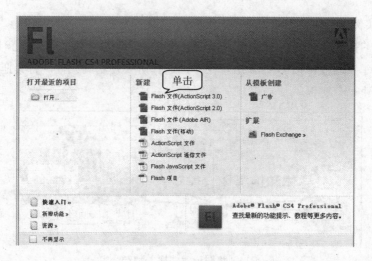

图 4-15　新建文档

3. **设置属性**　选择"修改"→"文档"命令，弹出"文档属性"对话框，按图 4-16 所示操作，设置动画的画面尺寸、背景颜色和播放速度。

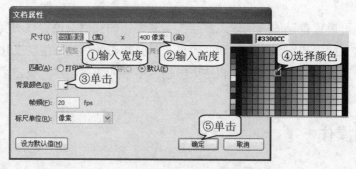

图 4-16　设置文档属性

4. **保存课件**　选择"文件"→"保存"命令，打开"另存为"对话框，按图 4-17 所示操作，完成文档的保存。

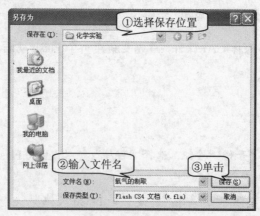

图 4-17　保存课件

动画画面大小：动画画面大小以像素为单位来确定宽与高，默认状态下为 550px(像素)×400px(像素)，单击该参数右边的按钮，打开"文档属性"对话框，根据需要输入适当的数据，来自己定义画面尺寸。

动画画面背景：默认动画画面的背景颜色为白色，单击"属性"面板中的"背景"选项后的□按钮，打开"颜色"对话框，选择需要的颜色，作为课件的背景色。

2. 课件输出

课件制作完成后，要将其生成为可以脱离 Flash 环境运行的文件，才能用于教学。Flash可将作品输出为多种格式的文件，如 SWF、HTML、EXE 等，可根据需要，选择一种格式来输出。一般情况下，选择输出为 SWF、EXE 格式的文件较多。

 跟我学

1. **发布设置** 选择"文件"→"发布设置"命令，弹出如图 4-18 所示的"发布设置"对话框。

2. **生成文件** 按图 4-18 所示操作，将课件输出为 SWF、EXE 文件格式。

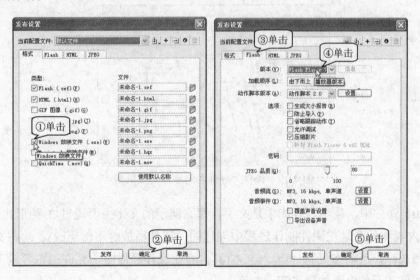

图 4-18 设置输出的格式

动画播放速度：动画的播放速度默认为 12fps(12 帧/秒)，可根据需要重新设置。帧速越大，动画的播放效果越好、越流畅。在多数情况下，可以将其设置为 8fps、12fps 或更大。

输出其他格式的文件：在发布动画文件时，如果选择"发布设置"对话框中"类型"选项中的一个或多个选项，可同时将其发布为其他格式的文件。

4.2 添加课件教学内容

通常制作课件就是根据教学要求，合理地组织和安排应用文字、图形、图像、声音和视频等媒体来进行教学演示。以下将通过各种实例的制作，介绍如何在课件中组织和安排这些媒体。

4.2.1 添加文字

制作多媒体 CAI 课件自然少不了文字，通过文字素材的应用，可以有效地表达教学思想，展示教学过程，从而提高教学效果和教学质量。

实例 1　导体和绝缘体

本例是初中物理"导体和绝缘体"中的教学内容，课件运行效果如图 4-19 所示。课件配以相关的文字向学生介绍导体和绝缘体的特点。

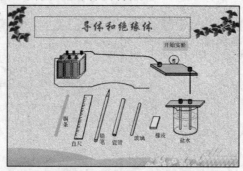

图 4-19　课件"导体和绝缘体"效果图

在 Flash 课件中，教学内容如果是文字，那么演示的文字主要通过 3 种形式表现：静态文本(其内容和外观是在课件制作过程中创建的，课件播放时不能更改)、动态文本(其内容在课件播放时，可动态更新)和输入文本(其内容在课件播放时，允许浏览者输入)。本例主要介绍如何在课件中添加静态演示文字。

 跟我学

1. **打开文件**　运行 Flash 软件，按图 4-20 所示操作，打开 Flash 课件"导体和绝缘体(初).fla"。

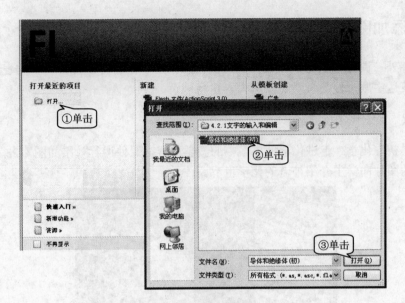

图 4-20　打开课件

2. **添加文本框**　选择工具栏上的"文本"工具 **T**，在舞台上单击一次，添加一个文本框。

3. **设置格式**　按图 4-21 所示操作，设置文字的字体、大小和颜色。

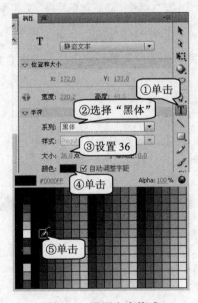

图 4-21　设置文字格式

4. **输入文字**　在舞台上输入文字"导体和绝缘体"，效果如图 4-22 所示。

导体和绝缘体

图 4-22　标题文字效果

4.2.2　添加图片

除文字外，课件中用的素材最多的可能就属图片了，它可以省去过多的表达文字，且能更好地表达主题，使得学生对教学内容更易理解。

实例 2　走进化学世界

本例是初中化学"走进化学世界"中的教学内容，课件运行效果如图 4-23 所示。课件配以大量的图片向学生介绍神奇的化学世界。

图 4-23　课件"走进化学世界"效果图

通过适当的方式采集一些图片后，可导入到 Flash 课件中。这时的图片将作为元件存放在"库"面板中，当需要的时候，从"库"面板中拖到舞台上。本例主要介绍如何在课件中导入图片。

 跟我学

1. **打开文件**　运行 Flash 软件，打开 Flash 课件"走进化学世界(初).fla"。
2. **导入素材**　选择"文件"→"导入"→"导入到舞台"命令，按图 4-24 所示导入图片到舞台。

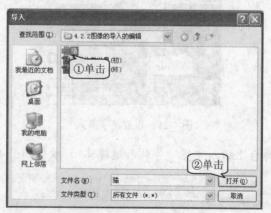

图 4-24　导入图片

3. **调整图片**　单击工具箱中的"任意变形"工具，按图 4-25 所示操作，拖动图片的大小控制点，调整图片大小和位置。

图 4-25　调整图片

4.2.3　绘制图形

在 Flash 中，除了可以导入外部的图像文件外，还可以绘制所需的各种图形，如化学试验装置图、物理光学图形、力学图形、数学中的几何图形等。

实例 3　乙炔的制取

本例对应高中《化学》"烃"中"乙炔　炔烃"的内容，课件运行界面如图 4-26 所示。该课件通过电石与水发生发应的装置图，展示乙炔制取的特点。

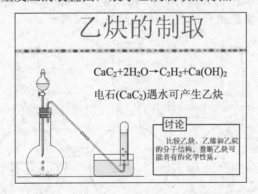

图 4-26　课件"乙炔制取"效果图

通过使用"椭圆"工具、"矩形"工具、"选取"工具、"墨水瓶"工具、"颜料桶"工具和"线条"工具等，绘制组成化学仪器的各部件，再将各部件组成基本图形，然后通过变形、填充颜色等编辑完成化学装置图的绘制，最后输入文字。

跟我学

绘制烧瓶

　　利用工具箱中的椭圆工具和直接工具等，先绘制规则的几何图形，然后再做适当的调整，可以很方便地绘制出烧瓶。

---

1. **绘制圆形**　新建空白文件，选择"视图" → "网格" → "显示网格"命令，显示出网格方便绘图，按图 4-27 所示操作，绘制一个圆形。

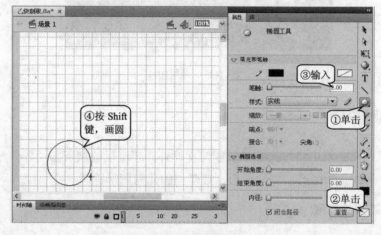

图 4-27　绘制圆形

2. **绘制烧瓶**　按图 4-28 所示操作，分别、绘制 2 个矩形和 2 条直线，并删除多余线条，然后对绘制好的烧瓶进行调整，结果如图 4-28 所示。

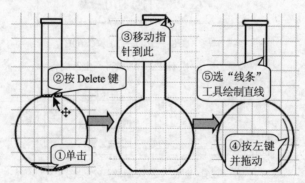

图 4-28　绘制烧瓶

3. **组合图形**　单击"选取"工具 ，选中所有对象，按 Ctrl+G 键，将其组合成一个图形对象。

4. **绘制瓶塞**　按图 4-29 所示操作，选择"矩形"工具 ，绘制一个矩形表示瓶塞，再进行调整。

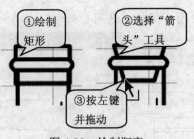

图 4-29　绘制瓶塞

5. **填充颜色**　按图 4-30 所示操作，给瓶塞填充颜色(灰色亮度渐变)。

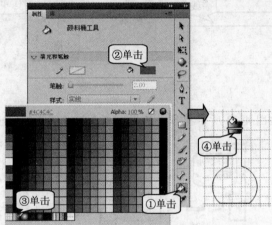

图 4-30　填充颜色

绘制其他仪器

与绘制烧瓶的操作方法类似，在舞台上绘制完成课件中所需要用的其他仪器。

1. **绘制部件**　分别选用"矩形"工具 □ 和"椭圆"工具 ○，绘制组成分液漏斗的部件，如图 4-31(a)所示。
2. **绘制漏斗**　将绘制好的各部件组成如图 4-31(b)所示的分液漏斗，删除多余线条并填充颜色，结果如图 4-31(c)所示。

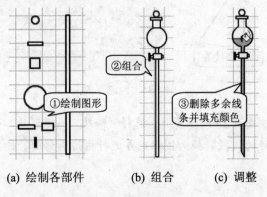

(a) 绘制各部件　　　(b) 组合　　　(c) 调整

图 4-31　绘制分液漏斗

3. **绘制水槽** 按图 4-32 所示操作，选用"矩形"工具 ⬜，绘制水槽。

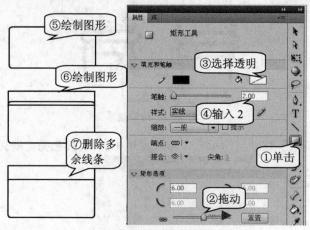

图 4-32 绘制水槽

4. **绘制试管** 按图 4-33 所示操作，选用"矩形"工具 ⬜，绘制试管。

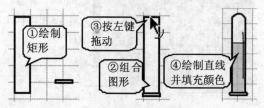

图 4-33 绘制试管

5. **绘制线条** 按图 4-34 所示操作，选用"线条"工具 ✎，绘制如图 4-34 所示的线段(颜色为红色、宽度为 4)。

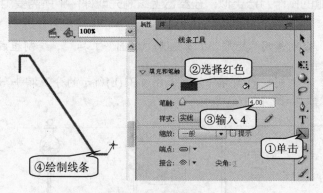

图 4-34 绘制线条

6. **绘制玻璃管** 按图 4-35 所示操作，选择"修改"→"形状"→"将线条转换为填充"命令，将绘制好的线段转换为图形，再进行描边和修饰，绘制出如图 4-35(c)所示的玻璃管。

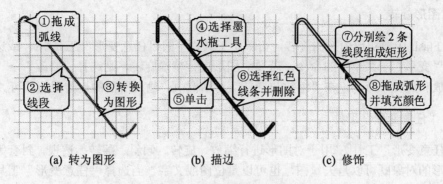

(a) 转为图形　　　　(b) 描边　　　　(c) 修饰

图 4-35　线段转换为玻璃管

7. **组合图形**　分别选中绘制好的图形，按↑(或←、→、↓)键，将它们移到一起，组合成如图 4-36 所示的乙炔制取装置。

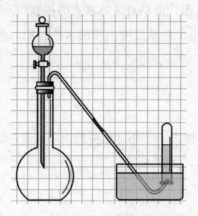

图 4-36　组合图形

8. **输入文字**　用前面介绍的方法，输入有关文字和化学方程式，结果如图 4-36 所示。

1. 改变图形形状

将鼠标指针移至图形的顶点处，此时指针变为形状，拖动鼠标可移动顶点的位置；若将鼠标指针移动到图形的线段处，此时指针变为形状，拖动鼠标可以改变线段的弯曲程度；若按住 Ctrl 键，拖动鼠标可以创建一个新顶点，当 2 个顶点重合时，则自动删除其中一个顶点，保留另一顶点，如图 4-37 所示。

图 4-37　为图形增加顶点

2. 图形旋转

在 Flash 中要实现图形的旋转，可单击工具栏中的"任意变形"工具，或选择"修改"→"变形"子菜单中的命令；若要对图形进行精确旋转，则选择"修改"→"变形"→"缩放和旋转"命令，在"缩放与旋转"对话框中，输入所需的旋转数值即可。

3. "任意变形"工具

"任意变形"工具用于对图形进行缩放、旋转、倾斜、翻转、透视、封套等变形操作，变形的对象既可以是矢量图，也可以是位图或文字。当选择"任意变形"工具后，选项框中出现以下选项。

- 旋转与倾斜：单击该按钮，拖动对象外框上的控制柄可对对象进行旋转和变形。
- 缩放：单击该按钮，拖动 4 个角上的双向箭头，可按比例改变对象的大小。
- 扭曲：单击该按钮，拖动对象外框上的控制柄，可对对象进行扭曲变形。
- 封套：单击该按钮，对象周围出现很多控制柄，拖动这些控制柄可对对象进行更细微的变形。

4.2.4 添加声音

声音也是多媒体 CAI 课件中一个非常重要的表现元素，适当地添加声音，可以增添课件的表现力和感染力。

实例 4 琵琶行

本例对应高中《语文》课文"琵琶行"的内容，它展示的是课件的封面效果，如图 4-38 所示。制作时，选择古典音乐作为背景音乐，在课件运行时播放，营造相应的教学氛围。

图 4-38 课件"琵琶行"效果图

要在课件中添加声音，首先需要导入声音文件，导入后的声音文件存储在"库"面板中，使用时只需将它拖动到场景中即可。本例将声音导入到"库"后，拖动到场景中作为课件的背景音乐。

跟我学

制作背景

> 通过"文档属性"对话框，设置好舞台的大小；然后再导入背景图片，放置到舞台合适位置即完成背景制作。

1. **修改属性**　新建空白文件，选择"修改"→"文档"命令，打开"文档属性"对话框，按图 4-39 所示操作，修改课件背景颜色。

图 4-39　修改课件背景颜色

2. **导入元件**　选择"文件"→"导入"→"导入到库"命令，按图 4-40 所示操作，将元件导入到"库"面板中。

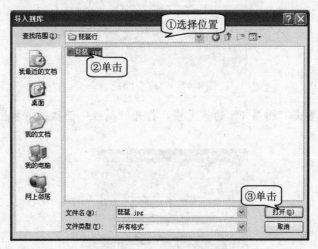

图 4-40　"导入到库"对话框

3. **拖动元件**　选择"窗口"→"库"命令，打开"库"面板，并从中拖动刚导入的图像元件到舞台左侧位置。

4. **调整图片** 右击舞台上的图像，选择"任意变形"命令，调整图片大小，结果如图 4-41 所示。

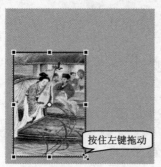

图 4-41　调整图片大小

5. **输入文字** 在"图层 1"上新建一个"图层 2"，并输入如图 4-38 所示的文字。
6. **保存文件** 按 Ctrl+S 键，选择好文件夹，以文件名"琵琶行"保存。

导入声音

通过菜单中的导入命令，将声音素材导入到"库"面板中；然后再通过"属性"面板设置舞台声音效果。

1. **导入声音** 选择"文件"→"导入"→"导入到库"命令，打开"导入到库"对话框，选择所需的声音文件，导入到"库"面板中，结果如图 4-42 所示。

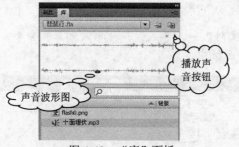

图 4-42　"库"面板

2. **设置声音** 单击"图层 1"的第 1 帧，打开"属性"面板，并按图 4-43 所示操作，设置声音。

图 4-43　"属性"面板

3. **测试动画**　选择"控制"→"测试影片"命令(或按 Ctrl+Enter 键)，预览效果。

1. 声音文件格式

在 Flash 中，可导入的声音文件主要有 WAV 和 MP3 格式。将声音文件导入"库"面板中，可以被反复使用。声音只能添加到关键帧上。

2. 设置循环

在制作课件背景音乐时，如果音乐播放的时间较短，可以将音乐设置为循环播放，操作方法是：在"属性"面板上的"循环"框中，输入一个较大的数字即可。

3. 设置声音播放方式

在"属性"面板中，单击"同步"框右侧的按钮 ，可选择下拉列表中的不同选项，设置声音的不同播放方式。"同步"下拉列表中的各选项含义如下。

- 事件：使声音与事件的发生合拍。当动画播放到声音的开始关键帧时，事件音频开始独立于时间轴播放，即使动画结束，声音也要继续播放直至完毕。此外，如果在场景中添加了多个声音文件，则听到的将是最终的混合效果。
- 停止：停止播放指定的声音。
- 数据流：该选项将同步声音，以便在网站上播放。即 Flash 自动调整动画和音频，使它们同步。与事件声音不同，声音随着 SWF 文件的停止而停止。而且，声音的播放时间不会超过帧的播放时间长。当发布 SWF 文件时，声音与动画混合在一起输出。
- 开始：与事件方式相似，其区别是，如果声音正在播放，使用该选项则不会播放新的声音实例。

4.2.5　导入视频

视频在多媒体 CAI 课件中也是经常使用到的，它可以将一些现象直观地反映出来，并且比较真实。在制作多媒体课件时，有些生活现象用视频来表现就是很好的一种方式。

实例 5　动与静

本例对应初中《物理》第一册"运动与静止"内容，课件运行界面如图 4-44 所示。该课件通过 4 个按钮控制视频的播放、停止、向前、向后。

图 4-44　课件"动与静"效果图

将视频拖入到舞台中，并从公用库中导入所需的各种按钮，然后给按钮添加动作脚本语句，利用这些语句控制视频的播放。本例通过添加播放、停止、向前、向后 4 个按钮，可以实现课件在使用中的随时控制。

 跟我学

1. **打开文件**　打开光盘中的课件"动与静(初).fla"，课件封面文字和图形显示如图 4-45 所示。

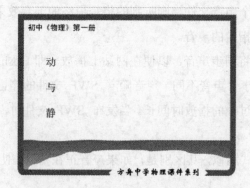

图 4-45　课件封面文字和图形

2. **拖动元件**　选择"窗口"→"其他面板"→"公用库"→"按钮"命令，从"按钮库"面板中拖动如图 4-46 所示的几个控制按钮至舞台。

图 4-46　添加控制按钮

3. **导入视频**　选择"文件"→"导入"→"导入到库"命令，在如图 4-47 所示的"导入到库"对话框中选择要导入的视频文件，单击"打开"按钮，弹出"导入视频"对话框。

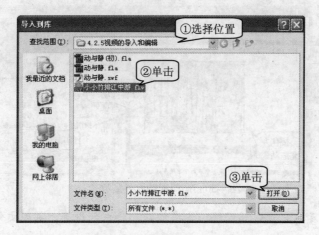

图 4-47　"导入到库"对话框

4. **设置选项**　按图 4-48 所示操作，调整参数，将所选视频导入到"库"面板中。

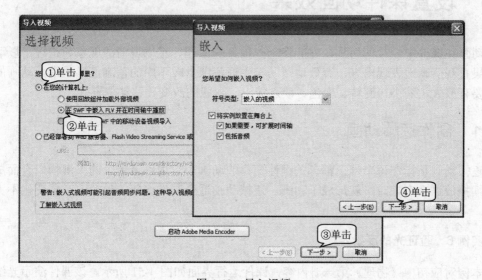

图 4-48　导入视频

5. **添加图层**　按图 4-49 所示操作，添加一个图层，并命名为"视频"。

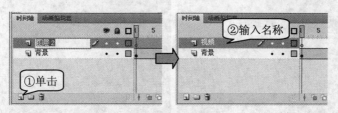

图 4-49　添加图层

6. **拖动元件**　按图 4-50 所示操作，将视频从"库"面板拖入到舞台中。

图 4-50　拖动视频元件到舞台

7. **保存文件**　参照光盘中的课件，完成按钮和脚本的设置，并以文件名"动与静.fla"保存。

4.3　设置课件动画效果

动画在课件中经常使用到，它能将一些抽象的原理、难以说清的现象和道理，以动画的效果直观清晰地表现出来，有效地帮助学生理解课堂教学中的重难点。通常，动画的效果主要有放大、缩小、旋转、变色、淡入淡出、形状的改变、移动位置等。

4.3.1　制作逐帧动画

逐帧动画是指在每个帧上都有关键性变化的动画，它由许多单个的关键帧组合而成，当连续播放这么多帧时，就形成了动画。逐帧动画适合制作相邻关键帧中对象变化不大的动画。

实例 6　验证光的反射定律

本例对应初中《物理》第一册内容，课件运行界面如图 4-51 所示。该课件演示光线照射到平面上时，发生反射，验证光的反射定律。

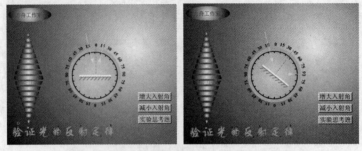

图 4-51　课件"验证光的反射定律"效果图

在课件半成品的基础上添加图层，逐帧从库中拖入相关图形元件，制作出光线变化的帧动画，直观反映出入射角和反射角的关系。

跟我学

1. **打开文件**　打开光盘中的课件"验证光的反射定律(初).fla"，各图层如图 4-52 所示。

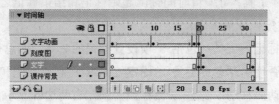

图 4-52　各图层示意图

2. **添加关键帧**　添加"光线变化"图层，在第 20 帧位置按 F6 键，插入关键帧。
3. **拖动元件**　选择"窗口"→"库"命令，从"库"面板中拖动光线图形元件到舞台中，制作光线变化的第一个关键帧，效果如图 4-53 所示。

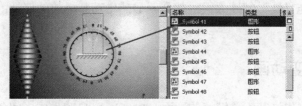

图 4-53　制作光线变化的第一个关键帧

4. **添加关键帧**　依次在第 21、22、23、24、25、26、27、28、29、30 帧位置按 F6 键添加关键帧，分别从"库"面板中拖动其他光线图形元件到舞台中，效果如图 4-54 所示。

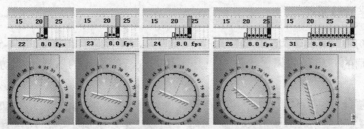

图 4-54　制作光线变化的其他关键帧

5. **测试动画**　选择"控制"→"测试影片"命令(或按 Ctrl+Enter 键)，预览帧动画即光线变化效果。
6. **保存文件**　参照光盘课件，继续完成课件的其他部分制作，并以"验证光的反射定律.fla"为文件名保存。

 **信息窗**

1. **"洋葱皮"工具**

在制作动画时，经常需要反复修改帧的内容。只有关键帧中的内容，才可以编辑。在

Flash 的时间轴下方，提供了"洋葱皮"工具，可以方便地显示和编辑多个帧的内容。

- "绘图纸外观轮廓"工具与"绘图纸外观"工具：它们功能相似，不同之处为，"绘图纸外观轮廓"工具是以轮廓线条方式显示在画面中。
- "编辑多个帧"工具：可编辑时间轴上起始标记和结束标记之间的所有显示帧的内容(注意只有关键帧才能编辑)。
- "修改绘图纸标记"工具：包括 5 项设置标记的命令，即总是显示标记(一直显示标记，无论是否使用洋葱皮工具)，锚定绘图纸(将起始标记和结束标记固定，不随播放指针的移动而移动)，绘图纸 2(在当前帧左右两边各显示 2 帧)，绘图纸 5(在当前帧左右两边各显示 5 帧)，绘制全部(显示当前帧左右两边的所有帧)。

2. 帧的速度

帧的速度是指动画播放的速度，帧速的单位是 fps(帧/秒)，即每秒钟播放的帧数。帧速决定了动画播放的连贯性，帧速太慢，就会明显感觉动画播放的停顿；帧数太快，就会忽略动画的部分细节。

4.3.2　制作渐变动画

渐变动画是指制作好若干关键帧的画面，由 Flash 自动生成中间各帧，使得画面从一个关键帧渐变到另一个关键帧的动画。在渐变动画中，Flash 存储的仅仅是帧之间的改变值，中间的动画由计算机自动处理。

渐变动画可分为两类：一是形状渐变动画，一是运动渐变动画。

实例 7　连通器原理

本例对应初中《物理》"连通器原理"一节内容，课件运行界面如图 4-55 所示。该课件通过演示船闸的开启和关闭、水位相应升高和降低、船通过的这样一个动画效果，揭示连通器的原理。

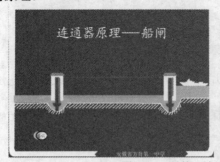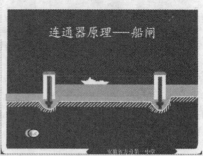

图 4-55　课件"连通器原理"效果图

在课件半成品的基础上(读者也可以自己制作，主要包括课件标题、背景，船、船闸、水等图形元件)添加图层，然后在"水位变化"图层不同的关键帧处改变实例的形状，制作形状渐变动画，逼真表现船通过闸的情景。

跟我学

1. **添加图层**　打开光盘中的课件"连通器原理(初).fla"，按图 4-56 所示操作，在"右船闸"图层上方添加一个新图层"水位变化"。

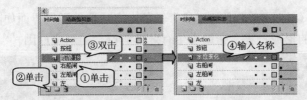

图 4-56　添加图层

2. **绘制图形**　在"水位变化"图层的第 5 帧添加一个关键帧，按图 4-57 所示操作，在舞台上绘制一个矩形。

图 4-57　绘制矩形

3. **调整大小**　在"水位变化"图层的第 30 帧添加一个关键帧，按图 4-58 所示操作，改变水位的高度。

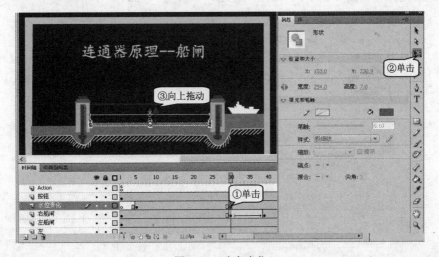

图 4-58　改变水位

4. **创建动画** 在"船"图层的第 40~70 帧之间右击,在弹出的快捷菜单中选择"创建补间动画"命令,添加水位上升的补间动画。

5. **保存文件** 参考光盘中的课件,继续完成其他内容的制作,并以"连通器原理.fla"为文件名保存课件。

实例 8 日食

本例对应初中《地理》"日食的形成"一节内容,课件运行界面如图 4-59 所示。该课件动画模拟了日食的形成过程,帮助学生有效理解日食的形成原因。

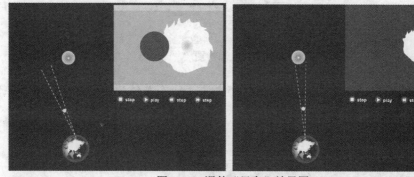

图 4-59 课件"日食"效果图

先制作课件标题、背景,再制作太阳、地球、月亮、视线等图形元件,然后在"视线"图层不同的关键帧处改变实例的位置,制作动作渐变动画。

 跟我学

1. **打开文件** 打开光盘中的课件"日食(初).fla",在"太阳光"上方添加一个新图层,命名为"月亮"。
2. **添加关键帧** 在"月亮"图层的第 2 帧添加关键帧,并打开"库"面板。
3. **拖动元件** 按图 4-60 所示操作,将元件"月亮"拖到舞台中。

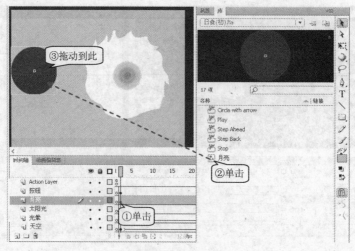

图 4-60 拖动元件

4. **调整位置**　在"月亮"图层的第 60 帧添加关键帧，并按图 4-61 所示操作拖动月亮在舞台上的位置。

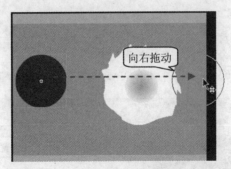

向右拖动

图 4-61　改变位置

5. **创建动画**　在"月亮"图层的第 2~85 帧之间右击，在弹出的快捷菜单中选择"创建传统补间"命令，设置渐变动画。
6. **测试动画**　选择"控制" → "测试影片"命令(或按 Ctrl+Enter 键)，预览效果。
7. **保存文件**　以"月食.fla"为文件名保存文件。

4.3.3　制作遮罩动画

遮罩动画是利用特殊的图层——遮罩层来创建的动画。使用遮罩层后，遮罩层下面图层的内容就像透过一个窗口显示出来一样，这个窗口的形状和大小就是遮罩层中的内容的形状和大小。在课件中制作遮罩动画能够将动画演示限制在一个形状或区域内，还可以实现某些特殊的效果。

实例 9　布朗运动

本例对应高中《物理》"布朗运动"一节内容，课件运行界面如图 4-62 所示。该课件演示布朗运动是悬浮微粒不停地做无规则运动的现象。

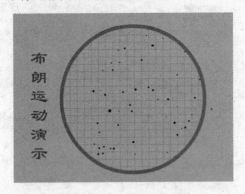

图 4-62　课件"布朗运动"效果图

在课件半成品的基础上，添加图层，绘制填充色为黑色的圆形，最后将圆形制作为遮罩层，这时的圆就像是一个透明的窗口，从中可以看到下面被遮罩层的动画。

跟我学

1. **打开文件** 打开光盘中的课件 "布朗运动(初).fla",并在 "炭粒运动" 图层的上方添加一个新图层,命名为 "运动范围"。

2. **绘制图形** 按图 4-63 所示操作,在 "运动范围" 图层的舞台上绘制一个黑色圆形。

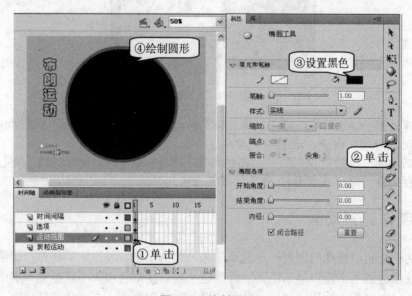

图 4-63 绘制圆形

3. **设置图层** 按图 4-64 所示操作,右击 "运动范围" 图层,选择 "遮罩层" 命令,将其设置成 "遮罩层",完成遮罩动画制作。

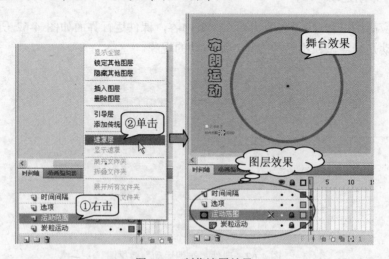

图 4-64 制作遮罩效果

4. **测试动画** 选择 "控制" → "测试影片" 命令(或按 Ctrl+Enter 键),预览效果,并以 "布朗运动.fla" 为文件名保存课件。

1."遮罩动画"原理

遮罩动画是 Flash 中的一个很重要的动画类型，很多效果丰富的动画都是通过遮罩动画来完成的。在 Flash 的图层中有一个遮罩图层类型，为了得到特殊的显示效果，可以在遮罩层上创建一个任意形状的"视窗"，遮罩层下方的对象可以通过该"视窗"显示出来，而"视窗"之外的对象将不会显示。

2."遮罩动画"形式与用途

在 Flash 动画中，"遮罩"主要有两种用途，一种用途是用在整个场景或一个特定区域中，使场景外的对象或特定区域外的对象不可见；另一种用途是用来遮罩住某一元件的一部分，从而实现一些特殊的效果。

4.3.4　制作路径动画

课件制作中，有时候需要一种按自己设定的既定路线运动的动画，这时就可以利用 Flash 中的运动动画来实现。在 Flash 中添加一个引导图层，在该引导层中绘制出运动路线，把要运动的动画对象放到被引导层中，即可轻松完成各种按既定路线运动的动画。

实例 10　看日出

本例对应初中《语文》课文"看日出"一节内容，课件运行界面如图 4-65 所示。该课件模拟演示了太阳的升起过程。

图 4-65　课件"看日出"效果图

在"太阳"图层上添加一个引导层，利用"钢笔"工具绘制出日出的运动路线，然后在动画的起止关键帧中，将"太阳"实例拖放到路线的起点和终点上，实现日出动画效果。

跟我学

1. **打开文件**　打开光盘中的课件"看日出(初).fla"，按图 4-65 所示，在"看日出"图层的上方添加一个新图层，并命名为"太阳"。

2. **拖动元件**　打开"库"面板，按图 4-66 所示操作，从"库"面板中拖动"太阳"元件到舞台。

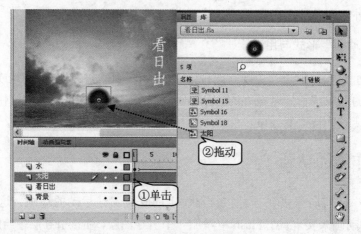

图 4-66　拖动元件到舞台

3. **添加引导层**　按图 4-67 所示操作，在"太阳"图层上右击，在弹出的快捷菜单中选择"添加传统运动引导层"命令，添加引导图层。

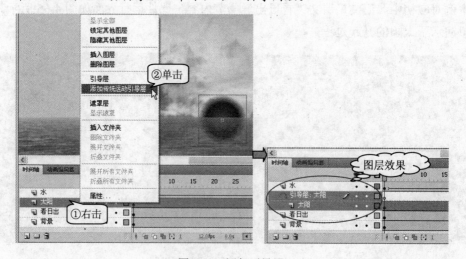

图 4-67　添加引导层

4. **制作水动画**　添加"水"图层，参照光盘中的课件，制作水流动的动画。

5. **绘制引导线**　按图 4-68 所示操作，利用"铅笔"工具绘制引导层中的运动路线。

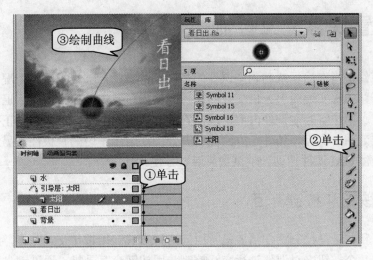

图 4-68　绘制运动路线

6. **改变位置**　单击"选择"工具，按图 4-69 所示，分别在第 1 帧和第 70 帧位置将"太阳"拖到运动路线的起点和终点位置上。

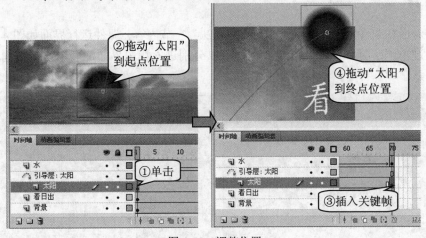

图 4-69　调整位置

7. **设置动画**　在"太阳"图层的第 1 帧和第 70 帧之间右击，在弹出的快捷菜单中选择"创建传统补间"命令，完成动画制作。

8. **保存动画**　选择"控制"→"测试影片"命令(或按 Ctrl+Enter 键)，预览效果，并以"看日出.fla"为文件名保存课件。

信息窗

运动动画也是 Flash 中的一个很重要的动画类型。在将"被引导层"中的运动对象拖放到运动路线的起点和终点位置时，一定要注意对象的中心圆点要吸附在起点和终点上，否则运动动画不能实现，而变成从起点到终点的直线运动动画。

4.4　设置课件交互控制

交互型课件是指在演示或动画型课件的基础上，教师能够根据教学情况，对课件的内容进行控制，并能够实现简单人机交互的课件。例如：单击按钮播放或后退、单击目录供选择课件内容、用按键控制课件内容、录入答案判断正误、将图形拖动到正确位置、控制时钟等。实践证明，交互型课件一方面能够充分调动学生学习的积极性，另一方面也使得教师应用多媒体 CAI 课件辅助教学更加灵活、方便。

4.4.1　用按钮和按键交互

使用按钮和按键是控制课件播放最常用的两种方式。用按钮交互是指，用鼠标单击课件中的一个或几个按钮来对课件进行交互控制；用按键交互是指，通过键盘上的一个或几个按键来对课件进行快速交互控制。使用按钮和按键能够让课件在实际课堂教学中更加灵活、方便，可以根据学生情况即时调整课件内容。

实例 11　氧气的制法

本例对应初中《化学》全一册"氧气的制法"一节内容，课件运行界面如图 4-70 所示。该课件通过单击字母 M、Y、Q、S、C，可以分别进入相关界面，展示实验室制取氧气的方法和注意事项。

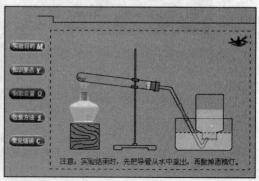

图 4-70　课件"氧气的制法"效果图

在课件半成品的基础上(已制作有 5 个按钮"实验目的 <u>M</u>"、"知识要点 <u>Y</u>"、"制取装置 <u>Q</u>"、"收集方法 <u>S</u>"和"常见错误 <u>C</u>")，在帧和以上各按钮上添加动作脚本，使其能够实现交互功能。

 跟我学

1. **打开文件**　打开光盘中的课件半成品文件"氧气的制法(初).fla"，选择"窗口"→"动作"命令，打开"动作"面板。

2. 添加代码　按图 4-71 所示操作，输入动作语句，为"实验目的"按钮添加动作脚本。

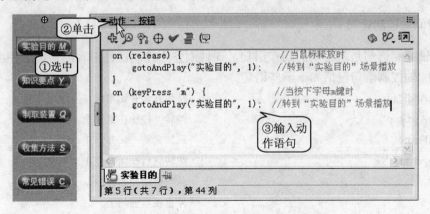

图 4-71　为"实验目的"按钮添加动作脚本

3. 添加代码　用步骤(2)同样的方法，分别给按钮"知识要点 Y"和"制取装置 Q"添加动作脚本，动作语句如下：

知识要点 Y

```
on (release) {
gotoAndPlay("知识要点", 1);
}
on (keyPress "y") {
gotoAndPlay("知识要点", 1);
}
```

制取装置 Q

```
on (release) {
gotoAndPlay("制取装置", 1);
}
on (keyPress "q") {
gotoAndPlay("制取装置", 1);
}
```

4. 添加代码　用步骤(2)同样的方法，分别给按钮"收集方法 S"和"常见错误 C"添加动作脚本，动作语句如下：

收集方法 S

```
on (release) {
gotoAndPlay("收集方法", 1);
}
on (keyPress "s") {
gotoAndPlay("收集方法", 1);
}
```

常见错误 C

```
on (release) {
gotoAndPlay("常见错误", 1);
}
on (keyPress "c") {
gotoAndPlay("常见错误", 1);
}
```

5. 测试动画　按 Ctrl + Enter 键，预览课件的播放效果，完成全部操作。

1. 为帧添加动作脚本

添加脚本的帧必须是关键帧或空白关键帧，选中关键帧，再打开"动作"面板，即可将动作脚本添加在该帧上。当影片或影片剪辑播放到该帧时，将执行一次脚本语句。

2. 时间轴控制语句

时间轴控制语句是最常用的动作语句，课件制作中控制课件内容经常需要使用到这些语句。时间轴控制语句包括如下一些语句：

gotoAndPlay	从第几帧开始播放
gotoAndStop	跳转并停止在某帧上
nextFrame	跳转到前一帧并停止
prevFrame	跳转到后一帧并停止
play	从当前帧开始播放
stop	停止在当前帧上

4.4.2　用热对象和文本交互

用热对象交互是指，将课件中的某个事物作为交互对象并产生变化。使用热对象交互能够使课件更生动、更人性化。文本交互通常能够让教师或学生在课件中输入文本内容、填写答案，实现简单的人机交互功能。

实例 12　地理知识测试题

本例对应《地理》学科有关知识测试内容，通过测试可以让学生自己掌握学习的情况，课件运行界面如图 4-72 所示。

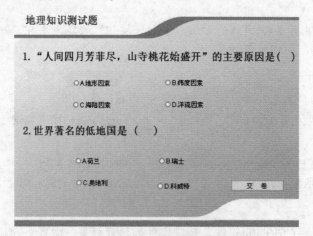

图 4-72　课件"地理知识测试题"效果图

首先输入文本，设置动态文本属性，再利用简单的代码控制，实现测试目的。本例只演示了两道题的测试，因此在代码中每道题目设置了 50 分，实际制作中可以根据题目量的大小来确定分值。

跟我学

1. **打开文件**　打开光盘中的课件"地理知识测试题(初).fla",课件背景如图 4-73 所示。

图 4-73　课件背景示意图

2. **创建元件**　按图 4-74 所示操作,插入"mc1"影片剪辑。

图 4-74　插入影片剪辑

3. **输入文字**　按图 4-75 所示操作,在影片剪辑舞台上输入静态文字。

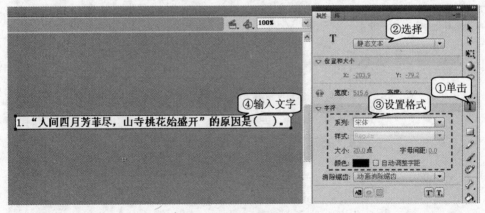

图 4-75　输入静态文字

4. **添加文本框**　在"属性"面板上选择"动态文本",在舞台上添加一行动态文本框,
并按图 4-76 所示操作,改变文本框的大小和位置。

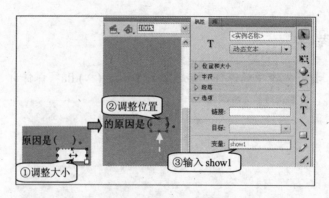

图 4-76   插入动态文本框

5. **打开面板**   打开"库"面板,并选择"窗口"→"组件检查器"命令,打开"组件检查器"面板。

6. **拖动组件**   按图 4-77 所示操作,拖动组件到舞台,并设置组件属性。

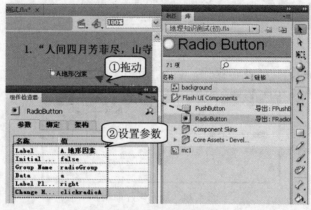

图 4-77   设置属性参数值

7. **设置属性**   参照图 4-77 所示操作,从"库"面板中再拖 3 个选项,并设置其属性,效果如图 4-78 所示。

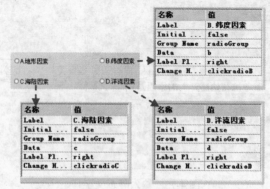

图 4-78   设置属性参数值

8. **添加代码**   按图 4-79 所示操作,为第 1 帧添加脚本代码。

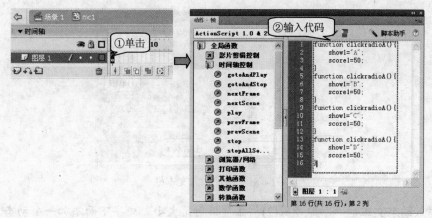

图 4-79　添加代码

9. **插入元件**　参照以上方法，插入 "mc2" 影片剪辑，制作第 2 题。

10. **完成制作**　参照光盘课件，完成其余内容制作。

实例 13　光的折射现象

本例对应高中《物理》第三册 "光的反射和折射" 中 "光的折射" 一节内容，课件运行界面如图 4-80 所示。在输入入射角大小的文本框中输入角度值，按下播放按钮后，在折射角大小的文本框中就会出现折射角的大小；单击 "光线由水射入空气" 按钮，会出现入射光由水中向空气中折射的动画。

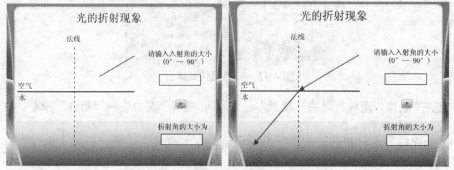

图 4-80　课件 "光的折射" 效果图

制作 2 个文本框，一个是输入文本框，一个是动态文本框，输入文本框用于输入入射角大小，动态文本框用于显示折射角大小。

 跟我学

1. **打开文件**　打开光盘中的课件 "光的折射现象(初).fla"。

2. **插入输入文本框**　选中 "文本" 工具 **A**，按图 4-81 所示操作，设置文本属性，在舞台中添加输入文本框，名称为 "x"。

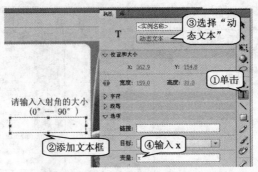

图 4-81　添加输入文本框

3. **插入动态文本框**　参照步骤(2)，在"折射角大小"文字下面添加一个动态文本框，名称为"e"。

4. **拖动公共元件**　选择"窗口"→"公共库"→"按钮"命令，打开"公共库"面板，按图 4-82 所示操作，拖动按钮到舞台上。

图 4-82　拖动元件到舞台

5. **打开"动作"面板**　单击"播放"按钮 ，选择"窗口"→"动作"命令，打开"动作"面板。

6. **添加代码**　在打开的"动作"面板中输入以下代码，实现"输入文本 x"和"动态文本 e"之间的交互关系。

```
on (release) {                                      //按下回车键计算折射角的大小
  入射光.play();
  折射光.play();
  if (Number(x) == 0) {                             //入射角为 0 的情况
      f = "";
      setProperty("/入射光", _rotation, Number(x)+90);
      setProperty("/折射光", _rotation, Number(x)+90);
      e = "0";
  } else if (Number(x) == 90) {                     //入射角为 90° 的情况
      f = "";
```

```
        setProperty("/入射光", _rotation, Number(x)+90);
        setProperty("/折射光", _rotation, "180");
        e = "";
    } else if (Number(x)>90 or Number(x)<0) {              //入射角大于 90°小于 0 的情况
        f = "超出范围，重输！";
        入射光.stop();
        折射光.stop();
    } else {                                               //入射角在 0～90°之间的情况
        f = "";
        setProperty("/入射光", _rotation, Number(x)+90);
        a = x*3.1415926/180;
        b = Number(Number(a-a*a*a/6)+Number(a*a*a*a*a/120)
-a*a*a*a*a*a*a/5040)+Number(a*a*a*a*a*a*a*a*a/362880)
-a*a*a*a*a*a*a*a*a*a*a/39916800;
        c = b/1.33;
        d = c/2;
        e = (Number(Number(Number(Number(Number(2*d)
+Number((4/3)*d*d*d))+Number((12/5)*d*d*d*d*d))
+Number((40/7)*d*d*d*d*d*d*d))+Number((140/9)*d*d*d*d*d*d*d*d*d))
+Number((504/11)*d*d*d*d*d*d*d*d*d*d*d))*180/3.1415926;
        setProperty("/折射光", _rotation, Number(e)+90);
    }
}
```

7. 预览课件　按 Ctrl + Enter 键，预览课件的播放效果，完成全部操作。

信息窗

在 Flash 中，常用的算数运算符如下。

- +(加号)：将数字相加，例如 a=1;b=2;c=a+b，则 c=3。
- -(减号)：将数字相减，例如 a=3;b=2;c=a-b，则 c=1。
- *(乘号)：将数字相乘，例如 a=2;b=4;c=a*b，则 c=8。
- /(除号)：将数字相除，例如 a=6;b=2;c=a/b，则 c=3。
- %(取模符号)：计算数字相除的余数，例如 a=9;b=4;c=a%b，则 c=1。

4.4.3　用条件和时间交互

用条件和时间交互是课件制作中的两种高级交互方式。用条件交互就是指当某一个动作、事件或结果出现时，如果满足设定的条件要求，则会触发相关的课件内容；用时间交互是指在某个时刻到达时，触发相关的课件内容或显示相关的课件内容。

实例 14　文学常识复习(一)

本例对应高中《语文》学科有关文学常识的知识内容，课件运行界面如图 4-83 所示。该课件通过拖动人物图，来检测同学们对各个人物的作品的了解程度。

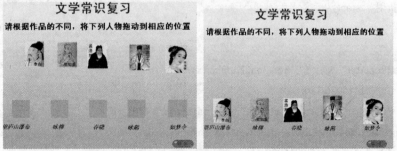

图 4-83　课件"文学常识复习(一)"效果图

在制作本实例的过程中，首先制作了多个图形元件、影片剪辑、按钮元件，然后使用简单的 Action 控制，将元件有机地组合起来而成为一个完整的课件。

 跟我学

1. **插入元件**　新建空白文档，按图 4-84 所示操作，插入影片剪辑，输入名称为"李白"。

图 4-84　创建影片剪辑

2. **制作影片剪辑**　参考光盘中的课件，完成"李白"影片剪辑的内容制作，如图 4-85 所示效果。

图 4-85　制作影片剪辑内容

3. 添加代码　单击舞台上的"李白"影片剪辑，在"动作"属性面板中输入以下代码。

```
on (press)                          //按下该按钮时
{       startDrag("", false);       //开始拖动
}
on (release)                        //释放该按钮时
{       stopDrag();                 //停止拖动
    if (_droptarget == "/a")        //当拖动区域与影片"/a"相等时
    {
        _x = "64"                   //设置 a 的水平位置
        _y = "352"                  //设置 a 的垂直位置
gotoAndPlay(2);
        }
    else
    {   _x = "105"                  //设置影片 a 的水平位置
        _y = "174"                  //设置影片 a 的垂直位置
gotoAndPlay(12);
        }
}
```

4. 制作影片剪辑　参考同样的操作方法，完成其他影片剪辑的制作，并添加代码。

5. 拖动元件　拖动制作好的各影片剪辑到舞台上，并添加图层，最终效果如图 4-86 所示。

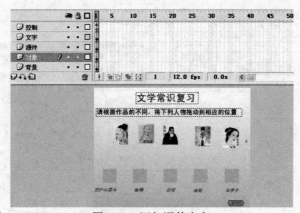

图 4-86　添加课件内容

6. 添加代码　单击"控制"图层的第 1 帧，添加以下代码。

```
getURL("FSCommand:fullscreen", "true");
stop();
```

7. **测试动画** 选择"控制"→"测试影片"命令(或按 Ctrl+Enter 键),预览效果。

实例 15 文学常识复习(二)

本例对应高中《语文》学科有关文学常识的内容,课件运行界面如图 4-87 所示。该课件通过拖动人物图,来检测学生对各个人物的作品的了解程度。如果在规定的时间内没能完成任务,则提示超时。

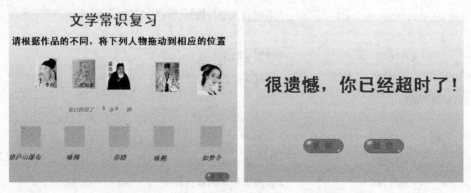

图 4-87 课件"文学常识复习(二)"效果图

 跟我学

1. **插入文本框** 在实例 14 的基础上,按图 4-88 所示操作,添加图层,输入文字,并设置文字的属性。

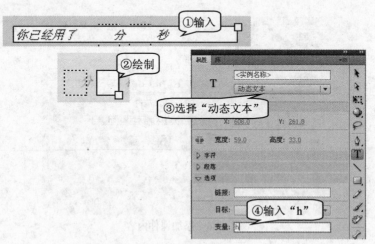

图 4-88 设置文字

2. **插入关键帧** 添加"控制"图层和"说明"图层,分别在不同的位置插入关键帧,如图 4-89 所示效果。

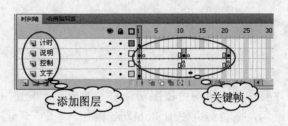

图 4-89　插入关键帧

3. 插入元件　单击舞台上的"李白"影片剪辑，在"动作"属性面板中输入以下代码。

```
onClipEvent (load)                        //定义影片剪辑加载事件驱动函数
{
    time = new Date();                    //建立一个日期时间对象
    y = int(time.gettime()) / 1000;       //初始化
    s = int(time.gettime()) / 1000;
    n = 0;
}
onClipEvent (enterFrame)                   //定义影片剪辑进入帧事件驱动函数
{
    x = int(time.gettime()) / 1000;
    h = int(x - y);
    if (h > 59)                            //当秒数大于 59 时
    {
        y = y + 60;
        n = n + 1;
    }
    /:a = h;
    zz = int(x - s);
    z = int(zz / 60);
    /:b = z;
    if (z >= 1)                            //当分钟大于等于 3 时
    {
        tellTarget("_root")
        {
            gotoAndPlay(20);               //跳转到 25 帧并播放
        }
    }
}
```

4. 完成制作　参考同样的操作方法，完成其他影片剪辑的制作，并添加代码。

1. 对象的拖动

在 Flash 中，影片剪辑和按钮均可被拖动。对象的拖动一般使用动作语句来控制，拖动开始使用 startDrag 语句，拖动结束使用 stopDrag 语句。拖动一个按钮本身可以使用如下动作语句：

```
on(press) {                         //鼠标按下该按钮时开始拖动(括号内必须有一对引号)
    startDrag("");
}
on(release) {                       //鼠标释放该按钮时停止拖动
    stopDrag();
}
```

2. 语法帮助

Flash 提供了一个非常好用的智能"帮助"面板，通过单击"动作"面板上的"脚本参考"按钮 ◎(或选择"帮助"→"动作脚本字典"命令)，可打开"帮助"面板。

4.5 制作综合课件实例

前面的内容系统地介绍了使用 Flash 制作各种类型课件的方法和技巧，限于篇幅，其中的实例大多没有介绍完整的制作过程，为了能综合前面所学知识，制作能应用于教学实际的课件，下面完整地介绍一个课件的制作过程。

实例 16   自由落体运动

本例对应的内容出自高中《物理》的"自由落体运动"部分，课件效果如图 4-90 所示。整个课件包括"铅球与羽毛"、"降落伞"、"真空"和"概念"4 个部分。

图 4-90   课件"自由落体运动"效果图

在制作本实例的过程中，首先制作了多个图形元件、按钮元件、影片剪辑，然后将元件有机地组合起来而成为一个完整的课件。

 跟我学

> 课件背景起着美化课件的作用，该课件的背景为一个单独的元件，在使用时可以直接从"库"面板中拖到舞台。

1. **插入元件**　新建空白文档，选择"插入"→"新建元件"命令，新建"背景"图形元件。
2. **绘制背景**　在"背景"图形元件中绘制如图 4-91 所示的图形。

图 4-91　创建背景图形元件

3. **插入帧**　从"库"面板中拖动"背景"图形元件到舞台上，修改"图层 1"名称为"课件背景"，在第 22 帧处按 F5 键，延长帧内容。

制作栏目按钮

> 每个栏目是一个独立的模块，通过栏目按钮，可以自由地在各个模块之间切换。

1. **插入元件**　选择"插入"→"新建元件"命令，按图 4-92 所示操作，新建"铅球与羽毛"栏目的按钮元件。

图 4-92　创建"铅球与羽毛"栏目按钮

2. **完成制作**　参照前面制作按钮的操作方法，制作完成"铅球与羽毛"栏目名称按钮。
3. **摆放元件**　按照同样的操作方法，制作出"降落伞"、"真空"、"概念"栏目按钮，并从"库"面板中拖动各按钮元件到舞台上，效果如图 4-93 所示。

图 4-93　各按钮元件在舞台上的位置

制作真空状态

　　先绘制一个容量，然后制作"铅球"和"羽毛"同时下降的动画，且下降的速度一致，即"铅球"和"羽毛"图层的时间轴长度一样。

1. **插入元件**　选择"插入"→"新建元件"命令，新建"真空状态"影片剪辑元件。
2. **绘制图形**　按图 4-94 所示操作，修改图层名称、绘制容器形状，并在第 55 帧处按 F5 键。

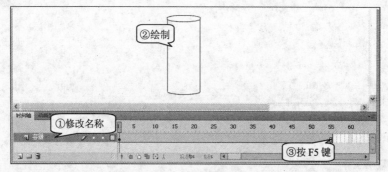

图 4-94　绘制图形

3. **移动铅球**　添加"铅球"图层，在第 55 帧处按 F6 键，添加关键帧，第 1 帧和第 55 帧时，分别移动铅球位置如图 4-95 所示。

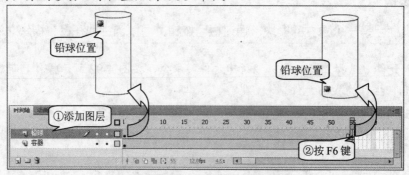

图 4-95　移动铅球位置

4. **创建动画**　右击"羽毛"图层第 1~55 帧的任意位置，选择"创建传统动画"命令，创建铅球下落动画。
5. **插入元件**　参照铅球动画的制作方法，添加"羽毛"图层并制作完成"羽毛"移动的动画。

6. **添加代码** 添加 "播放按钮" 图层，选择 "窗口" → "其他面板" → "公用库" → "按钮" 命令，将 Get Right 按钮拖放到舞台中，按图 4-96 所示操作，添加代码。

图 4-96 添加代码

7. **添加代码** 添加 "控制" 图层，单击第 1 帧，打开 "动作" 面板，输入代码 "stop();"。
8. **添加代码** 在第 55 帧插入空白关键帧，打开 "动作" 面板，输入代码 "stop();"。

制作真空状态

先绘制一个容量，然后制作 "铅球" 和 "羽毛" 同时下降速度不一样的动画，下降速度快的时间轴短，下降速度慢的时间轴长。

1. **插入元件** 选择 "插入" → "新建元件" 命令，新建 "非真空状态" 影片剪辑元件。
2. **插入帧** 添加 "容器" 图层，并在第 55 帧处按 F5 键。
3. **制作动画** 添加 "铅球" 图层，在第 20 帧处按 F6 键，添加关键帧，第 1 帧和第 20 帧时，分别移动铅球位置，并建立如图 4-97 所示帧。

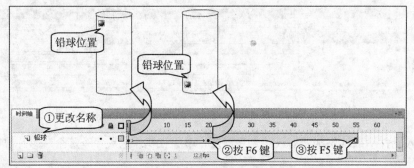

图 4-97 创建铅球动画

4. **创建动画** 按前面同样的操作方法，添加 "羽毛" 动作补间动画。
5. **制作影片剪辑** 参照 "真空状态" 影片剪辑操作，分别添加 "羽毛"、"播放按钮"、控制"图层，时间轴效果如图 4-98 所示。

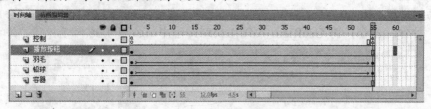

图 4-98　时间轴效果

制作降落伞

　　"降落伞"是一个影片剪辑，要制作两个人物从空中下落的动画，其中一个人背降落伞，另一个人未背降落伞。

1. **插入元件**　选择"插入"→"新建元件"命令，新建"降落伞"影片剪辑元件。
2. **导入素材**　选择"文件"→"导入"→"导入到舞台"命令，导入如图 4-99 所示的背景图片，并在第 119 帧处按 F5 键。

图 4-99　创建剪辑背景

3. **创建动画**　分别添加图层，制作在有降落伞和没有降落伞的情况下人跳下的动画，时间轴如图 4-100 所示。

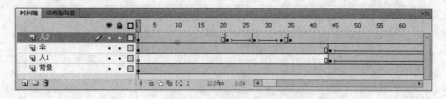

图 4-100　创建跳伞动画

4. **插入元件**　继续添加"播放控制"图层，添加代码，完成"降落伞"影片剪辑的制作。

合成课件

　　返回到场景舞台，先输入课件标题，然后再将前面制作好的一些影片剪辑，拖放到舞台。

1. **切换场景**　按图 4-101 所示操作，单击"场景 1"，切换到场景中。

图 4-101　切换到"场景 1"

2. **添加文字**　添加"铅球与羽毛"图层，选择"文本"工具，输入文字"自由落体运动"并设置属性，如图 4-102 所示。

图 4-102　输入并设置文字

3. **拖动元件**　按图 4-103 所示操作，在第 2 帧位置按 F6 键，插入关键帧，拖入"非真空"影片剪辑和"下一步"按钮。

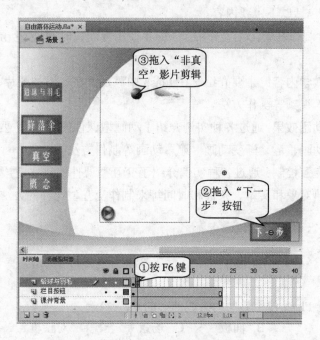

图 4-103　拖入影片剪辑和按钮

4. **添加帧**　分别在第 3 帧和第 4 帧位置按 F6 键，插入关键帧，输入文字；在第 5 帧位置按 F6 键，输入"？"符号。

5. **完成制作**　按同样的操作方法，制作如图 4-104 所示的"降落伞"图层、"真空"图层、"概念"图层内容。

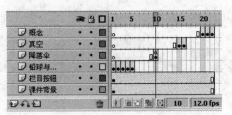

图 4-104　其他图层效果

6. **添加代码**　添加 Action 图层，分别在第 1、2、3、4、5、10、15、16、20、21、22 帧位置插入空白关键帧，并给空白关键键添加 "stop();" 代码。

4.6　小结和习题

4.6.1　本章小结

利用 Flash 可以制作出界面美观、动静结合、声形并茂、交互方便的多媒体 CAI 课件，而且操作简便、易学、好用，同时具有良好的兼容性。本章详细介绍了 Flash 课件的制作方法和技巧，具体包括以下主要内容。

- **Flash 课件制作基础：**主要介绍了 Flash 使用界面、时间轴、元件和实例以及文件操作等。
- **添加课件教学内容：**主要介绍了在 Flash 中添加文字、添加图片、绘制图形、添加声音和导入视频等操作方法。
- **设置课件动画效果：**通过各种实例介绍了动画型课件的制作，主要介绍了逐帧动画、形状渐变动画、运动渐变动画、遮罩动画等制作方法。
- **设置课件交互控制：**通过各种实例介绍了交互型课件的制作，主要介绍了利用按钮和按键、热对象和文本、条件和时间等来制作交互型课件的方法。

4.6.2　强化练习

一、选择题

1. 下列不属于 Flash 使用界面的组成部分的是(　　)。
  A. 工具箱　　　　　　B. 面板　　　C. 场景　　　　　　D. 对话框
2. 要选择时间轴上若干个连续的帧，要先按住的键是(　　)。
  A. Ctrl　　　　　　　B. Shift　　　C. Alt　　　　　　　D. Enter
3. 在时间轴上插入关键帧，下列操作错误的是(　　)。
  A. 选择某帧，按 F6 键
  B. 选择某帧，按 F7 键
  C. 在某帧中单击右键，选择 "插入关键帧" 命令

　　D. 选择某帧，再选择"插入"→"时间轴"→"关键帧"命令

4. Flash 图层被锁定后，操作中出现的现象是(　　)。

　　A. 图层中的内容被隐藏　　　　B. 图层中的内容没有隐藏，但不能修改

　　C. 图层中的内容可以修改　　　D. 该图层时间轴上不能添加关键帧

5. 打开"场景"面板，单击 按钮，所完成的操作是(　　)。

　　A. 复制场景　　　B. 粘贴场景　　　C. 添加场景　　　D. 删除场景

6. 以下(　　)工具可用于选取对象。

　　A. 箭头　　　　　B. 椭圆　　　　　C. 任意变形　　D. 橡皮擦

7. 如果希望将绘制的对象作为一个整体(包括边线和填充区)，可以在选中所有对象后按(　)键。

　　A. Ctrl＋A　　　　B. Ctrl＋B　　　C. Ctrl＋C　　　D. Ctrl＋D

8. 删除关键帧的快捷键是(　　)。

　　A. F5　　　　　　B. F6　　　　　C. Shift＋F6　　D. Alt＋F6

9. 当鼠标指针移动到按钮上时，将显示该按钮(　　)帧的内容。

　　A. 弹起　　　　　B. 指针移动　　C. 按下　　　　D. 点击

10. 在动作脚本中，(　　)用于表示动作语句一行结束。

　　　A. 分号　　　　B. 逗号　　　　C. 句号　　　　D. 引号

二、判断题

1. 在设置课件属性时，帧速越大，动画的播放效果越好、越流畅，但文件越大。(　　)

2. 进行场景复制操作时，复制出的场景中没有任何内容。　　　　　　　　(　　)

3. Flash 中的面板可以根据需要显示或隐藏。　　　　　　　　　　　　　(　　)

4. 一般来说，制作的 Flash 课件要输出为 EXE 格式文件，以便交流。　　(　　)

5. "颜料桶"工具主要用于对矢量图的某一区域进行填充。　　　　　　　(　　)

6. 使用"椭圆"工具不能绘制出圆。　　　　　　　　　　　　　　　　　(　　)

7. 使用"任意变形"工具时，按 Alt 键再拖动四角的控制点可沿中心点规则地改变对象的大小。　　　　　　　　　　　　　　　　　　　　　　　　　　　　(　　)

8. 动作语句 Math.random() *10;，表示产生 0～10 之间的随机数。　　　(　　)

9. 按键交互中，Shift 等特殊键不能用于按键交互。　　　　　　　　　　(　　)

10. 逻辑运算中，如果 a=true;b=false;则 a &&b 的值为 true。　　　　　(　　)

第 5 章

FrontPage 网页型课件
制作实例

FrontPage 是一款常用的网页制作软件，使用它可以制作网页型课件。与其他类型的课件相比，网页型课件有其独特的优势：(1)能轻松地克服地理和时间的障碍，广泛地传播和共享；(2)运行在服务器上，学生只需用浏览器访问即可，真正做到了"跨平台、免安装"；(3)教师可以方便地实现教学内容的动态更新和维护，克服单机课件短期内难以更新的缺点；(4)可充分利用因特网海量信息资源，极大地丰富课件内容；(5)具有实时的交互性，师生之间可用网络平台进行实时讨论和交流。课改后，研究性学习得到了广泛的提倡，网页型课件特别适合在研究性学习过程中使用，学生使用网页型课件时，可自由选择学习内容、安排学习进度，有利于实现个性化、自主性的学习。本章将使用 FrontPage 2003 来制作网页型课件。

本章内容：

- FrontPage 基础知识
- 规划和创建课件网站
- 添加课件教学内容
- 设计美化课件版面
- 设置课件导航和交互
- 设置课件动态效果
- 制作综合课件实例

5.1　FrontPage 基础知识

运用 FrontPage 制作网页型课件，一般首先要创建好网站和网页，然后再向网页中添加多媒体素材并进行美化，最后设置网页之间的超链接等。在正式制作课件之前，先来认识一下 FrontPage 2003 软件。

5.1.1　使用界面

单击 Windows 的"开始"按钮，选择"程序" → Microsoft Office → Microsoft Office FrontPage 2003 命令，运行 FrontPage 软件，其使用界面如图 5-1 所示。

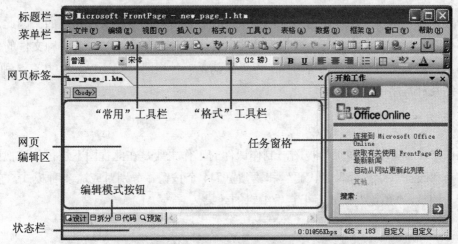

图 5-1　FrontPage 使用界面

1．工具栏

FrontPage 有十多个工具栏，在默认状态下，除"常用"和"格式"工具栏外，其他工具栏都自动隐藏起来。在需要的时候，隐藏的工具栏往往会自动出现，比如：当选定网页中的图片时，"图片"工具栏就会自动出现。

2．任务窗格

位于窗口的右侧。它的作用是为新建网页或网站、打开网页、插入剪贴画等操作提供服务。比如当选择"文件"→"新建"命令时，任务窗格中即会出现相应的选项。

3．网页标签

显示已经打开的网页名称，还能切换网页。单击网页的标签即可切换到该网页。

4．编辑区

在网页视图中，整个窗口的主要区域就是编辑区。可在此区域输入文字、插入表格、绘制图形、插入图片或其他媒体文件等，从而创建自己的网页。

5. 编辑模式按钮

FrontPage 提供了 4 种编辑模式供用户选择。其中"设计"模式提供直观的网页编辑方式；"预览"模式用来查看网页的实际效果(因为某些动态效果在"设计"模式下是不显示的)；"代码"模式用于显示或编写代码，用户可在此模式下以输入代码的方式编辑网页，一般用于插入或编写网页特效部分；"拆分"模式则将窗口分为上下两部分，上部是"代码"模式，下部是"设计"模式。

5.1.2 视图

一般来说，网页型课件是由多个网页文件、各种各样的素材文件组成的。因此，制作课件不仅是设计制作网页，还需要管理这些文件。设计制作网页与管理各种文件的任务不同，其工作的界面也不相同。每一种工作界面就是一种视图，FrontPage 中共有 7 种视图，下面介绍几种常用的视图。

1. "网页"视图

如图 5-2 所示为"网页"视图，制作课件的工作主要是在此视图下进行。该视图窗口左下方有"设计"、"拆分"、"代码"和"预览"4 个按钮，分别对应这 4 种模式，前 3 种模式用于编辑，"预览"模式用于查看编辑的效果。

图 5-2 "网页"视图

2. "文件夹"视图

如图 5-3 所示为"文件夹"视图，该视图用于查看网站内所有的文件和文件夹，也可在此视图下新建、重命名、删除、移动文件夹或文件。

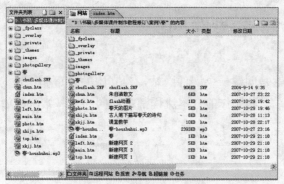

图 5-3　"文件夹"视图

在任何视图下，都可以单击"常用"工具栏上的"切换窗格"按钮 <img>，打开窗口左侧的"文件夹列表"窗格，查看网站内的文件。

3．"导航"视图

如图 5-4 所示的是"导航"视图，在此视图下，用户可以新建与指定网页建立超链接的网页，或者把网站中已有的文件链接到指定的网页上，使网站内的所有网页链接成一个整体。

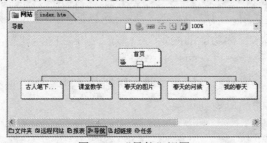

图 5-4　"导航"视图

4．"超链接"视图

如图 5-5 所示为"超链接"视图，此视图主要用于检查文件之间的链接情况。

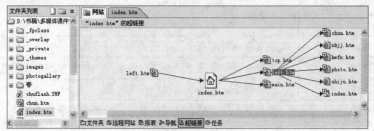

图 5-5　"超链接"视图

由于在编辑网页的过程中，要向网站内添加一些文件(如素材文件)，其中有些文件最终未被使用，成了网站中的"垃圾"，所以，需要删除它们。

在"超链接"视图中，单击文件夹列表中的任一文件，即可看到该文件是否有用。如果选定文件的前后有箭头，说明该文件有用；如果选定文件的前后没有箭头，则说明该文件是孤立的、多余的，可以删除。

5.2 规划和创建课件网站

制作网页型课件就是创建一个课件网站，建立网站要遵循一定的流程和步骤，无论是普通网站还是课件网站，其制作的基本流程都是相同的，基本阶段如图 5-6 所示。

图 5-6 网站制作流程

首先要对课件网站的内容和结构进行适当规划，划分出课件的栏目；然后进行网页版面内容、布局和美工的设计；接着根据规划和设计的方案制作出具体的网页；最后将网页文件上传到网络服务器上，实现网站的发布。

5.2.1 规划课件网站

正如盖房子要先设计图纸一样，建设网站也要先进行规划，合理的规划能对整个网站的建设起到良好的指导作用。网站规划的主要任务包括两个方面：首先是网站总体规划，包括主题、名称的选择，目标功能的确定等；然后是网站内容规划，主要是根据建设目标划分出网站的栏目，并确定栏目之间相互关系。

规划的方案要形成文字材料，如编写网站规划书、撰写网站规划说明等。表 5-1 是网页型课件"雾凇"网站的简单规划说明。

表 5-1 "雾凇"网站规划说明

主　题	"雾凇"课件	名　称	雾　凇
建站目标	图文介绍雾凇这一自然奇观，给学生真实体验，帮助学生理解《雾凇》课文内涵，并提供学习交流平台。		
网站栏目设置			
主要栏目	栏目内容说明		
研读成因	图文介绍雾凇形成的原因。		
感受过程	提供介绍雾凇的视频资料，帮助学生体验雾凇形成的过程。		
领悟奇观	分析课文，帮助学生理解课文内涵		
课外交流	设立网上交流平台，帮助学生进一步交流学习心得。		
网站内容结构示意			

```
                    首页
     ┌──────────┬──────────┼──────────┬──────────┐
  研读成因    感受过程    领悟奇观    课外交流
```

5.2.2 创建课件网站

完成了课件网站的规划,即可根据规划的内容结构,使用 FrontPage 软件创建课件网站,搭建网站的框架。

实例 1 雾凇

课件"雾凇"对应苏教版小学《语文》第七册第七单元的内容。本实例所要介绍的主要是新建和打开网站,新建普通网页,课件"雾凇"效果如图 5-7 所示。

图 5-7 课件"雾凇"效果图

制作该课件时,首先要创建一个网页型课件的站点,在站点中新建课件的各个网页,并更改网页标题和名称,然后再在站点中创建相关文件夹。由于篇幅限制,该课件页面内容的制作,请读者在学习完本章后自行完成。

 跟我学

新建网站

通常网站中的网页和素材文件都集中存放于 1 个文件夹中,通过新建网站的操作,建立用于存放网页型课件的文件夹。

---

1. **新建"雾凇"网站** 运行 FrontPage 软件,选择"文件"→"新建"命令,打开"新建"任务窗格,按图 5-8 所示操作,新建包含一个网页的网站。

图 5-8　新建网站

2. **查看新建网站**　查看"雾凇"文件夹下自动产生的如图 5-9 所示的文件及文件夹。

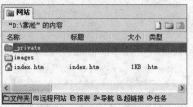

图 5-9　"雾凇"文件夹内容

 在新建的网站中包含有 2 个文件夹和 1 个网页文件，其中"_private"文件夹用于存放一些隐藏的特定网页或数据文件，"images"文件夹用于存放图片文件，"index.htm"文件通常作为网站的首页文件。

新建网页

根据网站规划的内容，新建"研读成因"、"感受过程"、"领悟奇观"和"课外拓展"4 个栏目网页，并建立适当的素材文件夹。

1. **新建网页文件**　按图 5-10 所示操作，切换到"导航"视图下，新建 4 个网页。

图 5-10　新建网页

2. **更改网页标题**　按图 5-11 所示操作，更改网页的标题为"研读成因"。

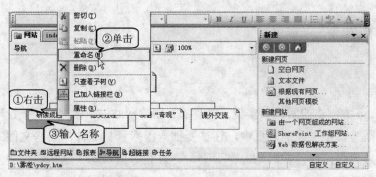

图 5-11　更改网页的标题

3. 更改其他网页标题　按 Tab 键，切换到下一个网页，修改其余 3 个网页的标题。

 浏览网页时，网页标题会显示在浏览器标题栏上。

4. 更改网页文件名　切换到"文件夹"视图，按图 5-12 所示操作，根据网页的标题，更改文件的名称。

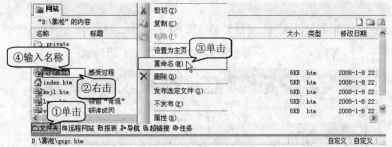

图 5-12　更改网页的文件名

 某些网络服务器对中文文件名的支持不好，因此给网页命名时最好不要使用中文。

5. 新建文件夹　移动光标至"文件夹列表"的空白处，按图 5-13 所示操作，创建一个新文件夹"swf"，用于存放 Flash 素材文件。

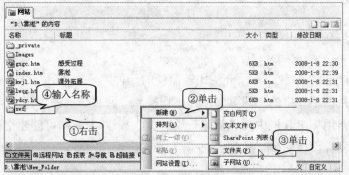

图 5-13　新建文件夹

知识库

1. 网站

在 FrontPage 中创建的网站其实就是文件夹。创建网站的目的之一是，管理课件中使用的各种文件。因为，在课件的网页中，往往要插入很多素材文件，这些文件的来源可能会各不相同，但最后必须保存在网站内。否则，一旦删除或移动了这些素材文件，网页中就会留下空缺。在插入文件这一点上，FrontPage 与 Word 是不同的。

2. 网页

网页是网站的基本组成元素，网页型课件是通过网页的形式组织和呈现的。网站通常由 1 个或多个网页文件组成，其中至少包含 1 个主页文件，它是访问者浏览网站时看到的第 1 个页面，又称"首页"，它的名称比较固定，通常为"index.htm"或"default.htm"。

3. 打开网站

在很多情况下，需要打开以前制作的网页，进行编辑和修改，这时候需要打开网站。选择"文件"→"打开网站"命令，按图 5-14 所示操作，即可打开网站。

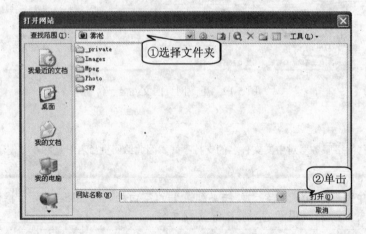

图 5-14 打开"雾凇"网站

4. 新建网页

新建网页的方法有多种，下面介绍比较简便的一种。

(1) 单击"视图栏"中的"网页"按钮，切换到"网页"视图。

(2) 单击"常用"工具栏中的"新建普通网页"按钮，即可创建空白网页。

(3) 单击"保存"按钮，按图 5-15 所示操作，保存网页。

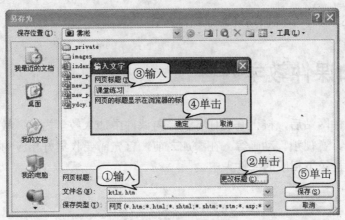

图 5-15　保存新建网页

 创新园

1. 选择一节熟悉的学科和教学章节，尝试规划一个课件网站，在表 5-2 中填写规划说明。

表 5-2　网站规划说明

主　　题		名　　称	
建站目标			
网站栏目设置			
主要栏目	栏目内容说明		
网站内容结构示意图			

2. 按照上述规划，创建网站并新建栏目网页。

5.3 添加课件教学内容

在搭建完课件网站后，接下来的任务就是向课件中加入教学内容。教学内容一般有文字、图片、表格、音视频、动画等。在添加之前，首先需要收集好相应的素材文件，然后将其存放到网站目录下相应的文件夹中。

5.3.1 添加文字

在网页中添加文字的方法与 Word 一样，先输入文字或者从其他地方粘贴过来，然后设置文字的字号、字体、颜色以及段落的间距、行距和对齐方式等。

实例 2 海燕

海燕是人教版八年级《语文》下册第二单元第 9 课的内容，通过本实例主要介绍文字的添加、文字段落格式的设置、水平线的插入等，课件"海燕"效果如图 5-16 所示。

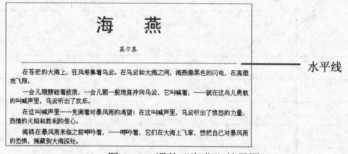

图 5-16 课件"海燕"效果图

制作本课件网页时，先输入文字，然后对文字的字体、大小、颜色、字型、段落的间距等进行设置，最后插入水平线，对课件进行简单的修饰。

 跟我学

> **输入文字**
>
> 新建空白网页后，在网页中输入课件文字。在 FrontPage 中输入文字时，要注意换行和分段的方法有所不同。

1. **新建网页** 运行 FrontPage 软件，新建一个空白网页。
2. **输入标题** 按 Ctrl+Shift 键，选择汉字输入法，输入标题文字"海燕"，按回车键换到下一段落。
3. **输入作者** 输入作者姓名"高尔基"，输入后按回车键换到下一段落。

4. **输入正文**　输入如图 5-17 所示的文字，输完一个自然段后，按 Shift+Enter 键换行。

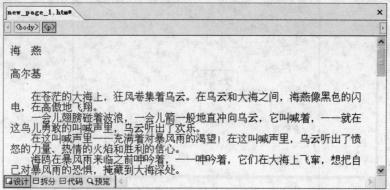

图 5-17　输入文字

按 Shift+Enter 键换行，默认产生的行距为 0。

设置文字和段落

在 FrontPage 中，设置文字和段落格式的操作方法与 Word 软件类似。

1. **设置文字格式**　选定标题文字"海燕"，选择"格式"→"字体"命令，按图 5-18 所示操作，设置标题文字格式为：黑体、加粗、36 磅、绿色。

图 5-18　设置文字格式

2. **设置其他文字格式**　同样的方法，设置作者姓名的文字格式：楷体，褐紫红色。

3. **设置标题段落格式**　选择"格式"→"段落"命令，按图 5-19 所示操作，设置标题文字的对齐方式为居中、段前和段后间距为 30px、行距为双倍行距。

图 5-19　设置标题文字的段落格式

4. **设置其他段落格式**　同样的方法,设置作者段落为居中对齐,正文段落为 1.5 倍行距。

添加水平线

　　为了给课件添加一些修饰,同时也使课件的标题与正文之间有所间隔,可以插入一条水平线。

1. **插入水平线**　移动光标至第 2 段文字的结尾,选择"插入"→"水平线"命令,在第 2 段和第 3 段之间插入一条水平线,效果如图 5-20 所示。

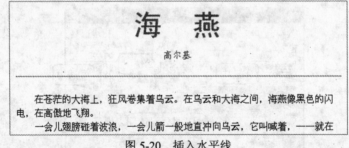

图 5-20　插入水平线

2. **设置水平线**　双击插入的水平线,按图 5-21 所示操作,设置水平线属性。

图 5-21　设置水平线属性

3. **保存网页**　完成网页其他内容的制作，单击"常用"工具栏上的"保存"按钮，按图 5-22 所示操作，保存网页。

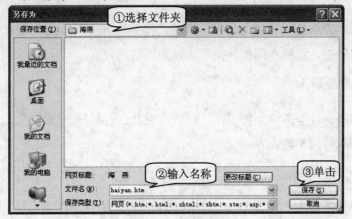

图 5-22　保存网页

 知识库

1. 添加文字的方法

输入文字时，如果需要另起一段，按回车键即可；如果仅仅需要另起一行，而不是另起一段时，则应按 Shift+Enter 键。添加文字的方法有以下多种：

- 直接用键盘输入。
- 打开所需资料的文件，复制所需的内容后，再粘贴到课件的网页中。
- 选择"插入"→"文件"命令，插入文件。FrontPage 支持的文件格式很多，如文本文件、各种 Office 文档、WPS 文件、网页文件等。

2. 插入艺术字

为了使网页更加美观，有时候可以借助艺术字来美化网页的标题文字。选择"插入"→"图片"→"艺术字"命令，按图 5-23 所示操作，可插入艺术字"海燕"。

图 5-23　插入艺术字

5.3.2　添加表格

在网页制作中表格的用途很大，不但呈现数据信息需要用到表格，而且还可用表格来规划网页。在表格中，可插入图片、文字、视频等信息。

实例 3　减数分裂

本例要制作的课件是高中生物课件"减数分裂"，效果如图 5-24 所示。通过本课件可以学习表格的插入与调整等内容。

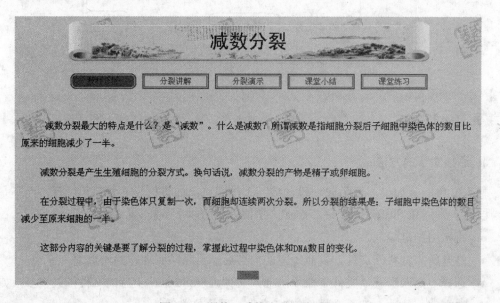

图 5-24　课件"减数分裂"效果图

以下仅仅制作"课堂小结"网页中的表格，如图 5-25 所示，其他部分请读者在学习完本章后完成。制作前首先考虑好插入一个几行几列的表格，然后新建"xiaojie.htm"网页，插入表格并设置表格的属性。

	减数分裂	有丝分裂
相同点	分裂后形成生殖细胞	分裂后形成体细胞
	出现联会、四分体、同源染色体分离等现象	无联会、四分体现象，同源染色体不分离
	子细胞的染色体数为原来细胞的一半	子细胞的染色体数与原来细胞的相同
	染色体复制一次，细胞连续分裂两次，产生4个子细胞	染色体复制一次，细胞分裂一次，产生2个子细胞
不同点	染色体的复制、姐妹染色单体、着丝点分裂、纺锤体	

图 5-25　网页"课堂小结"中的表格

跟我学

1. **新建网站和网页**　运行 FrontPage 软件，创建 "D:\减数分裂" 网站，新建 "xiaojie.htm" 网页。

2. **插入表格**　选择 "表格" → "插入" → "表格" 命令，按图 5-26 所示操作，单击 "确定" 按钮，插入一个 6 行 3 列的表格。

图 5-26　插入表格

3. **调整列宽**　按图 5-27 所示操作，调整表格第 1 列的宽度。

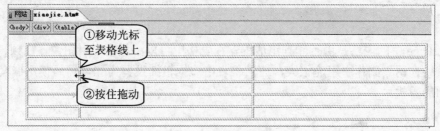

图 5-27　调整表格列宽

4. **合并单元格**　移动光标至第 2 行第 1 个单元格，按住鼠标向下拖动，选中第 1 列中的 4 个单元格，按图 5-28 所示操作，合并这 4 个单元格；用同样的方法，合并表格第 4 行第 2、3 个单元格。

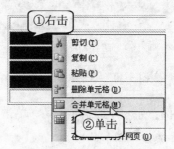

图 5-28　合并单元格

5. **设置对齐方式**　在表格中输入文字，拖动选中表格第 1 行；按住 Ctrl 键不放，再次拖动，同时选中第 1 列文字；按图 5-29 所示操作，设置第 1 行、第 1 列单元格文字的对齐方式，完成后的效果如图 5-25 所示。

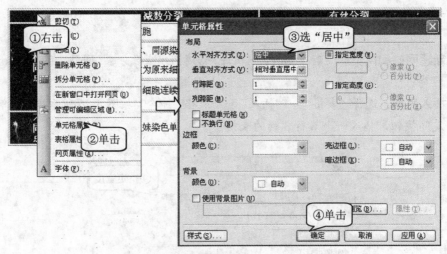

图 5-29 设置单元格对齐方式

 知识库

1. 表格

FrontPage 中的表格是由行和列组成的,在表格中可以添加文字、图像、视频、动画等素材。表格在网页制作中用途很大,通常将表格边框粗细设置为 0,然后使用嵌套表格来规划页面的版式。

2. "表格" 工具栏

将光标移至表格中,选择"视图"→"工具栏"→"表格"命令,打开如图 5-30 所示的"表格"工具栏,利用其中工具,可对表格进行处理,如合并、删除和拆分单元格等。

图 5-30 "表格"工具栏

- 合并单元格:选中相邻行或列的多个单元格,单击"合并单元格"按钮 ▦ ,可将选中的多个单元格合并成 1 个单元格。
- 删除单元格:选中要删除的单元格,单击"删除单元格"按钮 ▥ ,可删除选中的单元格。
- 拆分单元格:选中一个单元格,单击"拆分单元格"按钮 ▦ ,可将其拆分成多个单元格。

5.3.3　添加图片

图片在课件制作中有着举足轻重的作用，它的直观、形象特性是文字无法替代的，它除了能展示教学内容，还能起到美化网页的作用。其插入方法与 Word 一样，但插入之前首先要将插入的图片复制到课件所在的文件夹下，一般存放在"images"文件夹下。

实例 4　平面镜成像

平面镜成像是八年级《物理》上册第 2 章"光现象"部分的内容，本节主要通过本实例来介绍图片的插入与设置、图片库的插入等，课件"平面镜成像"首页效果如图 5-31 所示。

图 5-31　课件"平面镜成像"效果图

由于篇幅限制，以下操作将在半成品的基础上完成。打开"index.htm(首页)"网页，将光标移到需要插入图片的位置，然后插入图片并调整图片的大小。打开"xkyr.htm(新课引入)"网页，如图 5-32 所示，在其中插入图片库。

图 5-32　网页"新课引入"效果图

跟我学

插入并设置图片

> 将图片文件先复制到网站"images"中，然后在网页中插入图片，并设置图片的大小。

1. **打开网站与网页**　运行 FrontPage 软件，打开"D:\平面镜成像"网站，并打开"index.htm"网页。
2. **插入图片**　将光标移到网页中间的空白处，选择"插入"→"图片"→"来自文件"命令，按图 5-33 所示操作，在表格中插入图片。

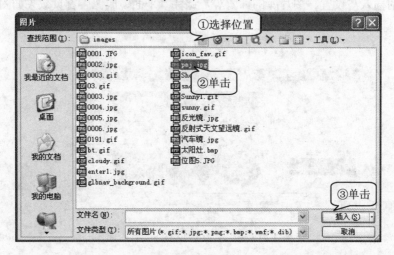

图 5-33　插入图片

3. **设置图片大小**　双击图片，按图 5-34 所示操作，设置图片的宽度为 400 像素。

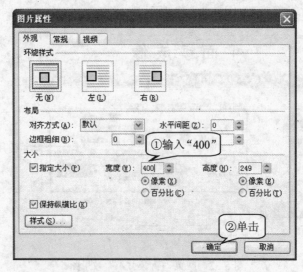

图 5-34　设置图片的宽度

4. **保存网页**　最后的效果如图 5-31 所示，单击"保存"按钮 ，保存网页。

插入图片库

> "图片库"是 FrontPage 2003 提供的简单电子相册制作工具，使用图片库功能，可以方便地制作出具有电子相册效果的网页。

1. **打开网页**　在 FrontPage 中打开"xkyr.htm(新课引入)"网页，将光标移到第 1 行文字的下方。
2. **新建图片库**　选择"插入"→"图片"→"新建图片库"命令，按图 5-35 所示操作，为图片库添加图片。

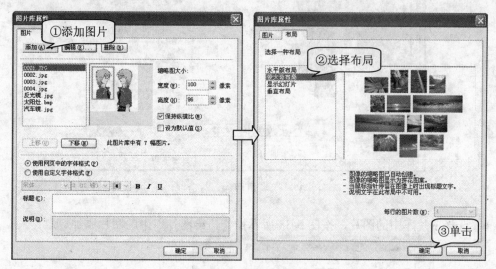

图 5-35　插入图片库

3. **保存网页**　最后的效果如图 5-32 所示，单击"保存"按钮，保存网页。

 知识库

1. **"图片"工具栏**

选取插入的图片后，选择"视图"→"工具栏"→"图片"命令，打开如图 5-36 所示的"图片"工具栏，可以对图片进行调整和设置。

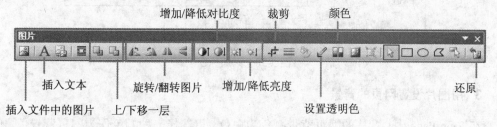

图 5-36　"图片"工具栏

2. 图片库编辑

在 FrontPage 中创建图片库时，可以添加任意数量的图片，同时还可对图片进行删除或简单的编辑，具体操作如下。

● 在"图片库属性"对话框中，单击 编辑(E)... 按钮，打开如图 5-37 所示的"编辑图片"对话框，可设置图片的大小，也可旋转和裁剪图片。

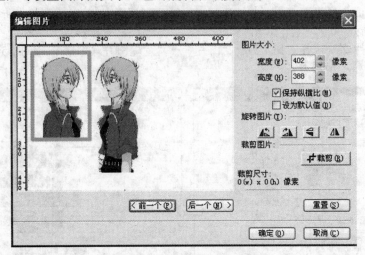

图 5-37　"编辑图片"对话框

● 选择图片库中的图片，按图 5-38 所示操作，给图片库中的图片添加标题。

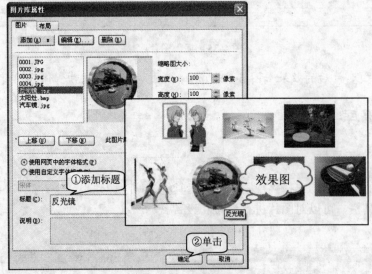

图 5-38　添加标题

3. 用图片设置网页的背景

在 FrontPage 中，默认的网页背景颜色为白色，可选择一种颜色作为网页背景色，但为了网页美观一般使用图片。选择"文件"→"属性"命令，按图 5-39 所示操作，可选择图片作为网页背景。

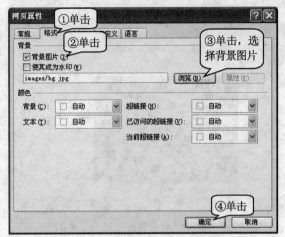

图 5-39　设置图片为网页背景

5.3.4　添加声音和视频

在多媒体课件中插入一些声音或者视频，其效果是不言而喻的，是图片和文字所不能比拟的，如听背景音乐可以使人放松、看实验视频可以直观形象地再现实验过程。

实例 5　开元盛世

"开元盛世"对应人教版七年级《历史》下册第 3 课的内容，通过本实例来介绍 FrontPage 课件中声音、视频的添加。课件"开元盛世"效果如图 5-40 所示。

图 5-40　课件"开元盛世"效果图

首先将声音和视频文件复制到课件网站所在的文件夹下，打开"index.htm(首页)"网页，通过插入一个插件在网页中添加声音。在"ssjj.htm(盛世经济)"网页中插入视频文件，效果如图 5-41 所示。由于篇幅限制，以下操作将在半成品的基础上完成，其他部分的制作，请读者自行完成。

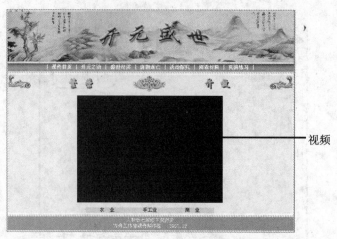

视频

图 5-41 "盛世经济"网页效果图

 跟我学

插入声音

用 FrontPage 制作网页时，不能直接插入声音，可以通过插入插件的方式引用声音文件，或是设置网页背景音乐。

1. **打开网站和网页** 运行 FrontPage 软件，打开"开元盛世"网站，打开"index.htm(首页)"网页。
2. **插入插件** 移动光标至第 1 行，选择"插入"→"Web 组件"命令，按图 5-42 所示操作，插入插件。

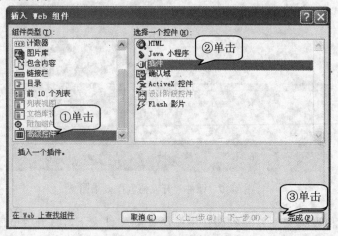

图 5-42 插入 Web 组件

3. **设置插件属性** 按图 5-43 所示操作，设置插件的数据源为"秋日私语.mp3"，同时隐藏插件。

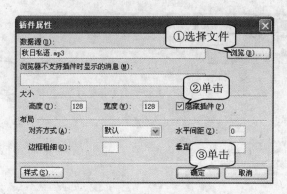

图 5-43　设置插件属性

4. **播放声音**　最后效果如图 5-44 所示，单击 🔍预览 按钮，播放声音。

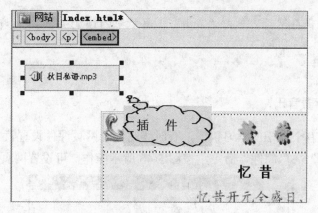

图 5-44　插件效果图

声音、视频和动画通常要在预览状态或在浏览器中预览，才能检查到实际效果。

插入视频

　　在 FrontPage 中，可以通过简单的插入视频的操作，将 avi、mpg 等常见视频文件插入到网页中。

1. **打开网页**　在 FrontPage 中打开 "ssjj.htm(盛世经济)" 网页，移动光标到网页中间的空白处。

2. **插入视频**　选择 "插入" → "图片" → "视频" 命令，按图 5-45 所示操作，添加视频文件，并调整视频画面大小。

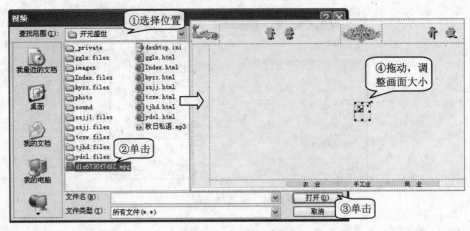

图 5-45　添加视频

3. **播放视频**　保存网页，单击"常用"工具栏中的预览按钮 ，即可播放视频文件。

知识库

1. 添加网页背景音乐

为了使学习者有个轻松的学习氛围，有时候需要给网页课件设置背景音乐，具体操作如下：选择"文件"→"属性"命令，按图 5-46 所示操作，可设置网页背景音乐。

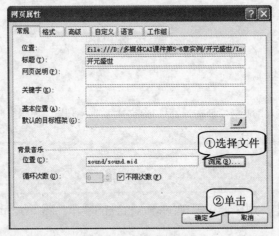

图 5-46　添加背景音乐

2. 背景音乐的格式

一般使用 MIDI 音乐文件作为背景音乐，因为其文件非常小，可加快打开网页的速度。在 FrontPage 中，不能直接使用 MP3 格式的声音文件作为背景音乐，需要将其转换成 WAV 格式才能使用。

3. 用插件插入视频文件

上述插入视频方法的优点是操作简便，画面简洁，但它有一个缺点，即正式使用时不能控制播放进程，可用以下方法解决。

- 选择"插入"→"Web 组件"命令，按图 5-47 所示操作，插入 Windows Media Player 播放插件。

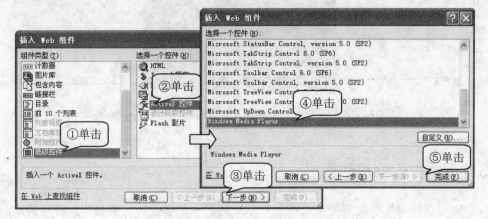

图 5-47　插入 Windows Media Player 播放插件

- 按图 5-48 所示操作，设置 Windows Media Player 播放插件。

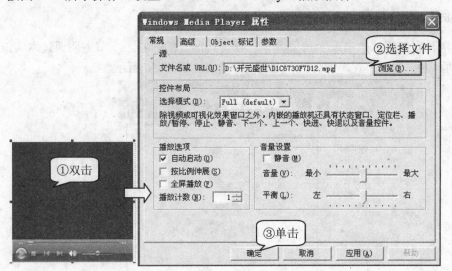

图 5-48　设置 Windows Media Player 播放插件

- 单击"居中"按钮，将 Windows Media Player 播放插件居中对齐，最后浏览的效果如图 5-49 所示。

播放控制　　　　　　　　　　　　　　　　　　　　　音量控制

图 5-49　可以控制视频文件的播放进程

5.3.5　添加 Flash 动画

　　动画可以将事物的发展变化过程直观形象地展示给学生，目前被广泛使用的动画主要有两类：一是 GIF 动画，另一类是 Flash 动画。在制作课件之前，可以先制作或搜集这两类动画，到正式制作课件时，将它们插入网页即可。

实例 6　中心对称

　　本例是九年级《数学》上册第二十三章旋转部分的内容，本节主要通过本实例来介绍 Flash 动画的添加与设置，课件"中心对称"效果如图 5-50 所示。

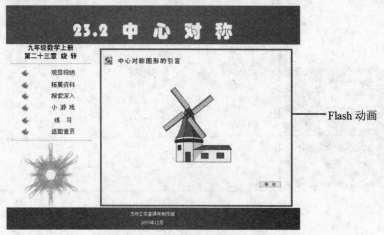

Flash 动画

图 5-50　课件"中心对称"效果图

　　将 Flash 动画文件复制到课件网站所在的文件夹下，打开"index.htm(首页)"网页，定位光标位置，通过"插入"菜单插入 Flash 动画，然后设置动画的属性。以下操作将在半成品的基础上完成，其他部分的制作，请读者自行完成。

跟我学

1. **打开网页**　运行 FrontPage 软件，打开"中心对称"网站中的"index.htm(首页)"网页。

2. **插入动画**　将光标移到网页右侧空白处，选择"插入"→"图片"→"Flash 影片"命令，按图 5-51 所示操作，添加 Flash 动画。

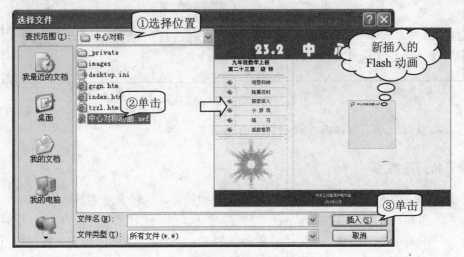

图 5-51　添加 Flash 动画

3. **调整动画**　按图 5-52 所示操作，调整 Flash 动画的画面大小。

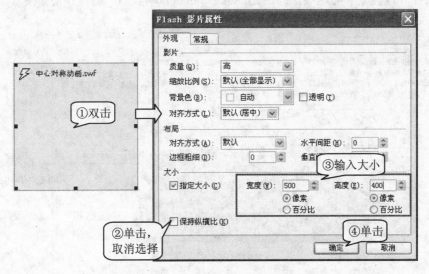

图 5-52　调整 Flash 动画的大小

4. **播放动画**　单击 Ｑ预览按钮，显示动画的播放效果如图 5-53 所示。

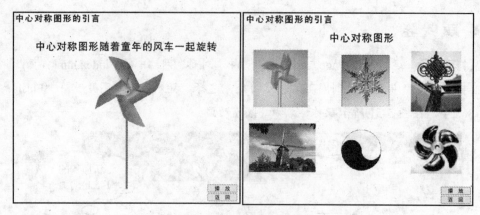

图 5-53　动画播放效果图

5. **保存文件**　单击"保存"按钮 ![保存], 保存网页文件。

 知识库

上面介绍了插入 Flash 动画的方法, 需要说明的是, 这种方法并不是唯一的, 还有另一种方法, 那就是: 在上述"插入 Web 组件"对话框中, 选择"插件", 打开"插件属性"对话框, 单击其中的"浏览"按钮, 找到所需的 Flash 动画, 单击"确定"按钮即可。

 **创新园**

1. 课件"地壳变动与地表形态"的"bkgz.htm(板块构造)"网页效果如图 5-54 所示, 分别添加文字、图片、表格, 完成网页内容的添加。

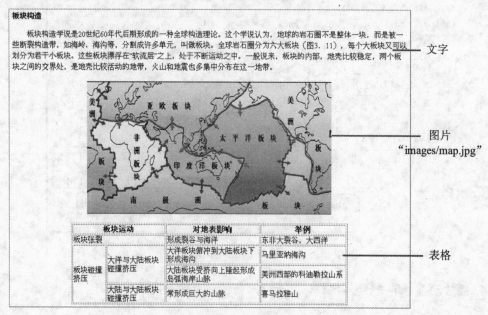

图 5-54　课件"世界文化之旅"效果图

2. 课件"铜之舞"网站中的"index.htm"网页如图 5-55 所示，在其中插入视频和 Flash 动画文件，完成网页内容的添加。

插入视频文件"images /tl.mpg"

插入动画文件"images /xc.swf"

图 5-55　课件"铜之舞"效果图

5.4　设计美化课件版面

网页版面设计与规划是网页制作的一项重要内容。对于稍复杂的网页，一般需要先进行网页版面的内容、布局和美工等设计，然后将设计好的方案用适当的制作技术来实现，制作时可使用表格、框架和共享边框等技术手段来灵活安排网页的版面内容。

5.4.1　规划设计网页版面

一个布局合理、版式美观的网页需要经过精心的设计。设计网页版面主要包括以下方面。

1. 内容设计

根据网页的主题，考虑网页中安排什么内容，每项内容使用何种媒体来呈现。

2. 布局设计

布局是指网页中文字、图片等内容的排列方式。合理的布局可以帮助学习者更方便地使用课件。根据浏览的需要，可以采取不同形式的布局。以下是几种常见的网页版面布局形式，如图 5-56 所示。

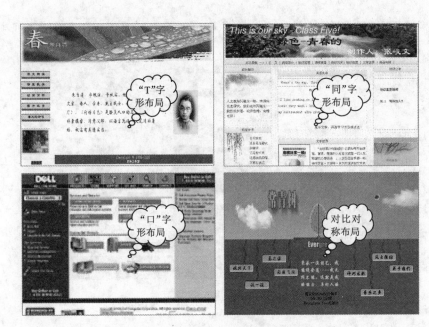

图 5-56　常见的网页版面布局形式

3. 美工设计

良好的美工设计可以提高网页型课件的教学吸引力，增强课件的表现力。进行美工设计时一般要考虑网页布局的整体造型、色彩的搭配、字体的选择、图片的运用和网站标志的设计等因素。

完成网页版面的构思后，需要及时地记录以便形成设计方案。除了必要的文字说明外，还可以通过绘制网页设计草图进行说明。以下是课件"春"的网页设计草图，如图 5-57 所示。

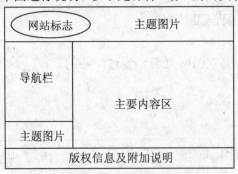

图 5-57　课件"春"的网页设计草图

5.4.2　使用表格规划版面

在制作网页型课件时，经常使用表格来规划课件版面。首先在网页中插入表格并设置表格属性，然后再将文字、图片等课件内容插入表格的单元格中。使用表格规划网页可以灵活安排网页版面，使网页整齐、有序。

实例 7　中国古代山水画

中国古代山水画是高中《美术》必修第十讲的内容，通过本实例主要来介绍利用表格规划网页的方法，课件"中国古代山水画"效果如图 5-58 所示。

图 5-58　课件"中国古代山水画"效果图

制作时，首先插入 3 行 1 列的表格 1，然后在表格 1 的第 1 行和第 2 行中分别插入内嵌的表格 2 和表格 3，最后在内嵌表格的单元格中插入文字和图片等内容。插入表格后将边框线粗细设置为"0"，可以使表格在浏览时变为不可见。

 跟我学

1. **新建网站和网页**　运行 FrontPage 软件，创建"D:\中国古代山水画"网站，新建"index.htm"网页。
2. **设置标题和背景**　选择"文件"→"属性"命令，按图 5-59 所示操作，设置网页的标题和背景颜色。

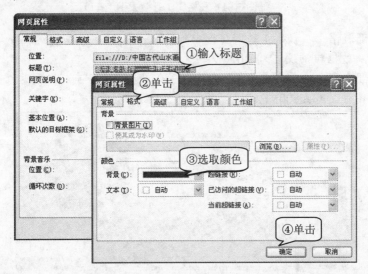

图 5-59　设置网页属性

3. **插入表格 1** 选择"表格"→"插入"→"表格"命令，按图 5-60 所示操作，插入一个 3 行 1 列的表格 1，并设置表格的属性，单击"确定"按钮。

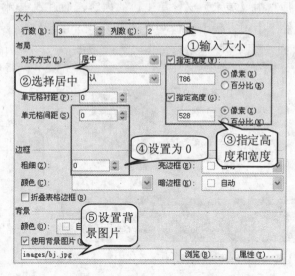

图 5-60 插入表格 1

4. **设置单元格** 在表格 1 第 1 行中右击，选择"单元格属性"命令，设置第 1 行的高度为 65 像素。同样的方法，设置第 3 行的高度为 140 像素。

5. **制作上部表格** 在表格 1 的第 1 行中，插入一个 1 行 5 列的表格 2，设置表格 2 宽度为 600 像素，右对齐，单元格衬距、边距以及边框粗细为"0"。

6. **输入栏目名称** 在表格 2 中输入栏目名称并设置文字格式，效果如图 5-61 所示。

图 5-61 表格第 1 行效果图

7. **制作中部表格** 在表格 1 的第 2 行中，插入一个 1 行 3 列的表格 3，单元格衬距、边距以及边框粗细设置为"0"。

8. **添加中部内容** 在表格 3 的左、中、右 3 个单元格中分别插入图片"111.gif"、诗词文字和图片"image005.jpg"，效果如图 5-62 所示。

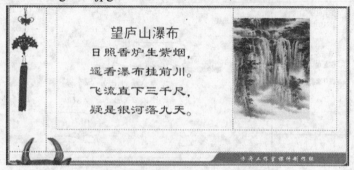

图 5-62 表格第 2 行效果图

9. **制作下部内容**　在表格 1 的第 3 行中，输入标题文字"第十讲　中国古代山水画"，并设置文字格式，最后的效果如图 5-58 所示。

知识库

1. 单元格衬距和间距

如图 5-63 所示，单元格衬距是指单元格中的内容与边框线间的距离；而单元格间距指的是表格中的单元格之间的间距。设置单元格衬距和间距，都可以达到调整网页中相邻内容间距的目的。

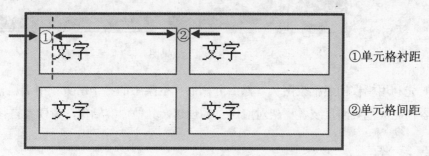

①单元格衬距

②单元格间距

图 5-63　单元格衬距和间距示意图

2. 网页版面宽度

通常情况下，网页中的内容会随浏览器窗口宽度的改变而发生位置变化，为了使网页中的各项内容位置相对固定，可用表格限定网页版面的宽度。插入布局表格后，只要指定表格的宽度即可。定义宽度数据时，一般使用像素作为单位，并根据浏览者的电脑屏幕分辨率来设置宽度数值。例如，大多数浏览者的电脑屏幕分辨率为 800 像素的宽度，那么将网页版面的宽度设置为 800 像素以下为宜，这样可保证网页在浏览器窗口最大化时能够完整显示。

5.4.3　使用框架组织网页

框架也是一种组织安排网页内容的常用手段。使用框架可以将网页版面划分成若干个区域，每个区域称为一个框架，每个框架既是整个网页的一部分，又对应一个独立的网页。框架有 2 种形式：一是框架网页，二是嵌入式框架。框架网页用于整体规划网页版面，嵌入式框架可以用来局部安排网页版面内容。

实例 8　春

《春》是七年级《语文》上册的一篇课文。本节主要用此实例介绍框架网页的创建方法，后续还要使用此课件介绍超链接的制作。课件"春"的效果如图 5-64 所示。

上部框架,对应"top.htm"网页

左侧框架,对应"left.htm"网页

右侧框架,对应"main.htm"网页

图 5-64 课件"春"效果图

制作时先利用模板创建框架网页,然后分别制作框架中的各个网页。由于篇幅限制,本部分内容仅完成框架网页及各框架对应网页的创建,其他内容制作,请读者自行完成。

 跟我学

1. **打开网站** 运行 FrontPage 软件,打开"春"网站。

2. **创建框架网页** 选择"文件"→"新建"命令,打开"新建"任务窗格,按图 5-65 所示操作,创建框架网页。

3. **新建各框架网页** 分别单击 新建网页(N) 按钮,创建各框架所对应的网页,效果如图 5-66 所示。

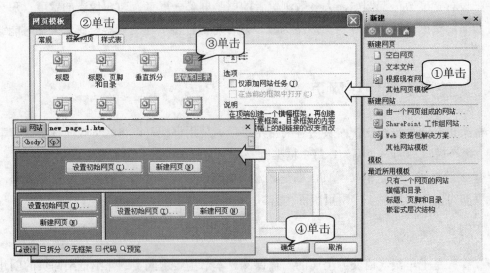

图 5-65 创建"横幅和目录"框架网页

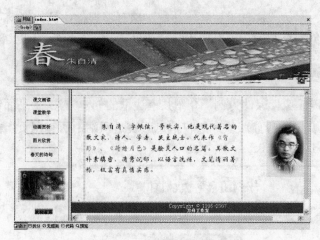

图 5-66　完整框架效果图

4. **保存框架网页**　单击"保存"按钮 ![save]，按图 5-67 所示操作，保存最上方的框架网页；用同样的方法，保存其他框架网页。

图 5-67　保存框架网页

 知识库

　　上面介绍了框架网页的创建方法，在组织网页内容时，还可以使用嵌入式框架，它与框架网页的不同之处在于其内容是嵌入在普通网页中的，任何可以放入普通网页的内容都可以放到嵌入式框架中。使用嵌入式框架的优点是：制作嵌入内容时不需要单独创建框架网页。选择"插入"→"嵌入式框架"命令，将嵌入式框架插入网页中，适当设置嵌入式框架的大小，并在框架中新建或指定一个网页，即可完成嵌入式框架的制作。

5.4.4　使用共享边框

　　共享边框是 FrontPage 在每个网页上设定的一个公共区域，用来显示相同的网页信息，可以在网页的顶部、左边或底部设置共享边框。网页型课件中的许多网页常常会有相同的组成部分，为了避免重复制作，可以使用共享边框来制作各网页的公共部分。

实例 9　平面镜成像

这里以"平面镜成像"课件为例，介绍共享边框的创建方法。"平面镜成像"课件的首页如图 5-68 所示，其中的导航版块和版权信息版块是网站中所有网页所共有的，下面使用共享边框来制作这 2 部分内容。

图 5-68　课件"平面镜成像"首页

制作时首先新建网站和网页，然后打开"index.htm"网页，设置上、下 2 个共享边框，在共享边框中分别插入内容完成制作，网页中具体内容的添加请读者自行完成。

 跟我学

1. **新建网站**　运行 FrontPage 软件，在"D:\平面镜成像"文件夹中创建包含一个网页 (index.htm)的网站。

2. **新建网页**　新建栏目网页，如表 5-3 所示。

表 5-3　"平面镜成像"课件栏目网页

栏 目 名 称	网页文件名	网 页 标 题
新课引入	xkyr.htm	平面镜成像
成像特点	cxtd.htm	平面镜成像
应用特点	yytd.htm	平面镜成像
练习	lx.htm	平面镜成像

3. **设置共享边框**　打开"index.htm"文件，选择"格式"→"共享边框"命令，按图 5-69 所示操作，为网页设置上、下 2 个共享边框。

图 5-69　设置共享边框

4. **添加内容**　删除共享边框中的注释内容，在共享上边框中插入导航版块的内容，在
　共享下边框中插入版权信息，效果如图 5-70 所示。

图 5-70　共享边框制作效果

5. **保存共享边框**　单击"保存"按钮，按图 5-71 所示操作，保存共享边框中的内容到
　"_borders"文件夹。

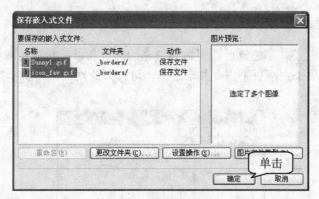

图 5-71　保存共享边框

6. **插入首页内容**　在上、下共享边框间的空白处单击，插入首页的各项内容，完成后
　的效果如图 5-68 所示。

知识库

1. 开启共享边框功能

如果"格式"菜单中的"共享边框"命令是灰色的,说明共享边框功能没有启用。此时可选择"工具"→"网页选项"命令,打开"网页选项"对话框,按图 5-72 所示操作,开启共享边框功能。

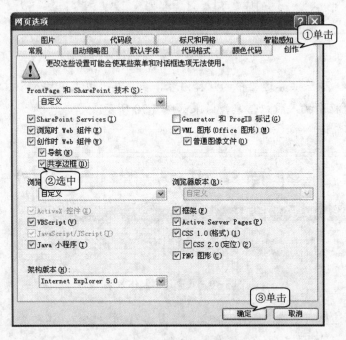

图 5-72　开启共享边框

2. 取消共享边框

为所有网页设置了共享边框后,网站中现有的网页和以后新建的网页都会自动加上共享边框的内容。如果个别网页不需要共享边框,可打开此网页,按图 5-73 所示操作,取消网页中的共享边框。

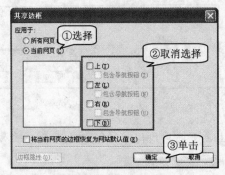

图 5-73　取消共享边框

5.4.5 用主题美化课件外观

使用图片设置网页背景时，一次只能设置一个网页；当网站中的每个网页使用相同背景时，可使用 FrontPage 中的"主题"来快速美化课件的外观，FrontPage 中的"主题"是指网页外观的类型或风格。

实例 10 血液循环

血液循环是初中《生物》第 2 册第 4 章第 3 节的内容，本节主要通过本实例来介绍应用 FrontPage 主题美化课件的方法，课件"血液循环"效果如图 5-74 所示。

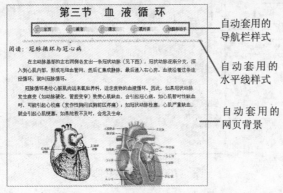

图 5-74 课件"血液循环"效果图

首先打开已经做好的课件网页，然后选择一种主题并应用，应用后网页的背景、水平线、导航栏样式等都会自动套用现成模板的样式。使用主题美化课件，可以在新建课件网页的时候使用主题，也可以做好网页后应用主题美化网页。

 跟我学

1. **打开网站和网页** 运行 FrontPage 软件，打开"血液循环"网站，任意打开网站中的一个网页，如"kwyd.htm(课外阅读)"网页。
2. **应用主题格式** 选择"格式"→"主题"命令，按图 5-75 所示操作，应用主题美化网页课件。

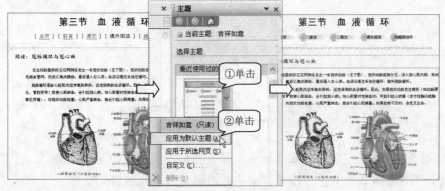

图 5-75 应用主题美化网页课件

知识库

应用为默认主题之后可以发现网站中所有网页的背景颜色及图案都改变了，但如果对该主题中的某项内容不满意的话，可对其进行更改。更改的方法如下：

(1) 按图 5-76 所示操作，打开"自定义主题"对话框。

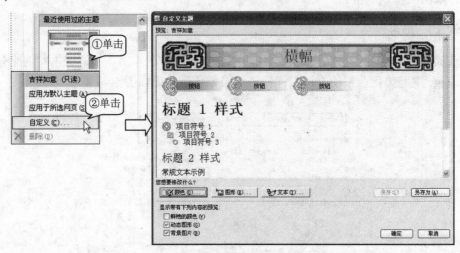

图 5-76　修改主题样式

(2) 分别单击"颜色"、"图形"等按钮，用新的颜色或图片替换原有的颜色或图片，单击"保存"按钮，保存所做的修改即可。

 **创新园**

在 FrontPage 中打开课件网站"地壳变动与地表形态"，新建"default.htm(首页)"网页，完成以下操作。

1. 打开"default.htm"网页，使用表格布局网页版面，布局表格示意如图 5-77 所示。

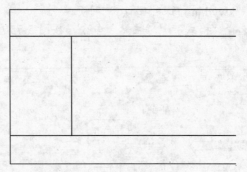

图 5-77　布局表格示意图

2. 如图 5-78 所示，在"default.htm"网页的布局表格中插入图片、文字，设置单元格背景图片，添加嵌入式框架，并设置框架的初始网页为"main.htm"。

图 5-78　课件"地壳变动与地表形态"首页效果

5.5　设置课件导航与交互

在课件制作中，导航与交互的设计也极其重要，它可以使学生很方便地找到所要学习的知识，不至于在使用课件时"迷路"，这也是评价网页型课件优劣的标准之一。

5.5.1　使用链接栏设置导航

链接栏是 FrontPage 中实现网页导航的组件，利用它可以方便地将课件中的网页联系在一起。

实例 11　减数分裂

这里以"减数分裂"课件为例介绍，其首页效果如图 5-79 所示。

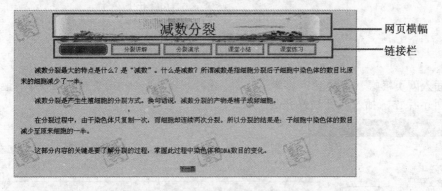

图 5-79　课件"减数分裂"首页

本实例中，网页横幅和链接栏共同组成了网页的导航版块。制作时首先设置共享上边框，然后在共享边框中插入网页横幅(主要用于显示网页标题)和链接栏。

跟我学

1. **打开网站** 运行 FrontPage 软件，打开网站 "D:\减数分裂"，单击 "视图" 工具栏中的 "导航" 按钮，切换到 "导航" 视图，并打开 "文件夹列表"。

2. **建立导航结构** 在 "导航" 视图中选定 "减数分裂" 标签，按图 5-80 所示操作，将 "文件夹列表" 中的网页拖到相应标签上。

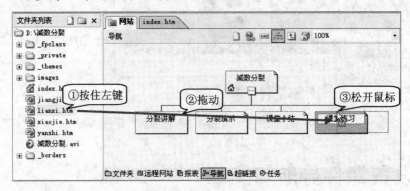

图 5-80　建立导航结构

3. **设置共享边框** 打开 "index.htm" 文件，选择 "格式" → "共享边框" 命令，按图 5-81 所示操作，为所有网页设置包含导航的共享上边框。

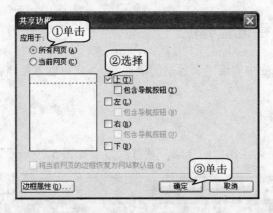

图 5-81　插入共享边框

4. **插入网页横幅** 光标置于共享边框中，选择 "插入" → "网页横幅" 命令，按图 5-82 所示操作，插入网页横幅并居中对齐。

图 5-82　插入网页横幅

5. **插入链接栏**　按回车键换行，选择"插入"→"导航"命令，打开"插入 Web 组件"对话框，按图 5-83 所示操作。

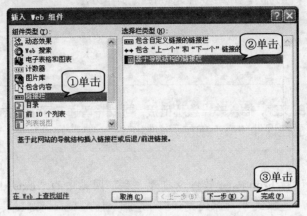

图 5-83　"插入 Web 组件"对话框

6. **设置链接栏**　在"链接栏属性"对话框中，按图 5-84 所示操作，决定在导航栏中显示哪些网页的标题。

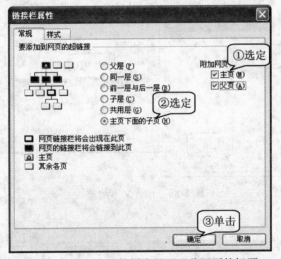

图 5-84　决定在导航栏中显示哪些网页的标题

7. **保存网页**　单击"保存"按钮 📄，保存网页，最后的效果如图 5-79 所示。

5.5.2　使用超链接设置交互

在浏览网页时，当光标在一些文字或者图片上移动时，指针变成小手的形状，单击则打开一个新的网页，这个网页和所单击的位置是一种链接的关系，就是超链接。通过超链接，可以实现课件的交互功能。网页中的超链接可以分为文本超链接、图像超链接、E-mail链接、锚点链接、文件链接、空链接等。

实例 12 春

这里以"春"课件为例,介绍多种超链接的制作方法。

 跟我学

插入文本超链

选中网页中的文字,插入并设置超链接,可以将普通文字设置为具有超链接作用的文本超链接。下面在课件"春"的首页中制作。

1. **打开网页** 运行 FrontPage 软件,打开"春"网站中的"index.htm"文件。
2. **插入超链接** 选取文字"课文朗读",选择"插入"→"超链接"命令,按图 5-85 所示操作,插入文字超链接。

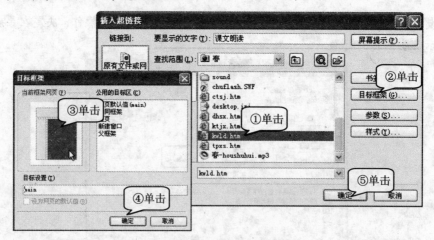

图 5-85 设置文本超链接

 设置目标框架的目的是:单击超链接后,被链接的网页将显示在设定的框架中。

插入邮件超链接

在课件网页中设置邮件超链接,可以方便学生使用电子邮件和老师联系。下面在课件"春"的"main.htm"网页中制作。

1. **打开网页** 运行 FrontPage 软件,打开"春"网站中的"main.htm"文件。
2. **插入超链接** 选取文字"方舟工作室",单击"常用"工具栏上的"插入超链接"按钮 ,按图 5-86 所示操作,插入邮件超链接。

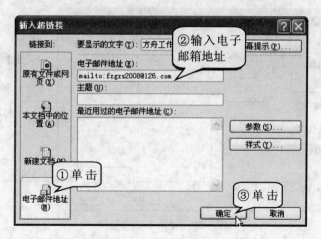

图 5-86　插入邮件超链接

在浏览时，单击邮件超链接，屏幕上将会自动弹出新邮件撰写窗口，并在窗口中的收件人栏中自动填写电子信箱地址。

插入书签超链接

当网页较长时，为了在浏览时能快速定位到所需位置，可在网页中插入书签，然后设置指向书签的超链接。下面在"kwld.htm"网页中制作。

1. **打开网页**　运行 FrontPage 软件，打开"春"网站中的"kwld.htm"文件。
2. **新建书签**　选取标题文字"春"，选择"插入"→"书签"命令，按图 5-87 所示操作，新建书签。

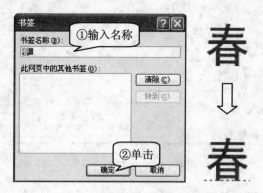

图 5-87　新建书签

3. **插入超链接**　选取网页底部的文字"＞＞ 返回 ＜＜"，单击"常用"工具栏上的"插入超链接"按钮，按图 5-88 所示操作，插入书签超链接。

图 5-88　插入书签超链接

浏览时，单击书签超链接后，网页内容将被定位到书签所在位置。

知识库

1. 取消超链接

如果想将插入好的超链接取消，可先选中插入的超链接对象，再单击"常用"工具栏上的"插入超链接"按钮，按图 5-89 所示操作，即可取消超链接。

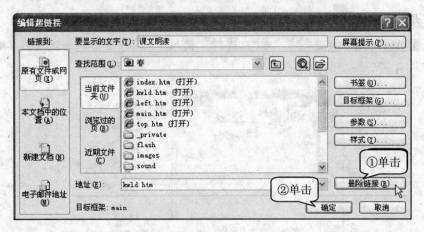

图 5-89　删除超链接

2. 清除超链接文字的下划线

设置完文字超链接后，默认情况下文字下方会增加一条下划线，如果觉得影响视觉效果，可以清除下划线。只要单击"格式"工具栏上的"下划线"按钮 **U** 即可。

创新园

用 FrontPage 打开如图 5-90 所示的网页"天净沙·秋思\index.htm"，设置超链接。

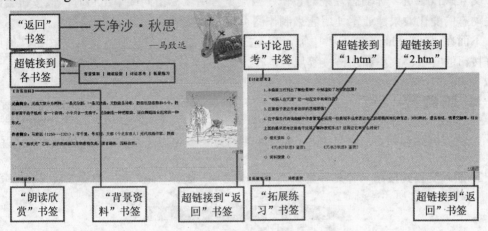

图 5-90　课件"天净沙·秋思"效果图

5.6　设置课件动态效果

在课件制作中，插入一些动态按钮、滚动的字幕，设置一些效果，可更加吸引学生的注意力。常见的网页课件的动态效果有交互式按钮、滚动字幕、网页过渡、DHTML 效果等。

实例 13　氧化还原反应

"氧化还原反应"是高中《化学》必修第 1 册第 2 章第 3 节的内容，通过本实例来介绍课件动态效果的设置。课件"氧化还原反应"效果如图 5-91 所示。

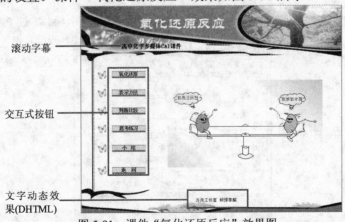

图 5-91　课件"氧化还原反应"效果图

在 FrontPage 中打开课件首页"index.htm"的半成品，在如图 5-91 所示的位置插入交互式按钮、滚动字幕，并设置文字的动态效果和整个网页的过渡效果。

5.6.1　插入交互式按钮

交互式按钮是一种动态效果的按钮、当浏览者用鼠标指向或单击它时，该按钮会出现一些动态的变化效果，通常使用它来制作网页的导航按钮。

下面在"index.htm(首页)"中插入交互式按钮。制作时首先插入交互式按钮，然后设置好按钮的文字、大小和超链接等属性。

 跟我学

1. **打开网站和网页**　运行 FrontPage 软件，打开"氧化还原反应"网站，打开"index.htm"网页。
2. **插入交互式按钮**　将光标定位至导航表格中，选择"插入"→"交互式按钮"命令，按图 5-92 所示操作，插入交互式按钮"氧化还原"。

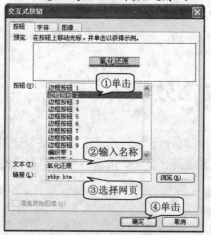

图 5-92　插入交互式按钮

3. **设置按钮文字**　双击刚插入的交互式按钮，按图 5-93 所示操作，设置按钮文字的格式。

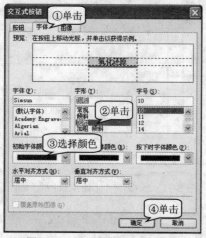

图 5-93　设置按钮的文字格式

4. **设置按钮大小**　按图 5-94 所示操作，设置按钮图像的尺寸。

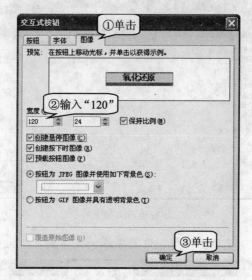

图 5-94　设置按钮图像尺寸

5. **制作其他按钮**　按同样方法，制作其他栏目的按钮，效果如图 5-91 所示。
6. **保存网页**　单击"保存"按钮 ，弹出"保存嵌入式文件"对话框，按图 5-95 所示操作，完成网页的保存。

图 5-95　保存网页

5.6.2　插入滚动字幕

上网浏览时，经常看到滚动的文字，这就是所说的滚动字幕，它可以吸引浏览者的注意力。在 FrontPage 中，可以很方便地插入这样的字幕。下面在"index.htm"中插入"高中化学 CAI 课件"字样的滚动字幕。

 跟我学

1. **打开网页**　在 FrontPage 中，打开"氧化还原反应"网站中的"index.htm"网页。
2. **插入字幕**　将光标移到如图 5-91 所示的位置，选择"插入"→"Web 组件"命令，按图 5-96 所示操作，插入字幕。

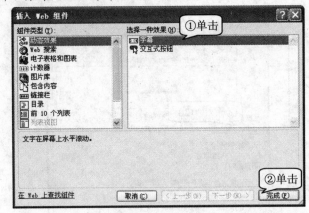

图 5-96　插入字幕

3. **设置字幕**　按图 5-97 所示操作，设置字幕的文字内容、大小等属性。

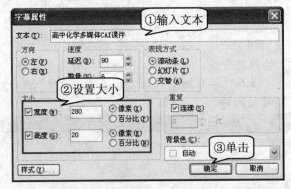

图 5-97　设置字幕

4. **预览字幕**　单击窗口左下角的"预览"标签，切换到"预览"状态，即可看到字幕的效果。

5.6.3　设置网页过渡

网页过渡是指从一个页面切换到另一个页面时，呈现动态的过渡效果(如圆形展开、向下擦除等)。通过设置网页切换效果，可以吸引学习者的注意力，增加网页型课件的动态效果。下面以设置"index.htm"的网页过渡效果为例。

 跟我学

1. **打开网站和网页**　运行 FrontPage 软件，打开"氧化还原反应"网站，打开"index.htm"网页。

2. **设置网页过渡**　选择"格式"→"网页过渡"命令，按图 5-98 所示操作，设置网页离开的效果为"向下擦除"。

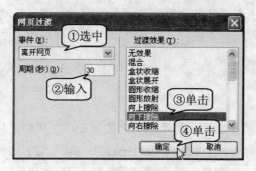

图 5-98　设置网页过渡效果

3. **预览过渡效果**　保存网页，在浏览器中浏览网页，当单击"氧化还原"超链接，发生离开网页的事件时，产生向下擦除的效果，如图 5-99 所示。

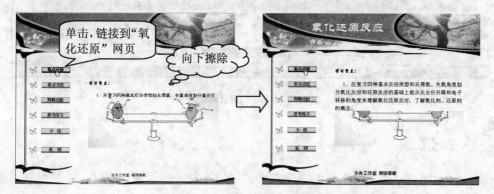

图 5-99　"向下擦除"过渡效果

网页过渡效果对网页的浏览器有一定的要求，有的浏览器不支持(如 Netscape)，有的版本太低显示不了，也有的浏览器禁用了显示网页过渡效果。

知识库

在"网页过渡"对话框中，几个参数的含义如下。

- 事件：产生网页过渡效果所需要的触发事件，主要有进入网页、离开网页、进入网站、离开网站。
- 周期：是指网页过渡效果所持续的时间，单位是秒，设置的过渡时间不能过长，否则会影响浏览者的浏览。
- 过渡效果：有无效果、混合、盒形收缩、随机等，其中"无效果"指不使用网页过渡效果，"随机"指随机使用其中的所有效果。

5.6.4　设置动态图文效果

FrontPage 提供了"DHTML 效果"工具，应用它可使网页中的文字和图片等对象以某种动态效果呈现。为了引发学生的注意，让课件内容的呈现更生动，可将课件中需要强调的内容设置成某种动态效果。下面将"index.htm"网页底部的文字设置成从右上角飞入的效果。

 跟我学

1. **打开网页**　在编辑状态下，打开"氧化还原反应"网站中的"index.htm"网页。
2. **输入文字**　将光标移到表格最下面的一行中，输入文字"方舟工作室　倾情奉献"，并设置文字的大小和颜色。
3. **设置动态文字效果**　选择"视图"→"工具栏"→"DHTML 效果"命令，按图 5-100 所示操作，设置在网页打开时文字从右上角飞入的效果。

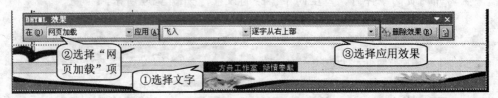

图 5-100　应用 DHTML 效果

 知识库

在设置"DHTML 效果"时，首先要选择触发事件。所谓触发事件，就是引发动态效果产生的某种操作，主要触发事件如下。

- 单击：如果选择"单击"，则当页面元素被单击时其所对应的 DHTML 效果就被触发。
- 双击：如果选择"双击"，则当页面元素被双击时其所对应的 DHTML 效果就被触发。
- 鼠标悬停：如果选择"鼠标悬停"，则光标悬停在页面元素上时，其所对应的 DHTML 效果就被触发。
- 网页加载：如果选择"网页加载"，则当浏览者打开使用了 DHTML 效果的网页时触发。

 创新园

在 FrontPage 中打开课件网站"地壳变动与地表形态"，完成以下操作。

1. 打开"default.htm"网页，在左侧单元格中插入交互式按钮，设置按钮的超链接等属性(超链接后，网页显示在右侧的嵌入式框架中)，效果如图 5-101 所示。

交互式按钮

图 5-101　插入交互式按钮

2. 为"main.htm"等栏目网页设置适当的网页过渡效果。

5.7　制作综合课件实例

前面已经介绍了制作网页型课件的基本方法，下面将完整地介绍两个课件的制作过程，以便读者能真正制作出可以用于实际教学的网页型课件。

5.7.1　中学化学课件制作实例

化学是建立在实验基础上的自然学科，很多教师在教学过程中除了适当地结合化学实验和生活中的某些化学现象外，对于理论性的、微观的及某些不适于学生实验或演示实验的知识，则通过教师的口述、板书或幻灯等进行授课，缺乏直观性，学生往往难以较快地理解，因而，影响课堂理论教学的效率、效果和教学质量。而多媒体 CAI 课件通过图文并茂、生动有趣的界面展示学习内容，提高学生的学习兴趣，让学生在轻松愉快的氛围中积极主动地学习，有助于学生各方面素质的培养。

实例 14　铁的性质

本例是初中《化学》全一册第 6 章第 1 节的教学内容，课件中的部分网页效果如图 5-102 所示。在此课件中，通过对铁的物理性质和化学性质的介绍，让学生更加了解铁的性质，同时可扩展学生的知识面，培养其探究学习的能力。

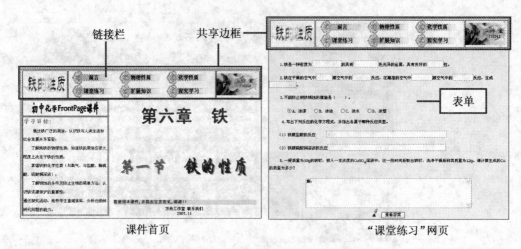

图 5-102　课件"铁的性质"效果图

首先规划好课件的栏目，并对课件中的各网页进行版面设计，收集好网页素材；接下来启动 FrontPage 创建课件网站及网页文件，制作各网页内容；最后对整个站点进行测试和发布。本实例中，将着重介绍课件导航版块、首页和课堂练习网页的制作，并具体介绍课件网站测试和发布的操作方法。制作时，综合运用共享边框、链接栏、表格布局、表单等制作技术来完成制作。

 跟我学

制作导航版块

　　使用共享边框制作导航版块。为所有网页设置共享边框后，在共享边框中插入标题图片、链接栏和修饰动画，完成所有网页导航版块的制作。

1. **新建网站和网页**　运行 FrontPage，创建空白站点"D:\铁的性质"，同时新建 7 个空白网页，并给这些网页取名和修改标题名称，效果如图 5-103 所示。

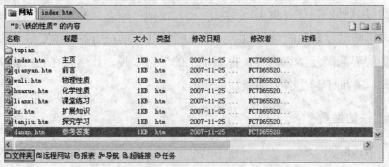

图 5-103　新建网页

2. **设置共享边框**　打开新建的任意一个网页，选择"格式"→"共享边框"命令，打开"共享边框"对话框，按图 5-104 所示操作，设置共享边框。

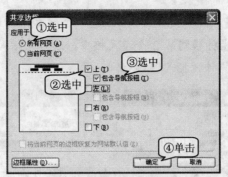

图 5-104　设置共享边框

3. **删除注释内容**　选中共享边框中的注释内容，按 Delete 键，将其删除。
4. **插入表格**　将光标移到共享边框中，插入一个 1 行 3 列的表格，设置表格属性为居中对齐、780 像素宽度、黄色边框线。
5. **插入标题图片**　将光标移到第 1 个单元格中，选择"插入"→"图片"→"来自文件"命令，插入图片文件"biaoti.jpg"。
6. **插入动画文件**　将光标移到第 3 个单元格中，选择"插入"→"Web 组件"命令，打开"插入 Web 组件"对话框，按图 5-105 所示操作，插入动画文件"fzh.swf"。

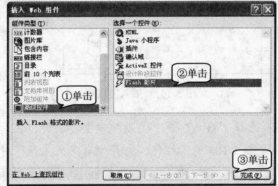

图 5-105　插入 Flash 组件

7. **选择导航视图**　选择"视图"→"导航"命令，切换到"导航"视图；选择"视图"→"文件夹列表"命令，显示"文件夹列表"。
8. **建立导航结构**　在"文件夹列表"窗格中选中网页文件，按图 5-106 所示操作，用鼠标将其拖到导航图的主页附近。

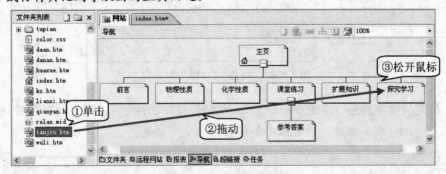

图 5-106　导航示意图

9. **返回"网页"视图** 在导航图上双击任意一个网页，回到"网页"视图。

10. **插入链接栏** 将光标移到第 2 个单元格中，选择"插入"→"Web 组件"命令，按图 5-107 所示操作，插入链接栏。

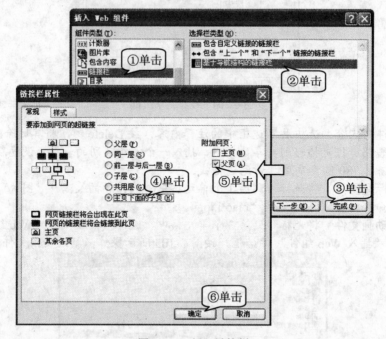

图 5-107 插入链接栏

11. **选择主题样式** 选择"格式"→"主题"命令，打开"主题"窗格，选中"吉祥如意"主题，按图 5-108 所示操作，打开"自定义主题"对话框。

图 5-108 "自定义主题"对话框

12. **自定义文字颜色** 单击 颜色(O)... 按钮，打开"自定义主题"的颜色对话框，按图 5-109 所示操作，设置水平导航条中的文字颜色。

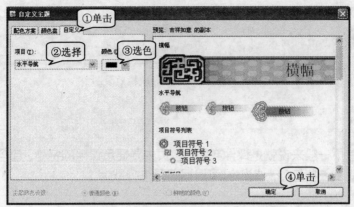

图 5-109　"自定义主题"的颜色对话框

13. **自定义文字大小**　单击 图形(R)... 按钮，按图 5-110 所示操作，设置水平导航条中文字的字体格式。

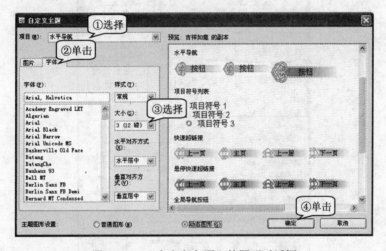

图 5-110　"自定义主题"的图形对话框

14. **保存自定义主题**　单击"另存为"按钮，将自定义后的主题保存为"吉祥如意的副本"，单击"确定"按钮，完成自定义主题的修改。

15. **应用自定义主题**　按图 5-111 所示操作，将该主题应用到所有网页中。

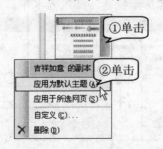

图 5-111　将"自定义主题"设为默认主题

16. **查看导航效果**　最后共享边框导航栏效果如图 5-112 所示。

图 5-112　共享边框导航栏效果图

制作课件首页

　　课件的首页一般来说就是课件封面，首页主要显示课件的名称、包含栏目、教学目标以及制作者的一些信息，制作时可根据需要进行取舍。

1. **插入布局表格**　在 FrontPage 中打开文件 "index.htm"，选择 "表格" → "插入" → "表格" 命令，按图 5-113 所示操作，插入 1 行 2 列的表格 1。

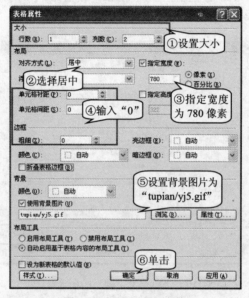

图 5-113　插入布局表格

2. **插入艺术字标题**　将光标移到第 1 个单元格中，插入一个 2 行 1 列表格 2，在表格 2 的第 1 行中按图 5-114 所示操作，插入艺术字。

图 5-114　插入艺术字

3. **设置艺术字标题**　选中艺术字，单击"艺术字"工具栏上的 按钮，按图 5-115 所示操作，设置艺术字的颜色。

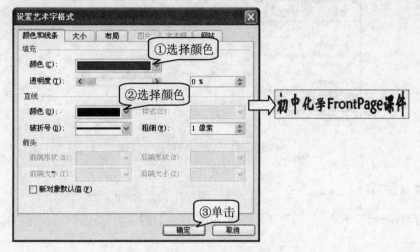

图 5-115　设置艺术字颜色

4. **输入教学目标**　将光标移到表格 2 的第 2 行，输入并设置教学目标文字。

5. **插入表格 3**　将光标移到表格 1 的第 2 列，插入一个 4 行 1 列的表格 3，表格的对齐方式为居中、指定宽度为 98%、边框的粗细为 0。

6. **添加表格 3 内容**　在表格 3 的第 1、2 行分别插入课件的章标题、节标题；将光标移到表格 3 的第 3 行，选择"插入"→"Web 组件"命令，按图 5-116 所示操作，插入字幕；在表格的第 4 行输入制作者信息。

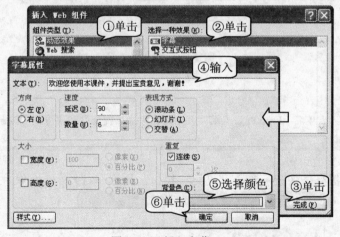

图 5-116　插入字幕

7. **查看首页效果**　查看如图 5-117 所示的制作效果，如有问题，进行修改。

图 5-117　首页效果图

制作"课堂练习"

使用表单制作"课堂练习"交互页面，以便学生及时了解自己对学习内容的掌握情况。

1. **插入布局表格**　打开文件"lianxi.htm"，选择"表格"→"插入"→"表格"命令，插入一个 2 行 1 列表格，设置其对齐方式为居中、宽度为 780 像素、边框粗细为 0。

2. **插入表单**　将光标移到表格的第 1 行，选择"插入"→"表单"→"表单"命令，插入如图 5-118 所示的表单。

图 5-118　插入的表单

插入表单后，FrontPage 会自动在表单中添加"提交"和"重置"按钮。

3. **设置"提交"按钮**　双击"提交"按钮，按图 5-119 所示操作，更改按钮名称。

图 5-119　"按钮属性"对话框

4. **删除 "重置" 按钮**　选中 "重置" 按钮，按 Delete 键将其删除，移动鼠标至 "查看答案" 按钮前，按回车键换到下一行。

5. **制作填空题**　在表单的第 1 行输入填空题的题目内容，选择 "插入" → "表单" → "文本框" 命令，插入一个文本框，并调整大小如图 5-120 所示。

图 5-120　插入文本框

6. **制作选择题**　输入单选题的题干文字，使用选项按钮制作单项选择题。

● **插入 "选项按钮"**　输入选项的文字内容，分别移动鼠标指针至各选项的前面，选择 "插入" → "表单" → "选项按钮" 命令，插入如图 5-121 所示的单选按钮。

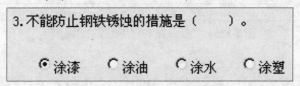

图 5-121　插入单选按钮

● **设置 A 按钮属性**　双击第 1 个单选按钮，打开 "选项按钮属性" 对话框，按图 5-122 所示的操作，设置值为 A，初始状态为 "未选中"。

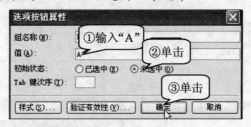

图 5-122　设置 "选项按钮" 属性

● **设置其他按钮属性**　用同样的方法设置该题的其他 3 个属性，在 "名称" 文本框中都输入 R1，在 "值" 文本框中分别输入 B、C 和 D。

7. **制作问答题**　输入问答题题干文字，使用文本区制作问答题。

● **插入 "文本区"**　将鼠标指针移到第 5 题下面，选择 "插入" → "表单" → "文本区" 命令，插入如图 5-123 所示的文本区并调整大小，居中对齐。

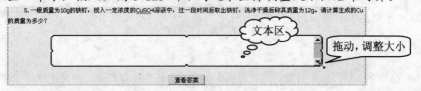

图 5-123　插入文本区

● **设置 "文本区"**　双击文本区，打开 "文本区属性" 对话框，按图 5-124 所示操作，设置文本区的初始值。

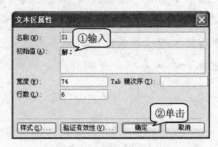

图 5-124　设置文本区初始值

8. **添加按钮代码**　选择"查看答案"按钮，单击窗口左下角 回代码 按钮，切换到代码模式，在"value="查看答案""后面，添加语句"onclick="window. open('daan.htm','smple')""，使其成为如图 5-125 所示的语句。

```
<input type="button" value="查看答案" onclick="window.open('daan.htm','smple')">
```

图 5-125　"查看答案"按钮的控制语句

添加上述控制代码后，浏览时单击"查看答案"按钮，会在新窗口中打开答案网页"daan.htm"。

测试站点

网站的制作完成后，需要对站点进行测试，包括拼写检查、浏览器兼容性、页面大小及下载速度和测试超链接情况，以便进行站点发布。

1. **执行拼写检查**　选择"视图"→"文件夹"命令，打开"文件夹"视图，选择"工具"→"检查拼写"命令，按图 5-126 所示操作，检查网站中的拼写错误。

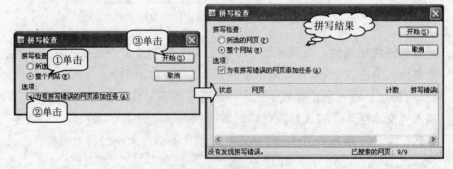

图 5-126　检查拼写错误

检查完毕后，如果有错误，计算机会将它作为任务保存起来，然后选择"视图"→"任务"命令，到"任务"视图中去修改错误的拼写。

2. 检查浏览器兼容性 选择"工具"→"浏览器兼容性"命令，按图 5-127 所示操作，检查所有网页对浏览器的兼容性情况。

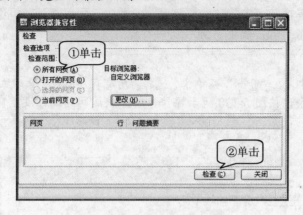

图 5-127 检查浏览器兼容性

3. 调整不兼容内容 根据兼容性检测报告，对站点中不兼容浏览器的内容进行适当的调整。

4. 检查超链接 选择"视图"→"超链接"命令，出现如图 5-128 所示的超链接结构图，检查链接是否正确。

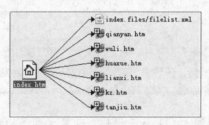

图 5-128 超链接结构图

5. 查看网站摘要 选择"视图"→"报表"→"网站摘要"命令，出现如图 5-129 所示的网站摘要，可根据相应选项对网站进行优化。

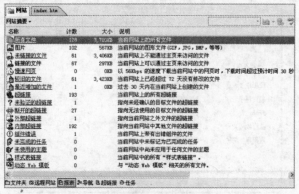

图 5-129 网站摘要

发布站点

　　发布站点就是把站点中的文件复制到服务器中。可以将计算机设置为站点服务器,然后在与之联网的其他计算机上浏览网站内容。

1. **打开 IIS 软件**　在"开始"菜单中,选择"所有程序"→"管理工具"→"Internet 信息服务"命令,按图 5-130 所示操作,打开默认网站属性设置窗口。

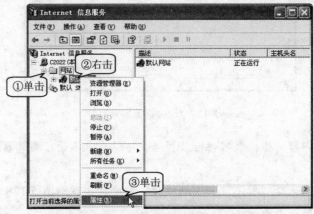

图 5-130　"Internet 信息服务"窗口

　IIS 即 Internet 信息服务器软件,它是一个网站管理软件。一台联网的计算机安装了 IIS 并进行适当配置后,便可成为网站服务器,实现网站发布功能。

2. **设置网站主目录**　按图 5-131 所示操作,设置主目录的本地路径为"D:\铁的性质"。

图 5-131　"默认网站属性"对话框

3. **浏览课件**　在局域网内的其他计算机上，打开 IE 浏览器，在地址栏中输入课件所在计算机的 IP 地址，如 http://192.168.0.102，按回车键即可浏览网页课件。

5.7.2　中学语文课件制作实例

多媒体 CAI 课件能够很好地将视觉、听觉等感官充分调动起来，最大限度地发挥学生的想象能力，尤其适合语文的小说、诗歌、散文、戏剧等各种文体的教学。

实例 15　桃花源记

本例是人教版八年级《语文》上册第五单元第 21 课的教学内容，课件首页效果如图 5-132 所示。针对语文文言文教学的特点，充分发挥多媒体 CAI 课件的优点，利用图文声像呈现教学内容。课件包括动画赏析、朗读示范、疏通文章、探究课文、相关练习等栏目，不仅适合学生自主学习，同时可以很好地满足课堂教学演示。

图 5-132　课件"桃花源记"效果图

本实例中将着重介绍首页(框架网页)和"课堂练习"网页(表单页)的制作，同时具体介绍一些发布、管理网站的方法。制作时，首先使用框架模板建立框架网页"index.htm"；然后分别制作框架中的各个页面，以及各栏目页面；接着在导航网页"top.htm"中插入超链接，建立各网页之间的联系；最后将课件发布到因特网服务器上。

 跟我学

> **制作框架网页**
>
> 　　新建站点，创建包含上、下 2 个框架的标题型框架网页，在上框架中建立标题导航页面(top.htm)，在下框架中建立主页面(main.htm)。

1. **新建框架网页**　创建空白站点"D:\桃花源记"，按图 5-133 所示操作，新建框架网页。

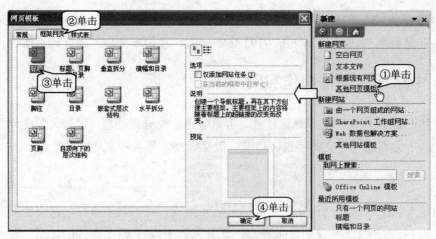

图 5-133　新建框架网页

2. **新建导航网页**　按图 5-134 所示操作，调整框架的大小并新建标题导航网页。

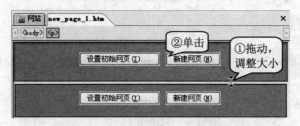

图 5-134　调整框架并新建标题导航网页

3. **设置网页属性**　选择"文件"→"属性"命令，按图 5-135 所示操作，设置标题导航网页的属性。

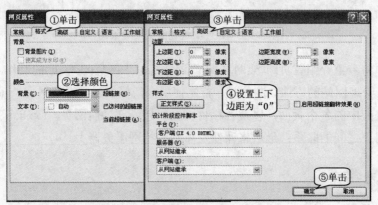

图 5-135　设置标题导航网页属性

4. **插入表格 1**　选择"表格"→"插入"→"表格"命令，插入一个 2 行 1 列的表格 1，设置表格 1 的对齐方式为居中，宽度为 778 像素，单元格间距、衬距以及边框粗细为 0。

5. **设置单元格属性**　在第 1 行中右击，选择"单元格属性"命令，按图 5-136 所示操作，设置单元格的高度及背景图片。

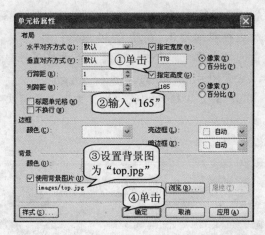

图 5-136　设置单元格属性

6. **插入动画**　选择"插入"→"Web 组件"命令，按图 5-137 所示操作，插入 Flash 动画。

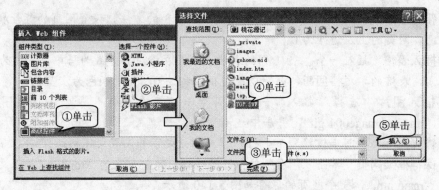

图 5-137　插入 Flash 动画

7. **设置影片属性**　双击插入的 Flash 影片，按图 5-138 所示操作，设置 Flash 影片的属性。

图 5-138　设置 Flash 影片属性

8. **插入表格 2** 将光标移到第 2 行，插入一个 1 行 7 列的表格 2，设置表格 2 的单元格间距、衬距以及边框粗细为 0，高度为 34 像素。

9. **设置单元格属性** 选择表格 2，右击，选择"单元格属性"命令，设置单元格水平对齐方式为居中，背景图片为"images/index_lm.gif"。

10. **输入栏目文字** 在表格 2 中输入相关的栏目文字并设置文字格式，最后效果如图 5-139 所示。

图 5-139 标题导航栏效果图

11. **新建主网页** 单击 新建网页(N) 按钮，按照步骤 3 的方法，设置网页的背景颜色为绿色，网页的上左边距为 0。

12. **插入表格** 插入一个 1 行 1 列的表格，设置表格对齐方式为居中，宽度为 778 像素，表格的单元格间距、衬距以及边框粗细为 0，背景颜色为淡蓝色。

13. **插入图片** 选择"插入"→"图片"→"来自文件"命令，插入图片文件 "images/image001.gif"，并居中显示。

14. **输入文字** 按回车键换到下一行，输入相关文字并设置文字格式。

15. **保存框架网页** 单击"保存"按钮，保存标题导航部分为"top.htm"，正文部分为 "main.htm"，整个网页的保存如图 5-140 所示。

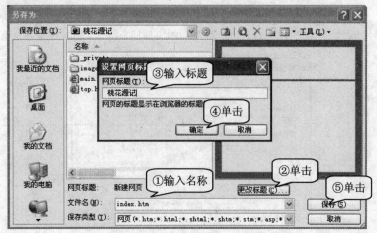

图 5-140 保存框架网页文件

16. **设置框架属性** 在"top.htm"文件中右击，选择"框架属性"命令，按图 5-141 所示操作，设置框架属性，完成首页的制作。

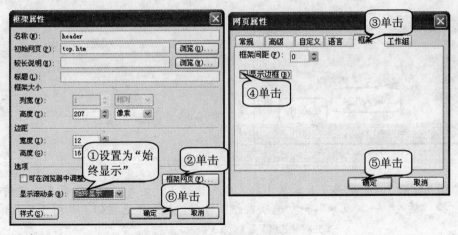

图 5-141　设置框架属性

制作"课堂练习"

　　使用表单制作"课堂练习"网页，通过添加按钮控制代码，判断答题正确与否。

1. **打开网页**　打开网页文件"ktlx.htm"(课堂练习)。

2. **插入布局表格 1**　插入 1 行 1 列的表格 1，设置表格居中对齐，宽度为 778 像素，高度为 520 像素，单元格衬距、间距和边框粗细为 0，背景颜色为淡蓝色。

3. **插入布局表格 2**　在表格 1 中插入 1 行 1 列的表格 2，设置表格居中对齐，宽度为 600 像素，单元格衬距、间距和边框粗细为 0。

4. **插入表单**　将光标移到表格 2 中，选择"插入"→"表单"→"表单"命令，插入一个表单，双击"提交"按钮，按图 5-142 所示操作，设置"提交"按钮。

图 5-142　设置"提交"按钮属性

5. **删除"重置"按钮**　选中"重置"按钮，按 Delete 键删除，移动光标至行首，按回车键换到下一行，单击"居中"按钮，居中对齐该按钮。

6. **插入文本框**　选择"插入"→"表单"→"文本框"命令，在按钮"都选择完了，结果怎样？"后面插入文本框，按图 5-143 所示操作，设置文本框属性。

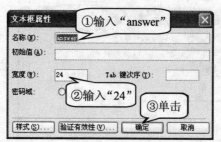
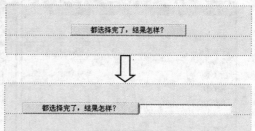

图 5-143　设置文本框属性

7. **输入试题 1**　光标移至表单第 1 行，输入试题 1 的文字，分别在每个选项前面，选择"插入"→"表单"→"选项按钮"命令，插入单选按钮，如图 5-144 所示。

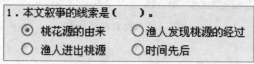

图 5-144　试题 1 的输入结果

8. **设置选项按钮**　按图 5-145 所示操作，设置各按钮的组名称和值。

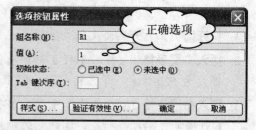

图 5-145　设置"选项按钮"属性

一道题目中的 4 个选项按钮的组名称须保持一致，正确选项的值为 1，错误选项的值为 0。

9. **制作试题 2**　输入试题 2 的文字并插入对应的选项按钮，将试题 2 中所有选项按钮的组名称修改为 R2，正确选项的值为 1，错误选项的值为 0。

10. **制作其他试题**　同样的方法，插入并设置其他试题(组名称依此类推为 R3、R4、R5)。

11. **添加按钮代码**　选择"都选择完了，结果怎样？"按钮，单击窗口左下角 回代码 按钮，切换到 HTML 模式，添加语句 "onClick="processForm(this. form)""，使其成为如图 5-146 所示的语句。

```
<input type="button"  value="都选择完了，结果怎样？" onClick="processForm(this.form)"
       style="font-size: 9pt; font-family: 宋体">
```

图 5-146　添加"都选择完了，结果怎样？"按钮的控制代码

12. **添加判断代码**　移动光标至代码<head> </head>之间，插入如图 5-147 所示的语句，判断答题正确与否，并统计答对题数。

```
 3 <head>
 4 <meta http-equiv="Content-Type" content="text/html; charset=gb2312">
 5 <title>课堂练习</title>
 6
 7 <script Language="JavaScript">
 8 function processForm(form){
 9 var xf,hc1, hc2, hc3, hc4, hc5, hc6, hc7, hc8, hc9;
10 xf=hc1=hc2=hc3=hc4=hc5=hc6=hc7=hc8=hc9=0;
11 if (form.R1[0].checked==1) hc1=0;
12 if (form.R1[1].checked==1) hc1=0;
13 if (form.R1[2].checked==1) hc1=0;
14 if (form.R1[3].checked==1) hc1=0;
15 if (form.R2[0].checked==1) hc2=0;
16 if (form.R2[1].checked==1) hc2=1;
17 if (form.R2[2].checked==1) hc2=0;
18 if (form.R2[3].checked==1) hc2=0;
19 if (form.R3[0].checked==1) hc3=0;
20 if (form.R3[1].checked==1) hc3=0;
21 if (form.R3[2].checked==1) hc3=1;
22 if (form.R4[0].checked==1) hc4=0;
23 if (form.R4[1].checked==1) hc4=0;
24 if (form.R4[2].checked==1) hc4=1;
25 if (form.R4[3].checked==1) hc4=0;
26 if (form.R5[0].checked==1) hc5=0;
27 if (form.R5[1].checked==1) hc5=0;
28 if (form.R5[2].checked==1) hc5=1;
29 xf=hc1+hc2+hc3+hc4+hc5;
30 form.answer.value="你答对了"+xf+"题";
31 }</script>
32
33 </head>
```

添加语句

图 5-147　添加语句

13. 使用"课堂练习"　预览"课堂练习"网页，效果如图 5-148 所示。

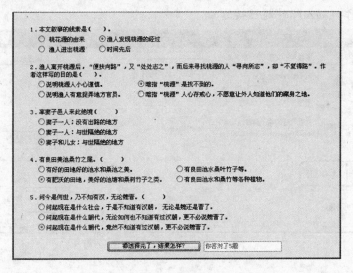

图 5-148　网页"课堂练习"效果图

建立网页联系

在标题导航网页"top.htm"中设置超链接，将课件中的各个网页联系在一起。

1. **插入超链接**　打开框架网页"index.htm"，在框架上部的"top.htm"中选择文字"首页"，单击"插入超链接"按钮，按图 5-149 所示操作，插入超链接。

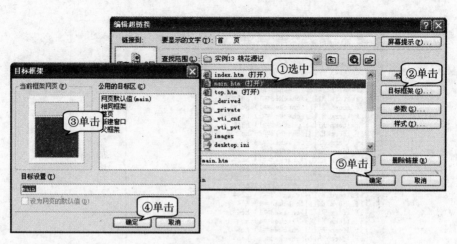

图 5-149　插入超链接

2. **设置超链接**　单击"下划线"按钮 $\underline{\mathbf{U}}$，取消"首页"文字的下划线效果，并设置文字的颜色为深绿色。

3. **制作其他超链接**　按同样的方法，插入并设置其他栏目的超链接。

4. **设置邮件超链接**　选取文字"联系我们"，单击"插入超链接"按钮 ，按图 5-150 所示操作，插入邮件超链接。

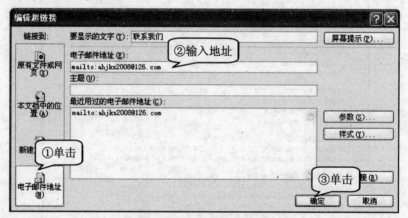

图 5-150　插入邮件超链接

发布站点

如果想让学生在家中使用网页型课件，需要将课件发布到因特网服务器上，通常使用 FTP 方式进行网站文件的上传。

1. **优化代码**　选择"文件"→"发布网站"命令，打开"远程网站属性"对话框，按图 5-151 所示操作，优化 HTML 代码。

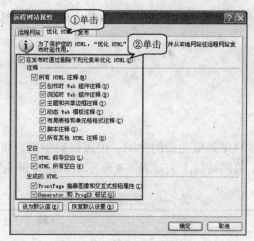

图 5-151　优化 HTML 代码

优化 HTML 可以自动删除网页中的一些多余内容，一方面缩小了网页文件的大小，另一方面提高了网页下载浏览的速度。

2. **设置远程网站**　按图 5-152 所示操作，输入 FTP 服务器的地址和目录。

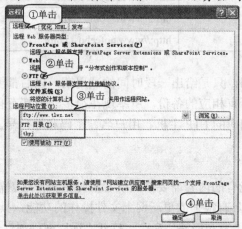

图 5-152　设置 FTP 参数

3. **上传文件**　在弹出的窗口中输入用户名和密码，按图 5-153 所示操作，将本地站点中所有文件和文件夹上传到服务器中。

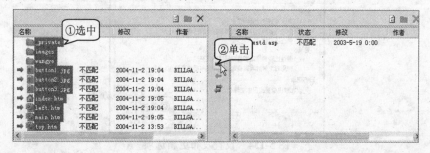

图 5-153　上传文件

4. 浏览网站 在浏览器中输入地址 http://服务器地址/网页的路径和文件名，即可访问本课件。

知识库

1. 免费空间

在因特网中，有很多网站提供免费的空间，但需提前申请。可上网查找并申请这样的免费空间，再把自己制作的网站传上去，表 5-4 所示的网站提供免费空间。

表 5-4 免费空间网站列表

网 站	网 址
虎翼网 51.net(可免费试用)	http://www.51.net/
中国生物信息网	http://www.biosino.org/pages/register.html
中国酷网免费空间	http://www.kudns.com/
新竹自主建站系统	http://www.2000y.net/100000/index. asp
Webs[英]	http://www.webs.com
100Free[英]	http://www.100free.com/
110MB[英]	http://www.110mb.com/
NoFeeHost[英]	http://www.nofeehost.com/

网上很多免费的空间，只是给出一段时间的试用期，以后都要求付费，因此发布的同时，在自己计算机中也要有相应的备份。所幸现在很多学校都有自己的因特网服务器，可以向学校网管人员索取相应的 FTP 主机、用户名、密码和端口号。

2. 维护站点

站点发布以后，可能有的内容需要修改或者及时更新，这就需要对站点进行更新维护操作了。FrontPage 2003 具有很强的更新网上文件操作的功能，具体步骤如下。

(1) 选择"文件"→"发布网站"命令，打开"远程网站属性"对话框，按图 5-154 所示操作，设置发布更新选项，让计算机只发布那些更改过的文件。

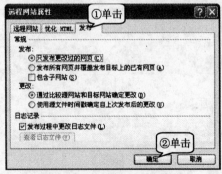

图 5-154 设置发布更新选项

(2) 仍旧输入前面的 FTP 地址、端口、用户名和密码,进行登录。

(3) 按图 5-155 所示操作,将更新的内容发布到服务器上。

图 5-155　发布更新的内容

5.8　小结和习题

5.8.1　本章小结

本章通过多个具体实例,详细介绍了用 FrontPage 2003 制作网页型课件的过程、方法和技巧,具体包括以下主要内容。

- **FrontPage 基础知识**:介绍了制作课件的工具软件 FrontPage 2003 的使用界面和视图,以及创建网站的方法与技巧。
- **规划和创建课件网站**:介绍了网站建设一般流程,规划和创建网站的方法。
- **添加课件教学内容**:介绍了在网站中添加文字、表格、图片、声音、视频、Flash动画等多媒体素材的操作方法和技巧。
- **设计美化课件版面**:介绍了规划和设计网页版面的方法,主要包括使用表格布局网页、使用框架组织网页版面以及使用共享边框制作网页公共版块的技巧和方法;另外还介绍了选用主题美化网页的方法。
- **设置课件导航与交互**:介绍了使用链接栏制作网站导航栏的方法,以及插入多种超链接实现课件交互的方法与技巧。
- **设置课件动态效果**:介绍了插入动态按钮和字幕的方法,以及如何在网页中设置切换效果、应用网页 DHTML 效果,让课件内容的呈现效果更生动。
- **制作综合课件实例**:通过初中化学课件《铁的性质》和高中语文课件《桃花源记》两个实例,介绍完整的课件制作过程与方法,并在其中介绍了网站发布、管理和维护的方法。

5.8.2　强化练习

一、选择题

1. 下列 4 种类型的文件,可以使用 FrontPage 编辑的是(　　)。

A. ①　　B. ②　　　　C. ③　　　　D. ④

2. 用 FrontPage 制作网页时，单击下图所示的"预览"按钮可以(　　)。

A. 编辑修改网页内容　　　　B. 编辑修改网页代码

C. 查看到网页的部分效果　　D. 查看到网页的所有效果

3. 制作网页型课件有以下一些步骤，正确的过程是(　　)。

①网页设计　②网页制作　③网站发布　④网站规划

A. ②③①④　B. ①②③④　C. ④①②③　D. ④③①②

4. 网站中的"images"文件夹，一般用于保存的文件类型是(　　)。

A. 声音　　　B. 图像　　　C. 动画　　　D. 网页

5. 用 FrontPage 创建如下图所示的 My Webs 网站，其中首页文件是(　　)。

A. chengzhang.htm　　　B. index.htm　　　C. jianjie.htm　　　D. left.htm

6. 在 FrontPage 中，要将用于布局的表格设置为"不可见"，应在下图所示的对话框中设置(　　)。

A. "单元格边距"为 0　　　B. "单元格间距"为 0

C. "边框粗细"为 0　　　　D. "单元格边距"和"单元格间距"都为 0

7. 如下图所示，在 FrontPage 的"表格属性"对话框中，设置对齐方式为"居中"是为了使(　　)。

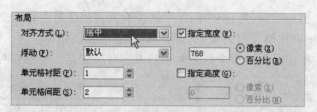

 A. 表格中的文字居中对齐　　　B. 表格中的某个单元格居中对齐

 C. 表格中的所有单元格居中对齐　D. 整个表格在页面中居中对齐

8. 在网页型课件中，要创建水平的滚动文字，应使用的 FrontPage 组件是(　　)。

 A. 计数器　　B. 字幕　　　C. 交互式按钮　D. 网页横幅

9. 设置超链接时，超链接的目标对象不可以是(　　)。

 A. 图片　　　B. 网址　　　C. 网页　　　D. 文件夹

10. 添加网页型课件的内容时，可以使用的素材文件类型有(　　)。

 ①文字　②图片　③声音　④动画　⑤视频

 A. ①②③④　　B. ①②③⑤　C. ①②④⑤　D. ①②③④⑤

二、判断题

1. 下图所示的"首页"等标题，在浏览网页时，将会显示在浏览器窗口的标题栏中。

(　　)

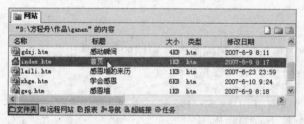

2. 在 FrontPage 中，按回车键换行，产生的行间距为 0。　　　　　　　(　　)

3. 可以将插入网页的图片直接保存在网页文件中，不需另外保存。　　(　　)

4. 在 FrontPage 的"文件夹"视图中，可以很方便地添加和删除文件。　(　　)

5. 表格和框架都可以用来进行网页的排版布局。　　　　　　　　　　(　　)

6. 在 FrontPage 中，按下图所示设置了共享边框后，网站中的所有网页都会自动加上共享边框。

(　　)

7. 更改共享边框中的内容，同一网站中的所有网页将会发生相应变化。　　（　　）

8. 用 FrontPage 制作网页时，背景音乐可以设置成无限循环。　　（　　）

9. 下图所示的框架网页，每个框架显示的内容对应的是一个独立网页。　（　　）

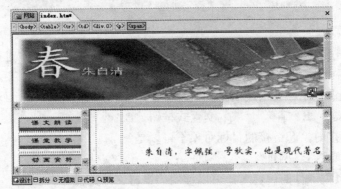

10. 在 FrontPage 中制作好超链接后，只有在浏览器中才能查看到超链接效果。（　　）

11. 在交互式按钮中不能设置超链接。　　（　　）

12. 网页的背景音乐必须是 WAV 格式的文件。　　（　　）

13. 表格的单元格衬距就是相邻的 2 个单元格边框之间的距离。　　（　　）

14. 只要存放网站文件的计算机连上了因特网，别人就可以浏览该网站。　（　　）

15. 发布网站前，进行"优化 HTML"操作，可以使网页更美观。　　（　　）

三、问答题

1. FrontPage 2003 包括哪几种视图？各视图的特点是什么？

2. 制作网页型课件的一般流程是什么？

3. 规划网站主要包括哪些任务？

4. 框架网页与普通网页相比，有什么特殊之处？

5. 表格在网页制作中有哪些作用？

6. 使用 FrontPage 制作网站，可以使用哪些方法将网站中的网页联系在一起？

7. 表单常用于制作课件中的练习反馈网页，常用的表单项有哪些类型？试举例说明它们的作用。

8. 如何将一个网页型课件发布到局域网中？

第 6 章

几何画板课件制作实例

使用几何画板制作课件是中学数学、物理老师必须掌握的技能，因为它能够准确地绘制几何图形，能动态地保持几何关系，而且课件制作过程简单，不需要掌握高深的编程技巧。本章介绍几何画板 5.01 版本汉化版的基础知识，使读者对几何画板软件有一个初步了解。

本章通过实例，介绍利用几何画板 5.01 制作课件的基础知识和操作方法，希望读者能够举一反三，制作出精美实用的课件。由于篇幅限制，某些课件仅介绍关键画面和步骤，其他部分可参考光盘中的实例自行完成。

本章内容：

- 几何画板基础知识
- 绘制平面几何图形
- 绘制立体几何图形
- 绘制函数图像
- 制作动画型课件

6.1 几何画板基础知识

在几何画板中，一个课件由多张"页面"组成，每张页面上可以放置文字、图片、图形等对象来展示教学内容，然后使用链接按钮使这些"页面"按照教学需要进行演示。本节主要介绍几何画板的使用界面和工作环境，以及相关的一些基本概念。

6.1.1 入门介绍

此软件可以到网上下载，下载网址很多，如 http://www.skycn.com/soft/53477.html/(天空软件站)、http://www.exjh.com/default.asp。

安装几何画板 5.01 最强中文版之后，单击"开始"按钮，选择"所有程序"→"几何画板 5.01 最强中文版"→"主程序"→"几何画板简体中文版"命令，运行该软件，进入如图 6-1 所示的几何画板简体中文版使用界面。

图 6-1　几何画板简体中文版使用界面

可以看出，几何画板使用界面由标题栏、菜单栏、工具栏、状态栏以及绘图区等部分组成，下面对几何画板中较特殊的几个部分作了简单介绍。

1. 工具栏区

几何画板窗口的左边是工具栏，默认情况下列出 9 个工具，即"移动箭头"工具 、"点"工具 、"圆"工具 、"线段直尺"工具 、"多边形"工具 、"文字"工具 A、"标记"工具 、"信息"工具 、"自定义"工具 等，这些工具的主要用途是画图和输入文本。

- "移动箭头"工具 ：用于选择对象。
- "点"工具 ：用于画点。单击"点"工具 ，将光标移到绘图区中适当位置，单击鼠标即可画点。

- "圆"工具◎：用于画圆。选中"圆"工具◎，在绘图区先单击鼠标，再移动鼠标指针到另一位置释放，就能画出圆。
- "线段直尺"工具╱：其中包含"画直线"工具╱、"画线段"工具╱和"画射线"工具╱三种画线工具，鼠标移至相应的工具按钮上松开左键，就能选中相应的工具在绘图区画线。如画一条线段，在绘图区先单击鼠标，再移动鼠标指针到另一位置释放，就能画出线段。
- "多边形"工具▲：用于画多边形。将鼠标指针放在此按钮上，按住鼠标左键，弹出选项▣▲▲▲⌂，其中包含"多边形"工具▲、"多边形和边"工具▲和"多边形边"工具⌂三种画多边形的工具。
- "文字"工具 A：此工具的功能是显示、隐藏、拖动或编辑点、线和圆等对象的标签，也可制作注释框。
- "标记"工具╱：用于给对象做标记。可以通过"标记"工具创立角标记，标记相等的角度或是直角；还可以通过"标记"工具创立记号来辨认路径，标记相等的线段或是相互平行的线等等。
- "信息"工具①：用于显示几何画板绘图区中几何对象的信息。
- "自定义"工具▸：此工具的功能是创建新工具和调用自定义工具。另外，利用此工具还可以查看课件的制作步骤。

2. 菜单栏

几何画板的功能主要是通过菜单栏中的命令实现的，利用几何画板的菜单栏不仅可以作出准确复杂的图形，还可以实现动画、轨迹、追踪、复杂的交互等功能。

6.1.2　对象基本操作

对象的基本操作，包括选择、移动、旋转、删除等。在制作课件的时候，合理地对对象进行操作，可以更快、更好地制作出课件。

1. 选择对象

在对几何对象进行移动、删除、复制等操作之前，必须先要选取对象。被选取的对象一般呈红色。

- 选择单个对象：单击"移动箭头"工具➤，再用鼠标单击所要选取的对象即可。若是选择按钮，则将鼠标指针移至按钮左侧的黑色区域，单击后即可选中按钮，此时，按钮将出现红色方框。表 6-1 是部分对象选中和未被选中的区别。

表 6-1　对象选中和未被选中的区别

·	未选中的点
◎	选中的点
————————	未选中的直线
··············	选中的直线
动画点	未选中的按钮
动画点	选中的按钮

- 选择多个对象：依次单击所需选择的对象；若想取消某个对象的选择，则再单击此对象一次即可。要选择多个对象还可拖动鼠标，拉出一个矩形框，则此矩形框包含的所有对象都被选中。

2. 移动对象

单击工具栏中的"移动箭头"工具 ，选中所需移动的单个或多个对象，按住鼠标拖动，即可移动所选择的对象，所选择对象的父对象和子对象也会跟着移动。如果要进行精确的移动，需要用到"变换"→"平移"命令，这在后面将做详细介绍。

3. 旋转对象

在旋转前必须先确定一个旋转中心，单击工具栏中的"旋转"工具 ，用鼠标双击选中一点后，此点即设定为旋转中心，按住鼠标拖动，即可实现旋转。如要进行精确的旋转，则需要用到"变换"→"旋转"命令。

4. 缩放对象

缩放前也必须先确定缩放中心，单击工具栏中的"缩放"工具 ，用鼠标双击选中一点后，此点即设定为缩放中心，按住鼠标拖动，即可实现缩放。如要进行精确的缩放，则需要用到"变换"→"缩放"命令，该命令的用法将在后面做介绍。

5. 删除和恢复对象

单击工具栏中的"移动箭头"工具 ，选中所需删除的单个或多个对象，按 Delete 键即可。

在操作失误的情况下，要想及时恢复本不想删除的部分，按 Ctrl+Z 键即可。

6.2 绘制平面几何图形

复杂的几何图形都是由简单的几何图形组成的，点、线、圆和圆弧就是常用的简单几何图形，这些图形可以利用"构造"菜单中的命令来绘制。

6.2.1 绘制简单图形

在几何画板中，要构造线段的垂直平分线、三角形的中位线等与线段中点有关的图形，必须先作出线段的中点。选择"构造"→"中点"命令，即可在一条或几条线段上取中点。

实例 1　绘制三角形的 3 条中线

本例内容是验证三角形的 3 条中线交于一点，课件非常简单，由课件题目、课件说明、几何图形三部分组成，课件运行效果如图 6-2 所示。

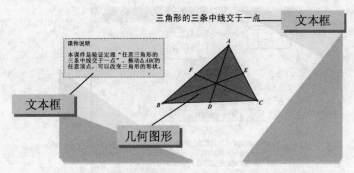

图 6-2　课件"绘制三角形的 3 条中线"效果图

在制作时，可利用几何画板提供的粘贴图片命令，统一课件的整体背景。本例的主要任务是在课件中画三角形的 3 条中线、添加文字内容，以及如何设置多页面等内容。

 跟我学

设置参数

使用几何画板也可以制作多页面演示课件。利用"文件"→"文档选项"命令，建立新页面或复制几何画板文件。

1. **运行几何画板**　单击"开始"按钮，选择"所有程序"→"几何画板 5.01 最强中文版"→"主程序"→"几何画板简体中文版"命令，运行"几何画板"软件。

2. **设置背景**　选择"编辑"→"参数选项"命令，按图 6-3 所示操作，选择合适的背景颜色。

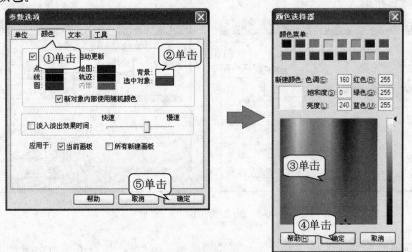

图 6-3　选择背景颜色

3. **设置自动显示标签**　选择"编辑"→"参数选项"命令，按图 6-4 所示操作，选择自动显示几何对象的标签。

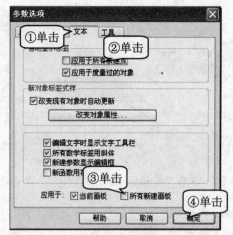

图 6-4　设置自动显示标签

为保证各页面背景的一致性，可在"颜色选择器"对话框的红色、黄色、蓝色文本框中输入相同的数字。

建立新页面

　　使用几何画板也可以制作多页面演示课件。利用"文件"→"文档选项"命令，建立新页面或复制几何画板文件。

1. **增加新页面**　选择"文件"→"文档选项"命令，按图 6-5 所示操作，增加新的页面"三角形"。

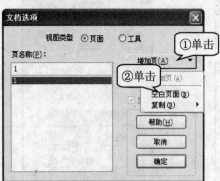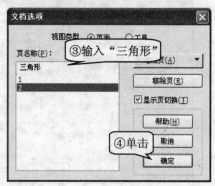

图 6-5　增加新页面"三角形"

2. **复制其他页面**　选择"文件"→"文档选项"命令，按图 6-6 所示操作，复制文件名为"绘制平面几何图形"的"等腰梯形"页面。

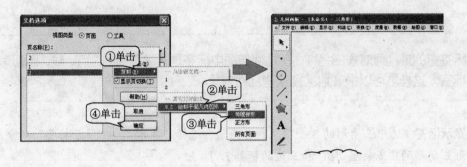

图 6-6　复制其他文件页面

增加新页面很有用，利用它可以复制别的几何画板课件中的页面，关键是可以把若干个需要的课件整合起来。

画三角形

画三角形是几何画板中最基本的操作，可以先画 3 个点，再连线；也可直接画 3 条线段。

1. **画 3 个点**　选择工具栏的"点"工具，按图 6-7 所示操作，得到三角形的 3 个顶点。

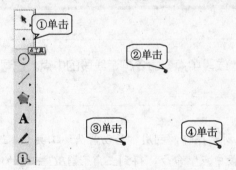

图 6-7　画 3 个点

2. **画三角形**　单击"移动箭头"工具，按图 6-8 所示操作，画三角形。

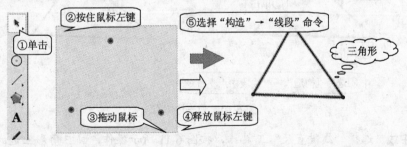

图 6-8　画三角形

标签指的是几何对象的名称，在几何作图中标签是非常重要的，点、线、圆都有相应的标签，这样才可以很好地区别这些几何对象。

1. **显示标签** 选中三角形的 3 个顶点和 3 条边，选择"显示"→"显示标签"命令，得到三角形的顶点标签 ABC 和三边的标签 i、j、k。

2. **隐藏标签** 依次单击三角形的三边，按图 6-9 所示操作，隐藏三角形三边的标签。

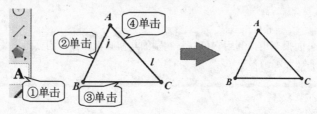

图 6-9 隐藏三边标签

几何画板中通过单击选取对象的方法经常因为误操作，功亏一篑。选择同类对象时，可以先选择相应的工具，再执行"编辑"→"选择所有"命令，这时"编辑"→"选择所有"命令会发生相应的变化。

构造中点

通常选择"构造"→"线段中点"命令构造线段的中点。也可选择"变换"→"缩放"命令来构造。

1. **构造中点** 按图 6-10 所示操作，利用"移动箭头"工具，选中三角形的 3 条边，选择"构造"→"线段中点"命令，得到三角形 ABC 三边的中点。

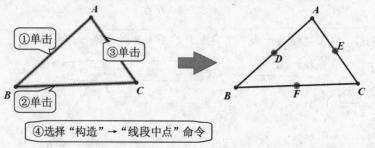

图 6-10 画三边中点

2. **画中线** 选择"线段直尺"工具，按图 6-11 所示操作，画三角形三边的中线。

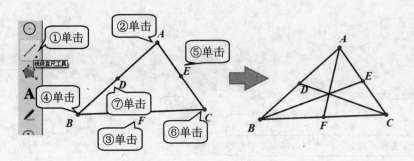

图 6-11　画三角形三边的中线

3. **构造交点**　选择"移动箭头"工具 <img>，按图 6-12 所示操作，单击 3 条中线的相交处，得到 3 条中线的交点 G。

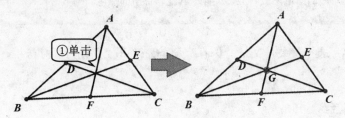

图 6-12　画三条中线的交点

<table>
<tr><td>**输入文本**</td></tr>
</table>

　　为了明确课题和课件的使用方法，通常利用"文字"工具 **A**，输入说明性文字。

1. **输入课题**　选择"文字"工具 **A**，按图 6-13 所示操作，输入课题"三角形的 3 条中线交于一点"。

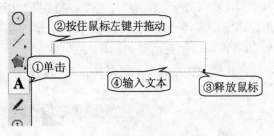

图 6-13　输入课题

2. **输入文本**　按图 6-14 所示操作，输入说明性文字，△ABC 将随着图形上三角形顶点标签的改变而改变。

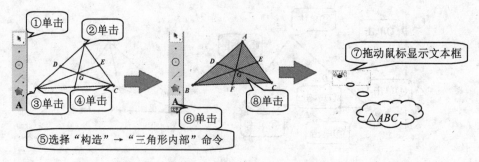

图 6-14 输入文本"△ABC"

在几何画板中输入说明性文字的时候，几何画板 5.01 版本有了很大的改进，文字与其相对应的图形形成呼应，类似于其他软件中的热区。

3. **保存文件** 选择"文件"→"保存"命令，弹出"另存为"对话框，单击"保存"按钮即可。

 知识库

1. 设置标签样式

系统自动设置的标签的字形、字号、字体、颜色，通常不能很好地满足用户的需要，可以根据需要改变标签的字型、颜色等样式。

设置标签的文字格式有 3 种方式：一是通过"文本"工具栏来设置；二是通过对象的属性对话框设置；三是通过"编辑"菜单设置。

2. 修改对象标签

系统自动设置的标签通常不能很好地满足用户的需要，特别是当所制作的课件提供给别人使用时。为了方便使用，通常需要改变对象的标签，将不合适的字母改成需要的字母，而且还可以加上一些描述性的语言，以便更清楚地描述对象。

选择"文字"工具 **A**，鼠标指针变为手形 🖐，将鼠标指针移到标签 A 上双击，打开"点 A"对话框，按图 6-15 所示操作，将点 A 改为点 O。

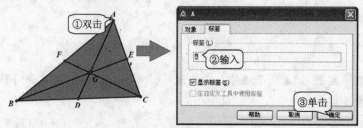

图 6-15 修改几何对象的标签

3. 改变标签位置

选择"文字"工具 **A** 或"移动箭头"工具 ，把鼠标指针移到所选对象的标签上，当鼠标指针变成 形状时，按住鼠标左键可拖动对象的标签，改变其位置。

6.2.2　显示和隐藏对象

在几何画板作图过程中，有部分对象是构图不可缺少的部分，但是在最终的课件演示中，这些对象使课件变得过于复杂，这时就要利用几何画板的隐藏功能。显示和隐藏对象有两种方式，一种是创建"显示"或"隐藏"按钮，适用于暂时性的隐藏对象；另一种是通过"显示"或"隐藏"命令，永久地隐藏对象。

实例 2　等腰梯形的对角线相等

本例要制作的课件是有关初中平面几何的内容，演示等腰梯形的性质：两对角线相等，效果如图 6-16 所示。

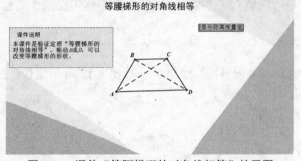

图 6-16　课件"等腰梯形的对角线相等"效果图

以下仅仅制作在"等腰梯形"课件中如何显示和隐藏几何对象，其他部分请读者在学习完本章后完成。

 跟我学

制作等腰三角形

选择"构造"→"垂线"命令，过一点做已知直线的垂线，并在此基础上构造等腰三角形，然后过一点做已知直线的平行线。

1. **绘图**　运行"几何画板"软件，新建一文件，作线段 AB 以及中点 C。
2. **作垂线**　按图 6-17 所示操作，过点 C 作线段 AB 的垂线 j。

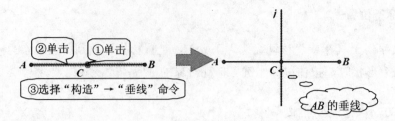

图 6-17　作垂线

3. **作等腰三角形**　单击"点"工具 ，再单击垂线 *j* 作点 *D*；选中"线段直尺"工具 ，作线段 *DA*、*DB*，得到等腰三角形 *DAB*。

 几何画板中构造等腰三角形的方法很多，通过画两个半径相等的圆相交也可得到等腰三角形。

隐藏对象

　　选择"显示"→"隐藏对象"命令，隐藏作图过程中必须作的但最终演示课件时不必要的图形。

1. **隐藏直线 *j***　选取"移动箭头"工具 ，按图 6-18 所示操作，隐藏直线 *j*。

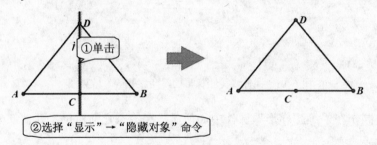

图 6-18　隐藏直线 *j*

2. **作平行线**　作线段 *DC*，单击"点"工具 ，再单击线段 *DC* 作点 *E*；然后按图 6-19 所示操作，过点 *E* 作线段 *AB* 的平行线 *k*。

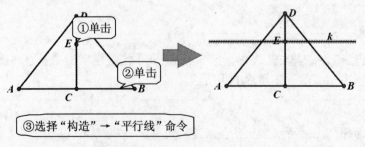

图 6-19　过点 *E* 作线段 *AB* 平行线

制作等腰梯形

利用"构造"→"平行线"命令，构造梯形的上下底，再隐藏部分几何对象，即可得到等腰梯形。

1. **作交点**　选取"移动箭头"工具 ，单击直线 k 与线段 DA、DB 相交的地方，作点 F、G。
2. **隐藏部分对象**　选择"显示"→"隐藏对象"命令，隐藏直线 k 与线段 DA、DB 以及点 C、D。
3. **作边及对角线**　作线段 AF、FG、GB、FB、GA。

度量线段长度

选择"度量"→"长度"命令，可以度量线段的长度，但在度量线段长度之前，必须选中线段。

1. **度量线段 FB 长度**　按图 6-20 所示操作，度量线段 FB 的长度。

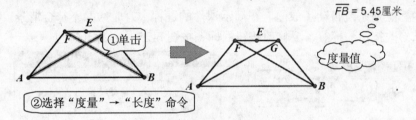

图 6-20　度量线段 FB 的长度

2. **度量线段 GA 长度**　用同样的方法度量线段 GA 的长度。

显示、隐藏对象按钮的创建

选择"编辑"→"操作类按钮"→"隐藏/显示"命令，根据课件演示的需要，通过单击按钮的方式显示和隐藏对象。

1. **创建显示\隐藏按钮**　选取"移动箭头"工具 ，按图 6-21 所示操作，创建"显示\隐藏"按钮 隐藏距离度量值 。

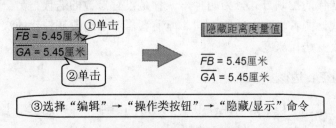

图 6-21　创建显示\隐藏按钮

2. 隐藏距离度量值　单击 隐藏距离度量值 按钮，隐藏度量值$\overline{FB}$ = 5.45厘米、$\overline{GA}$ = 5.45厘米的同时，隐藏距离度量值 按钮变成 显示距离度量值 按钮。

知识库

1. 调整几何对象位置

把鼠标指针移到所要移动的对象上，按住鼠标不放拖动，即可移动所选对象的位置。移动操作按钮时，则必须按图 6-22 所示操作。

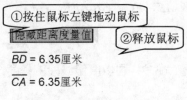

①按住鼠标左键拖动鼠标

隐藏距离度量值　②释放鼠标

$\overline{BD}$ = 6.35厘米

$\overline{CA}$ = 6.35厘米

图 6-22　移动操作按钮

2. 修改按钮标签

按钮的标签是系统自动生成的，在演示课件的过程中有时候并不符合情景，经常要教师根据要求修改按钮的标签，要修改按钮的标签按图 6-23 所示操作即可。

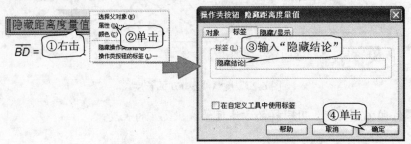

图 6-23　修改按钮的标签

6.2.3　迭代

迭代是几何画板中一个很有用的功能，它相当于程序设计的递归算法。通俗地讲，就是指一个初始对象(可以是数值、几何图形等)按一定的规则反复映射的过程。

几何画板中迭代的控制方式分为两种，一种是没有参数的迭代；另一种是带参数的迭代，称为深度迭代。两者没有本质的不同，但前者需要手动改变迭代的深度，后者可通过修改参数的值来改变迭代深度。

实例 3　绘制正 n 边形

本例要制作的课件是初中数学课件中正多边形的绘制，并在此基础上研究正多边形的性质。效果如图 6-24 所示。

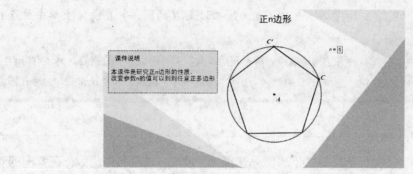

图 6-24　课件"绘制正 n 边形"效果图

通过本课件学习几何画板中的深度迭代功能，先构造迭代参数，利用旋转功能构造迭代的原象和初象，再通过设定迭代规则制作正 n 边形。

 跟我学

新建参数

几何画板中生成数据的方式有多种，常用的有两种：一种是选择"数据"→"新建参数"命令，构造新参数；另一种是在数轴上作点，再度量点的横坐标。

1. **新建参数**　选择"图表"→"新建参数"命令，弹出"新建参数"对话框，按图 6-25 所示操作，新建参数 $n=5$。

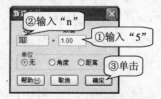

图 6-25　新建参数 $n=5$

2. **计算数值**　按图 6-26 所示操作，计算数值 $\frac{360°}{n}=72.00°$。

图 6-26　计算 $\frac{360°}{n}=72.00°$

3. **作圆** 选择"圆"工具 ⊙，作出以 A 点为圆心过点 B 的圆，并在圆 A 上单击画点 C。

> 几何画板中主要有两种方法构造圆：一种是利用"圆"工具作以一点为圆心，另一点为半径的圆；另一种是先作一点和一条线段，再选择"构造"→"以圆心和半径作圆"命令作圆。

旋转对象

旋转之前，必须先标记旋转中心，然后选择"变换"→"旋转"命令，在弹出的对话框中按要求设置。

1. **选取旋转中心** 双击点 A，点 A 闪烁两下，表示将点 A 标记为旋转中心。
2. **标记比** 单击计算值 $\frac{360°}{n}=72.00°$，选择"变换"→"标记角"命令，将 $\frac{360°}{n}=72.00°$ 标记为旋转角。
3. **旋转** 选择点 C，然后按图 6-27 所示操作，将点 C 逆时针旋转 72°得到点 C'，作线段 CC'。

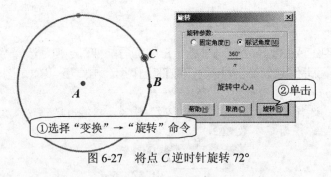

图 6-27　将点 C 逆时针旋转 72°

深度迭代

深度迭代是一种带参数的迭代，选取迭代对象和迭代参数后，按住 Shift 键，才能选择"变换"→"深度迭代"命令。

1. **作五边形** 分别选取点 C、参数值 $n=5$，按住 Shift 键，选择"变换"→"深度迭代"命令，弹出"迭代"对话框，按图 6-28 所示操作，作出五边形。

图 6-28　作五边形

2. **隐藏部分对象** 选择"显示"→"隐藏对象"命令，隐藏点 C、点 B。

知识库

迭代是几何画板中一个很有趣的功能，类似于程序设计的递归算法，一个初始对象(可以是数值、几何图形等)按一定的对应规则循环传递的过程。要掌握好迭代功能，必须明确几个概念：①原象：产生迭代序列的初始对象；②初象：原象经过一系列变换操作而得到的象；③迭代深度：迭代次数(带参数的迭代中的参数值)。

迭代分简单迭代和深度迭代两种：简单的迭代指的是在迭代过程中不需设置参数，是一种自相似过程；深度迭代时，首先要选中原象，弹出"迭代"对话框后，还要选择迭代的初象(目标)。

6.3　绘制立体几何图形

几何体的绘制相对来说比较复杂，需要考虑到如何去体现立体感，这其中包括了几何体的投影、虚线和实线的搭配、各个线条之间的位置关系等。在几何画板中，绘制出的几何体还可以根据需要进行不同角度的切换，比如说正视、斜视、俯视等，这样可以非常方便地展示几何体的空间感，有利于培养学生的空间想象能力。

6.3.1　绘制旋转体

在几何画板中，旋转体的构造是利用几何画板中最重要的命令"轨迹"命令实现的。使用"轨迹"命令不但可以绘制圆锥体、圆柱体、圆台，同时还可以绘制函数图像。

实例 4　圆锥的性质

本例内容是绘制圆锥体，进而研究圆锥体的性质，课件如图 6-29 所示。大家可以举一反三，用类似的方法绘制圆柱体、圆台等。

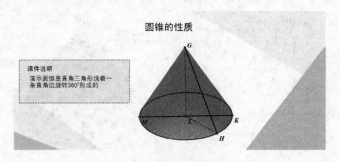

图 6-29　课件"圆锥的性质"效果图

本例的主要任务是学习如何构造轨迹，制作时首先画椭圆，然后在椭圆的基础上制作圆锥体。

跟我学

绘制椭圆

几何画板制作椭圆的方法有很多种,但都用到了"构造"→"轨迹"命令。

1. **新建文件** 运行"几何画板"软件,新建一个几何画板文件。
2. **作圆 C** 作出以点 C 为圆心经过点 A 的圆 C。
3. **作交点 E** 在圆 C 周上作点 D,过点 D 作线段 AB 的垂线交线段 AB 于点 E。
4. **作线段 DE 中点** 隐藏直线 DE,作线段 DE,再作线段 DE 的中点 F。
5. **作椭圆** 按图 6-30 所示操作,作椭圆。

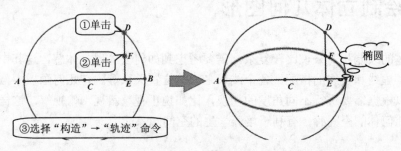

图 6-30　作椭圆

画圆锥体

圆锥是直角三角形绕着一条直角边旋转 360°形成的,底面的直观图是椭圆。

1. **隐藏部分对象** 隐藏圆 C、线段 DE,以及点 D、E、F。
2. **作垂线** 过点 C 作线段 AB 的垂线,在线段 AB 的垂线上作点 G。
3. **作母线** 在椭圆上作点 H,作线段 GH。
4. **作圆锥** 按图 6-31 所示操作,作圆锥。

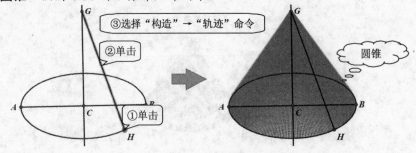

图 6-31　画圆锥

 知识库

所谓"轨迹"就是几何对象在运动过程中所留的痕迹,根据轨迹的定义,轨迹是在按照给定的条件下通过运动产生的。几何画板中的"显示"和"作图"菜单中都含有"轨迹"命令。可借助"显示"菜单中的"轨迹"命令来了解质点或对象的运动轨迹，并且通过"作图"菜单中的"轨迹"命令绘制出质点或对象的运动轨迹，化无形为有形，拓展学生的想象能力。

6.3.2　三维坐标系

"几何画板"软件可构建三维坐标系，并在三维坐标系的基础上画多种立体图形。使用它不但可画多面体，而且也可刻画立体感很强的曲面图形，并且实现了三维旋转，棱的虚实变换。

实例 5　可旋转的正方体

正方体是高中阶段非常重要的几何体之一，其性质非常丰富，本例内容是绘制可旋转的正方体，课件如图 6-32 所示。

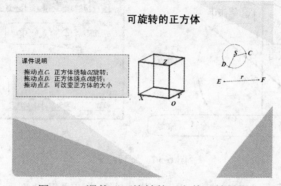

图 6-32　课件"可旋转的正方体"效果图

本课件首先制作三维坐标系，并自定义工具"三维坐标系"，然后利用该工具绘制可旋转的正方体。

 跟我学

> 构造三维坐标
>
> 三维坐标系的构造非常重要，在三维坐标系的基础上能构造可旋转的空间平面和立体图形，这一点对学习立体几何尤其重要。

1. **新建文件**　运行几何画板软件，新建一个几何画板文件。
2. **作圆 C_1**　作出线段 AB，作点 A 为圆心经过点 B 的圆 C_1。
3. **作点 C、D**　在圆 C_1 上作点 C、D，连接线段 AC、AD。
4. **作已知半径的圆**　作线段 EF，作点 G、绘制以点 G 为圆心、线段 EF 为半径的圆 $C2$。
5. **平移点 G**　按图 6-33 所示操作，将点 G 向上平移 1 厘米得到点 G'。

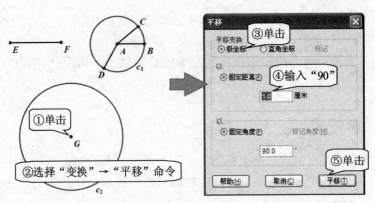

图 6-33　平移点 G

6. **作平行线**　过点 G、G'作直线 j 交圆 C_2 于 H 点，过点 G 作线段 AC 的平行线交圆 C_2 于 I 点。

7. **旋转点 I**　按图 6-34 所示操作，将点 I 逆时针旋转 90°得到点 I'。

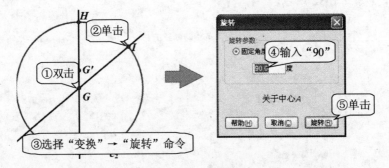

图 6-34　旋转点 I

8. **作直线 j 的垂线**　分别过点 I、I'作直线 j 的垂线，垂足分别是 J、K，连接线段 DE。

9. **作点 L、L'**　过点 G 作线段 AD 的平行线交圆 C_2 于 L 点，将点 L 逆时针旋转 90° 得到点 L'。

10. **作直线 j 的垂线**　分别过点 L、L'作直线 j 的垂线，垂足分别是 M、N。

11. **度量比值**　按图 6-35 所示操作，得到比值 $\frac{GM}{GH} = -0.87$。

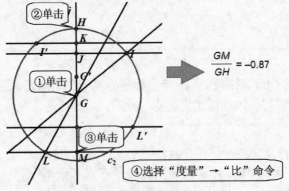

$$\frac{GM}{GH} = -0.87$$

图 6-35　度量比值

12. **缩放点 J**　按图 6-36 所示操作，将点 J 以 G 点为中心按比值 $\frac{GM}{GH} = -0.87$ 缩放得到点 J'。

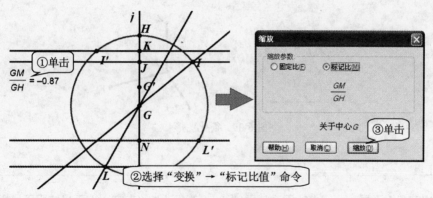

图 6-36　缩放点 J

13. **重命名标签**　按图 6-37 所示操作，将点 J' 的标签重命名为 $J1$。

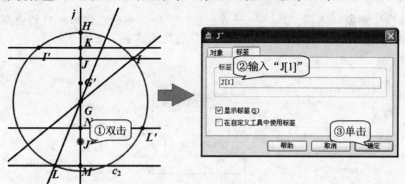

图 6-37　将点 J' 重命名为 J_1

14. **作点 J_2**　同样的方法度量比值 $\frac{GN}{GH} = -0.38$，并将点 J 以 G 点为中心按比值 $\frac{GN}{GH} = -0.38$ 缩放得到点 J'，将点 J' 的标签重命名为 J_2。

15. **作直线 j 的平行线**　分别过点 L、L' 作直线 j 的平行线 l、m，分别过点 J_1、J_2 作直线 j 的垂线 n、o，直线 l、n 交于点 O，直线 m、o 交于点 P，连接线段 GO、GP、GK。

16. **设置粗线**　按图 6-38 所示操作，将线段 GO、GP、GK 设置为粗线。

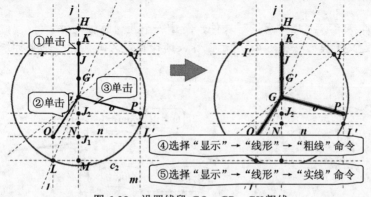

图 6-38　设置线段 GO、GP、GK 粗线

17. **简化图形**　隐藏部分对象并重命名部分对象的标签，最后效果图如图 6-39 所示。

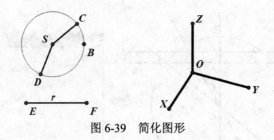

图 6-39　简化图形

　　"自定义"工具一个最大的用途就是创建自定义工具，"自定义"工具位于工具栏的最下面，一般情况下"自定义"工具不可用，只有在创建工具和查看课件的制作过程时才能使用。

1. **选择全体对象**　选择"编辑"→"全选"命令，选择当前画板中的全部对象。
2. **自定义工具**　按图 6-40 所示操作，制作自定义工具"三维坐标系"。

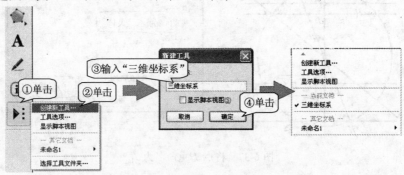

图 6-40　制作自定义工具"三维坐标系"

　　以三维坐标系为基础，利用缩放、平移变换命令就可构造常见的立体几何图形。

1. **新建文件**　运行"几何画板"软件，新建一个几何画板文件。
2. **选择自定义工具**　按图 6-41 所示操作，选择自定义工具"三维坐标系"，绘制三维坐标系。

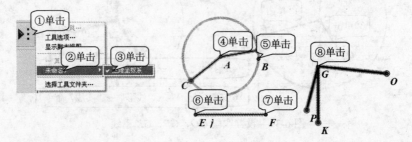

图 6-41　绘制"三维坐标系"

3. **作正方体**　将点 G、P、K，线段 GK、GP 按向量 GO 平移得到线段 OK'、OP'；连接线段 KK'，并将点 K' 标签重命名为 $K1$；将点 K、$K1$，线段 GK、GO、$OK1$、$KK1$ 按向量 GO 平移得到线段 PK'、PP'、$P'K1'$，效果如图 6-42 所示。

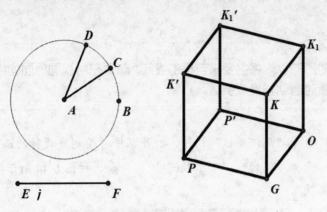

图 6-42　作正方体

6.3.3　棱的虚实

正方体在旋转过程中，棱的虚实若不能实现变化，则没有层次感、立体感不强，影响教学效果。

实例 6　绘制正方体的三视图

本例内容是绘制虚实变化的正方体，即随着正方体的位置的变化，棱的虚实也随着发生变化，课件效果如图 6-43 所示。

正方体的三视图

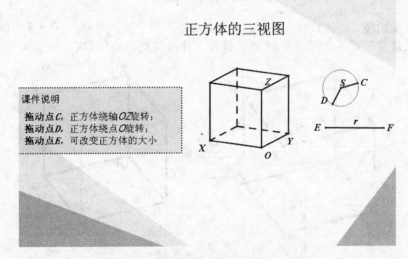

图 6-43　课件"正方体的三视图"效果图

本例的主要任务是在实例 5 的基础上学习自定义工具"棱的虚实"的应用。

跟我学

构造虚实变化的棱

　　立体几何图形的立体感主要来自棱的虚实，隐藏在可视面后面的线段是虚线，当它运转到可视位置时自动转换成实线。

1. **打开文件**　运行"几何画板"软件，打开课件"绘制可旋转的正方体"。

2. **设置参数**　选择"编辑"→"参数选项"命令，按图 6-44 所示操作，选择角度的单位为"弧度"。

图 6-44　设置弧度单位

3. **作虚实的棱**　隐藏线段 *GK*，选择工具栏中 ⬚ →"立几平台"→"多面体棱及表面线段虚实"工具，按图 6-45 所示操作，作虚实变化的棱 *GK*。

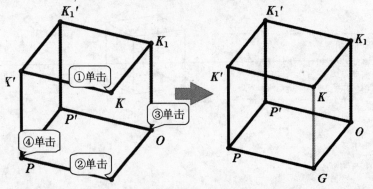

图 6-45　作虚实的棱

4. **作其他的棱**　用同样的方法作出正方体的其他 11 条棱。

知识库

使用"多面体棱及表面线段虚实"工具时，首先角度单位必须设置成弧度；其次在作虚实变化的棱的时候，四点的单击是有顺序的，即第一步面对几何体，第二步按上、下、右、左的顺序单击四点。

6.4　绘制函数图像

函数的概念、函数与图像的关系，在教学中是个难点，借助于几何画板，通过度量点的坐标，探索归纳函数图像上点的坐标与函数解析式的关系，激发学生的兴趣，从而突破这个难点。同时，还可以利用几何画板作出较为复杂的函数图像，探求新的规律。

6.4.1　绘制常用函数图像

绘制简单函数图像指的是绘制只有自变量和函数两个变量的函数的图像，绘制方法通常有两种：一种是建立函数解析式，选择"绘图"→"绘制新函数"命令；另一种是在 x 轴上任取一点，将该点的横坐标带入函数解析式，计算出相应的函数值，然后利用"轨迹"命令得到函数图像。

实例 7　绘制二次函数图像

本例内容是绘制固定系数的二次函数图像，课件如图 6-46 所示。二次函数图像是初高中一个非常关键的内容，二次函数与一元二次方程以及一元二次不等式紧密相关。

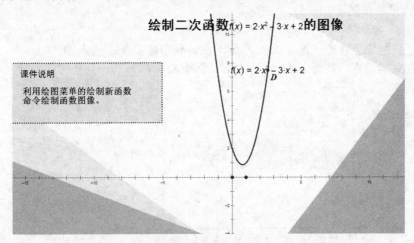

图 6-46　课件"绘制二次函数图像"效果图

本例的主要任务是学习"绘图"→"绘制新函数"命令的使用。

跟我学

绘制二次函数

固定系数的二次函数的图像做起来非常简单，若要修改系数，就必须打开"新建函数"对话框。

1. **新建文件** 运行"几何画板"软件，新建一个几何画板文件。
2. **绘制新函数** 选择"绘图"→"绘制新函数"命令，按图 6-47 所示操作，绘制二次函数 $y=2x^2-3x+2$ 的图像。

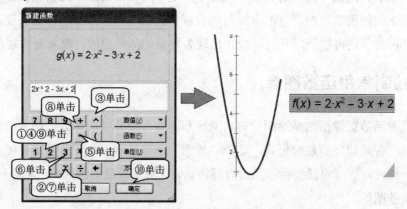

图 6-47　绘制二次函数 $f(x)=2x^2-3x+2$ 的函数图像

合并文本到点

在演示课件的时候，移动函数的图像，解析式不但要发生变化，同时其位置也随着图像的改变而改变。

1. **在函数图像上作点** 选择画点工具，在函数图像上单击作点 D。
2. **合并文本到点** 按图 6-48 所示操作，合并文本 $f(x)=2x^2-3x+2$ 到点 D 上。

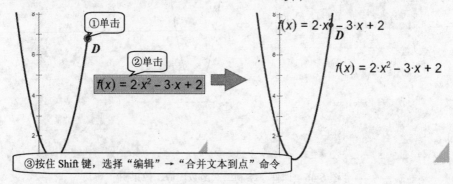

图 6-48　合并文本到点 D

6.4.2　绘制带参数函数图像

绘制带参数的函数图像指的是函数解析式除自变量和函数两个变量外，系数中含有其他的参数。参数主要有两种：一种是新建参数；另一种是度量值或计算值。

实例 8　绘制 $y=A\sin(\omega x+\phi)$ 图像

三角函数在物理和数学方面都有很重要的应用，函数 $y=A\sin(\omega x+\phi)$，A、ω、ϕ 分别表示物理学上波的振幅、频率、初相，借助于几何画板可以很容易地演示出参数 A、ω、ϕ 与波形的关系，课件如图 6-49 所示。

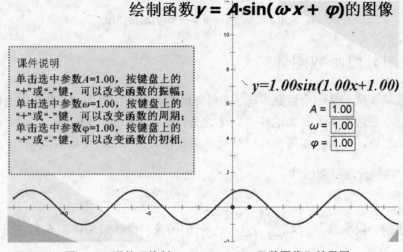

图 6-49　课件"绘制 $y=A\sin(\omega x+\phi)$ 函数图像"效果图

本例的主要任务是通过 $y=A\sin(\omega x+\phi)$ 图像的绘制，继续学习"绘图" → "绘制新函数"命令的使用。

 跟我学

> **绘制三角函数**
>
> 绘制带有参数的函数图像时，只需在输入参数的位置单击相应的参数或度量值即可。

1. **新建文件**　运行"几何画板"软件，新建一个几何画板文件。

2. **新建参数**　新建参数$\omega = \boxed{1.00}$、$\omega = \boxed{1.00}$、$\varphi = \boxed{1.00}$。

3. **绘制新函数**　选择"绘图" → "绘制新函数"命令，按图 6-50 所示操作，绘制 $y=A\sin(\omega x+\phi)$ 的函数图像。

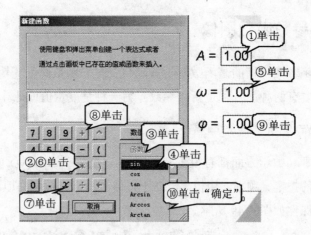

图 6-50　绘制 y=Asin(ωx+ φ)的函数图像

6.4.3　绘制分段函数图像

　　分段函数其本意上是一个函数，只是在每一段内其对应关系不同，在图像上任取一点，这一点应该能在各段图像上自由地移动。这才是真正意义上的分段函数，否则只能算是多个函数图像的拼凑。那么，如何在几何画板中实现真正意义上的分段函数呢？

　　实例 9　绘制分段函数图像

　　本例是绘制分段函数 $y = \begin{cases} x^2+1 & (x \le -2) \\ 2x-1 & (-2 < x \le 1) \\ x+1 & (x > 1) \end{cases}$ 的图像，课件效果如图 6-51 所示。

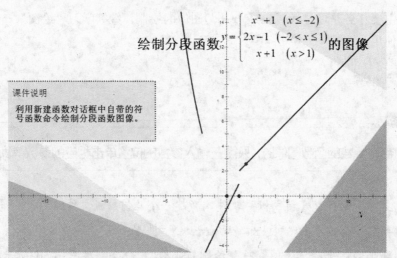

图 6-51　课件"绘制分段函数图像"效果图

利用符号函数 sgn(x)，构造控制分段函数的变量，使其在相应的区间段为零或不为零，达到分段的目的。

跟我学

构造控制变量

> 利用绝对值函数和符号函数构造控制变量，用一个解析式表示出分段函数。

1. **新建文件**　运行几何画板软件，新建一个几何画板文件。

2. **构造控制变量** m_1　选择"数据"→"新建函数" 命令，弹出"新建函数"对话框，按图 6-52 所示操作，构造变量 $m_1(x)=sgn(1+sgn(-2-x))$。

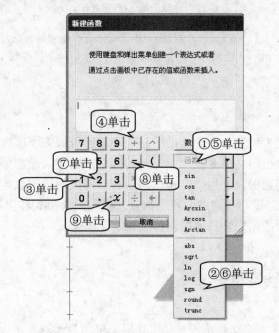

图 6-52　构造变量 $m_1(x)=sgn(1+sgn(-2-x))$

3. **构造控制变量** m_2、m_3　用同样的方法构造变量 $m_3(x)=sgn(1+sgn(x-1))\cdot sgn(|x-1|)$、$m_2(x)=sgn(1+sgn((x+2)\cdot(1-x))\cdot sgn(|x+2|))$。

绘制分段函数

> 在控制变量的基础上利用"绘制新函数"命令绘制出分段函数。

1. **计算分段函数**　选择"数据"→"新建函数" 命令，新建分段函数 $g_1(x)=x^2+1$、$n_1(x)=2\cdot x-1$、$q_1(x)=x+1$

2. **计算函数** $t_1(x)$　按图 6-53 所示操作，选择"数据"→"新建函数" 命令，计算函数 $t_1(x)=m_1(x)\cdot g_1(x)$。

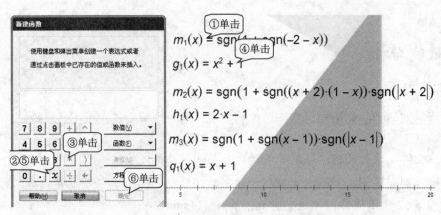

图 6-53　计算函数 $t_1(x)=m_1(x)\cdot g_1(x)$

3. **计算函数 $u_1(x)$、$v_1(x)$**　同样的方法计算函数 $u_1(x)=m_2(x)\cdot h_1(x)$、$v_1(x)=m_3(x)\cdot q_1(x)$。

4. **绘制分段函数**　选择"绘图"→"绘制新函数"命令,绘制函数 $w_1(x)=t_1(x)+u_1(x)+v_1(x)$ 的图像。

 知识库

分段函数的复杂性表现在两个方面:一是定义域被分成多个区间,二是在各个区间上的解析式又各不相同。仅用几何画板"绘制新函数"的功能来绘制分段函数的图像,是不能直接解决这两方面问题的。利用"0 构造法"和"降段"待定系数法,以及几何画板中内置的符号函数 sgn(x),可巧妙地把分段函数复杂多段的解析式转化为"一"个的解析式,从而就可以把分段函数的图像轻易地用几何画板绘制出来。

6.5　制作动画型课件

几何画板提供了强大的动画功能,几何画板画出的各类对象可以运动,这是它被称为"动态几何"的原因。要制作复杂的几何画板动画,必须先掌握一些简单动画的制作方法,这一节中将着重介绍如何利用几何画板制作一些基本的动画课件。

6.5.1　制作点到点移动动画

几何画板中的移动是点到点的移动,既可以沿直线运动,也可以沿曲线运动。与动画相似,也可以作出各种对象的移动,包括圆、线段、正方形等各种几何对象的移动;甚至可以在几何画板中插入各种图片,使得这些图片也像几何对象一样运动。

实例 10　棱台和棱锥

棱锥被平行于底面的一个平面所截后,截面和底面之间的部分叫做棱台,棱台的 4 条侧棱相交于一点,该课件反映了棱台与棱锥的关系,课件效果如图 6-54 所示。

棱台与棱锥

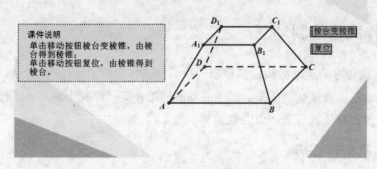

课件说明
单击移动按钮棱台变棱锥，由棱台得到棱锥；
单击移动按钮复位，由棱锥得到棱台。

图 6-54　课件"棱台和棱锥"效果图

本例的主要任务是学习"编辑"→"操作类按钮"→"移动"命令的使用。

 跟我学

绘制棱台

根据棱台的定义，画一个与棱锥底面平行的平面，截取一个小棱锥后得到棱台。

1. **运行文件**　运行"几何画板"软件，打开几何画板文件"棱台和棱锥"。
2. **绘制截面**　在线段 PA 上作点 $A1$，过点 $A1$ 作线段 AB、AD 的平行线交线段 PB、PD 于点 $B1$、点 $D1$，过点 $D1$ 作线段 CD 的平行线交线段 PC 于点 $C1$。

制作移动动画

制作移动按钮，实际是让几何对象沿矢量运动，因此必须有起点和终点。

1. **绘制移动按钮**　按图 6-55 所示操作，绘制移动按钮 棱台变棱锥 。

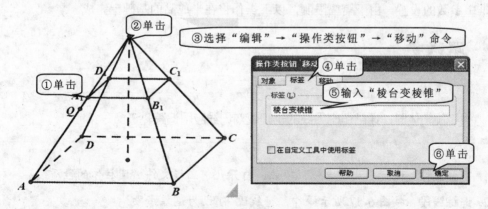

图 6-55　绘制移动按钮

2. 绘制移动按钮 复位 同样的方法，在线段 *PA* 上作点 *Q*，再绘制点 *A1* 到点 *Q* 的移动按钮 复位 。

6.5.2 制作路径控制动画

移动虽有比较好的运动效果，但移动一次后便需恢复到原位，而几何画板中的动画功能却能很生动地连续表现运动效果。简单的动画通常在某一路径上运动，路径可以是线段、射线、直线，也可以是圆或弧，以及轨迹等。

实例 11　圆柱体的性质

圆柱是长方形绕着它的一条边旋转一周得到的旋转体。本例绘制圆柱体，观察圆柱体的性质，课件效果如图 6-56 所示。

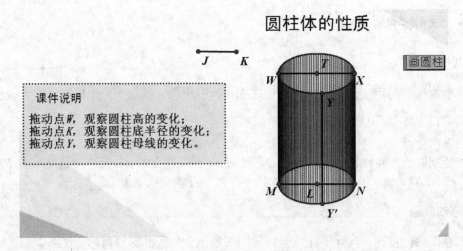

图 6-56　课件"圆柱体的性质"效果图

本例的主要任务是学习"编辑"→"操作类按钮"→"动画"命令的使用，以及动画对话框中参数的设置。由于篇幅限制，以下操作将在半成品的基础上完成。

 跟我学

绘制旋转体

> 绘制旋转体时，通常作出母线的轨迹或对母线应用追踪轨迹命令。

1. **打开文件**　运行"几何画板"软件，打开几何画板文件"圆柱体的性质"。

2. **追踪线段**　按图 6-57 所示操作，将线段 *YY'*设为追踪线段。

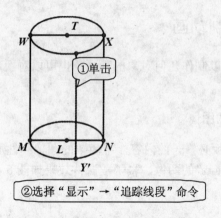

②选择"显示"→"追踪线段"命令

图 6-57 将线段 YY'设为追踪线段

3. **设置动画标签** 按图 6-58 所示操作，设置动画标签为"画圆柱"。

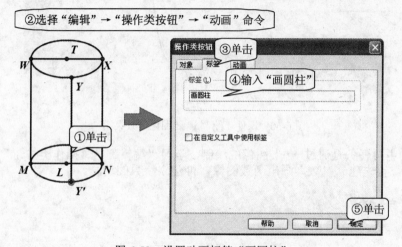

图 6-58 设置动画标签"画圆柱"

4. **设置动画路径** 按图 6-59 所示操作，设置动画路径和次数。

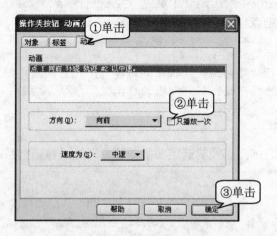

图 6-59 设置动画路径和次数

6.5.3 制作参数控制动画

制作动画时，不但可以制作几何对象的动画，也可以对新建参数制作动画，数字化控制集合对象的变化。

实例 12 绘制 $y=x^a$ 的图像

幂函数，是高中人教版必修一的内容，幂函数的图像和性质情形比较复杂，学生不易掌握，本例是绘制幂函数 $y=x^a$ 的图像，幂函数课件效果如图 6-60 所示。

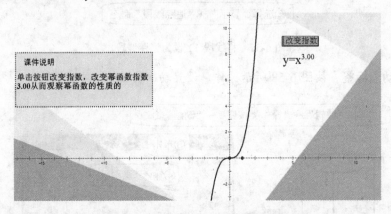

图 6-60 课件"绘制 $y=x^a$ 图像"效果图

本例的主要任务是通过 $y=x^a$ 图像的绘制，学习"编辑"→"操作类按钮"→"动画"命令的使用。首先建立参数，画出函数图像，再建立参数的动画。

 跟我学

绘制幂函数图像

幂函数的图像在高中阶段是一个难点，学生往往掌握不好幂函数的性质，通过几何画板作图可以突破难点。

1. **新建文件** 运行"几何画板"软件，新建一个几何画板文件，新建参数 $a = \boxed{2.00}$。
2. **绘制幂函数** 选择"绘图"→"绘制新函数"命令，绘制 $y=x^a$ 的函数图像。

制作参数的动画

制作参数动画之前，必须要选定参数对象，才能设置该参数的动画。

1. **设置参数动画** 选中参数 $a = \boxed{2.00}$，选择"编辑"→"操作类按钮"→"动画"命令，按图 6-61 所示操作，设置参数的动画按钮 改变指数。

图 6-61 设置动画按钮 改变指数

2. **显示文本工具栏** 选择"显示"→"显示文本工具栏" 命令,在状态栏上方显示文本工具栏。

3. **输入函数解析式** 选择"文字"工具 $\mathbf{A}$,按图 6-62 所示操作,输入函数解析式 $y+x^{2.00}$。

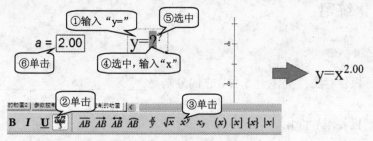

图 6-62 输入函数解析式 $y+x^{2.00}$

知识库

"几何画板"的运动按钮可以分为"动画"和"移动"两种。"动画"的运动方向可以分为向前、向后、双向、自由 4 种;速度又可以分为中速、慢速、快速和其他 4 种,并且在其后面的输入框中可以输入任意一个合适的数值,自定教师认为合适的速度。"移动"中的速度也可以分为慢速、中速、快速和高速 4 种。经过巧妙的组合后,所制作的图形都可以在各自的路径上以不同的速度和方向进行动画或移动,以产生良好、强大的动画效果;并且所度量的角度或线段的长度及其他的一些数值也可以随着运动而不断地发生变化,非常接近于实际,可以更好地达到数形结合。

6.6 小结和习题

6.6.1 本章小结

本章通过一些具体实例,从制作简单的课件开始,到深入研究几何画板如何绘制函数图像、制作交互性动画课件等几个方面，对课件制作的基本知识和操作技巧进行了系统介绍。本章需要掌握的主要内容如下。

- **几何画板基础知识**：了解几何画板的使用界面，掌握选择对象、移动对象、旋转对象、缩放对象、删除和恢复对象等方面的基本知识以及操作方法。
- **绘制平面几何图形**：学习简单的点、线的绘制方法，主要有文字的添加和设置、几何对象的隐藏和显示、迭代的使用方法等。
- **绘制立体几何图形**：熟练利用"轨迹"命令绘制旋转体，利用自定义工具创建工具"三维坐标系"，并学习棱的虚实工具的使用方法。
- **绘制函数图像**：介绍 3 种常用函数的图像绘制方法。
- **绘制动画型课件**：熟练利用"动画"和"移动"命令制作交互性动画课件，学会使用参数控制动画等等。

6.6.2　强化练习

一、填空题

1. 几何画板保存文件类型有 5 种，它们分别是_____、_____、_____、_____、_____。
2. 几何画板使用界面由_____、_____、_____、_____以及_____等部分组成
3. 在对几何对象进行移动、删除、复制等操作之前，必须要_____。
4. 在几何画板中，"文字"工具 **A** 的功能有_____、_____、_____、_____，_____。
5. 在几何画板中，旋转、缩放对象时必须先确定_____。

二、选择题

1. 下列不是"自定义"工具 ▶ 的功能是(　　)。
   A. 创建新工具　B. 调用自定义工具　C. 查看课件制作步骤　D. 显示文本工具栏
2. 在几何画板中，第二功能键是(　　)。
   A. Ctrl　　　　　　B. Shift　　　　　　C. Alt　　　　　　D. Ctrl+ Shift
3. 在圆 O 上画弧 AB 的步骤顺序是(　　)。
   ①选中圆 O　　②选中点 A　　③选中点 B
   A. ①②③　　　　B. ②③①　　　　C. ③①②　　　　D. ②①③
4. 在几何画板中粘贴图片时，图片不能被约束在(　　)。
   A. 一个点上　　B. 2 个点上　　C. 3 个点上　　D. 4 个点上
5. 自学别人制作的课件，其一般制作步骤是(　　)。
   ①选择自定义工具　　②显示脚本视图　　③选择所有对象　　④创建自定义工具
   A. ①②③④　　　　B. ②①④③　　　　C. ③①④②　　　　D. ②④①③

三、判断题

1. 几何画板中无法输入字符 γ、α、β。　　　　　（　　）
2. 几何画板误操作时，可按 Ctrl+Z 键撤销。　　（　　）
3. 制作多页面课件时，删除页面后是无法撤销的。（　　）
4. 几何画板只能绘制自然对数、常用对数函数图像。（　　）
5. 路径动画的动作路径只能在连续的曲线或直线上。（　　）

四、问答题

1. 简述几何画板隐藏对象有几种途径。
2. 使用几何画板如何制作多页面课件，并且通过按钮实现页面跳转功能？
3. 简述几何画板的迭代和深度迭代有何区别。
4. 使用几何画板如何制作系列按钮实现复杂的功能？
5. 如何输入几何画板本身没有自带的字符？

第 7 章

多媒体 CAI 课件制作综合实例

　　多媒体 CAI 课件的制作是一项赋有挑战性的工作，制作人员既要有严格的科学精神，又要有丰富的想象力。一个优秀的多媒体 CAI 课件应融教育性、科学性、艺术性、技术性于一体，这样才能最大限度地发挥学习者的潜能，强化教学效果，提高教学质量。多媒体 CAI 课件本质上也是一种计算机应用软件，其制作的过程大致可以分为四个步骤：选择课题，确定教学目标；研究教材，创作设计脚本；搜集素材，制作合成课件；修改调试，试用、鉴定、推广。

　　本章以语文课件"背影"的制作为例，详细介绍课件开发的完整流程，期待读者能举一反三，制作出更多能用于实际教学的课件。

本章内容：

- 编写课件脚本
- 准备课件素材
- 制作完成课件

7.1　编写课件脚本

课件脚本包含课件文字脚本和课件制作脚本，编写课件脚本的工作量很大，这个阶段需要考虑课件制作的所有细节问题，需要教学设计人员、课件制作人员的共同参与。正所谓"磨刀不误砍柴工"，做好这部分工作，将为后续课件的制作节省很多时间。

7.1.1　编写课件文字脚本

课件文字脚本就是按照教学过程，描述教学中每一环节的教学内容及其呈现方式的一种文本形式。通过文字脚本可以体现多媒体 CAI 课件的教学设计情况，文字脚本一般由学科教师编写，并由具有学术水平和教学经验的学科专家进行审查。编写文字脚本时，应根据主题的需要，按照教学内容的联系和教育对象的学习规律，对有关画面和声音材料分出轻重主次，合理地进行安排和组织，以便完善教学内容。

1. 课件文字脚本构成

多媒体 CAI 课件文字脚本的编写包括学习者的特征分析、教学目标的描述、知识结构的分析、学习模式的选择、学习环境与情境的创设、教学策略的制订、教学媒体的选择设计等内容。

通常情况下，编写多媒体 CAI 课件的文字脚本要包括以下内容。

- 序号：序号是用来安排脚本卡片序列的。文字脚本卡片的序列是根据教学内容的划分和教学策略的设计，并按教学过程的先后顺序来确定的。

- 课件的教学对象：说明课件的教学或使用是面向什么类型的学生(或教师)群体，使用该课件的学生需要具备怎样的认知结构和认知能力。

- 课件的功能与特点：说明课件在教学上的一些功能与作用，特别是那些在传统教学中无法解决，而通过多媒体技术可以解决的问题。此外，还要说明课件在设计与制作中比较突出的特色。

- 课件的使用方式：建议课件在教学应用时采取的方式，如教师课堂上辅助教学，学生课堂上自主学习，或者是学生课外阅读学习等。

- 内容：即某个知识点的内容或构成某个知识点的知识元素，或是与某知识内容相关的问题。一般以文字、图形、图像、动画、解说、效果声等作为知识内容，以问题和答案以及反馈信息作为练习与测试的内容。

- 媒体类型：媒体类型是教师根据教学内容和教学目标的需要，结合各种媒体信息的特点，合理地选择文本、图形、图像、动画、解说、效果声等各种媒体类型。

- 呈现方式：呈现方式主要是指每一个教学过程中，各种媒体信息出现的先后次序(如先呈现文字后呈现图像,还是先呈现图像后呈现文字,或者图像与文字同时呈现等)和每次调用的信息总数(如图形、文字、声音同时调用,或只调用图文,或只调用文字等)。

2. 课件"背影"文字脚本示例

文字脚本的基本框架和固定内容由课件制作者提供,设计的形式并非千篇一律;具体内容则主要由学科教师填写。一般文字脚本包括序号、内容、媒体类型、呈现方式。如果是练习或测试,则应该包括序号、题目内容(包括提问和答案)、反馈信息等。

(1) 文字脚本设计

课件"背影"的文字脚本示例如表 7-1 所示。

表 7-1 课件"背景"文字脚本

学　　科		使 用 对 象	设计/制作者	课　　题	课件用途
语　　文		八 年 级	方　舟	背　影	新课讲授
序　　号	内　　容		媒体类型	呈 现 方 式	
1	朱自清生平简介		图片、文字	图片与文字同时呈现	
2	朱自清主要作品介绍		文字	呈现文字	
3	预习测评		文字	呈现文字	
4	课文朗读欣赏		音频、文字	分段呈现文字,同时播放音频	
5	细读训练,阅读记录		文字	呈现文字	
6	段落划分及主要内容		文字、示意图	用示意图组织文字呈现	
7	深度思考、交流讨论		文字、示意图	用示意图组织文字呈现	
8	导学达标、迁移深入		文字	显示文字	
9	归纳小结、系统把握		文字	列表式文字呈现	
10	强化训练、随堂提高		文字	呈现习题文字	
11	课后训练		文字	呈现文字	

(2) 提炼课件栏目

在动手制作课件之前,一定要考虑好课件内部结构的设计问题,只有合理规划课件的栏目,才能使课件主题明确、层次清晰,否则会造成目录庞杂混乱。以下几点是在编排栏目时特别需要注意的:

● 根据教学需要从课件内容中提炼出栏目,栏目既要有独立性又要相互关联。

● 尽可能将最有价值的内容列在栏目上,各栏目的内容要围绕站点主题。

● 尽可能从使用者的角度来编排栏目目录,以方便使用。

在完成课件"背影"的教学设计后，紧接着就要根据教学内容和需要确定课件的知识结构。本例将课件分成作者介绍、预习测评、朗读欣赏、课文分析、课后训练等 5 个主栏目，在课文分析这一重点栏目上，又细分为阅读训练、段落层次、思考讨论、导学达标、归纳小结和强化训练等 6 个子栏目，这些栏目基本上涵盖了本课所需要的各方面的内容。

7.1.2　编写课件制作脚本

制作脚本一般是由教学设计人员根据学科教师编写好的文字脚本，按照课件开发的要求编写而成的，是在文字脚本的基础上创作的。它不是直接地、简单地将文字脚本形象化，而是在吃透了文字脚本的基础上，进一步地引申和发展。

1. 课件制作脚本的构成

多媒体 CAI 课件制作脚本一般包括 CI(标志、色彩、字体、标语)、版面布局、浏览方式、课件结构以及交互设计等内容，对于大型的多媒体 CAI 课件还要进行各主要模块的分析、链接关系的描述等。在设计制作脚本时，要尽量形成独特的课件"风格"，让使用者感受到个性化。通常情况下，编写多媒体 CAI 课件的制作脚本包括以下内容。

(1) 色彩、字体设计

课件给人的第一印象来自视觉冲击，不同的色彩搭配产生不同的效果，并可能影响到使用者的情绪。"标准色彩"是指能体现课件形象和延伸内涵的主要色彩，一般用于课件的标志、标题及主菜单，给人以整体统一的感觉。其他色彩虽然也可以使用，但只能作为标准色彩的点缀和衬托，绝不能喧宾夺主。一般来说，一个课件的标准色彩不超过 3 种，太多则会让人眼花缭乱。

课件字体是指用于标志、标题、主菜单的特有字体。一般课件制作时的默认字体是宋体。制作者可以根据自己课件所表达的内涵，选择更贴切的字体。需要说明的是：有些特殊的字体在制作者计算机中显示正常，可是如果使用者计算机里没有安装这些字体，那么辛苦的设计制作便可能付之东流了。这时要采用一些折中的办法来处理，比如把文字制作成图片等等。因此，建议课件中多选用"宋仿楷黑"等字体，因为这些字体在大多数计算机中文操作系统中，都是系统必备字体。

(2) 安排课件结构导航

课件的结构反映了课件中各部分教学内容是相互关联、前后融合的，为了使学生了解整个知识体系的全貌，安排课件结构要讲究分层次设置，使使用者或者学习者很容易把握课件的清晰结构。常见的课件结构模式有：顺序式、循环式、分支式、索引式(菜单等)、网状式等。

(3) 界面设计

界面是呈现在计算机显示器屏幕上，供学习者与多媒体 CAI 课件之间传递信息的媒介，它是多媒体 CAI 课件传递信息的窗口。多媒体 CAI 课件所传递的信息有两类：交互控制类信息和教学内容信息。控制类信息的表达方式有菜单、按钮、图标、热字、热区等，用户通过使用它们实现对课件的控制操作，例如查看前面内容、播放、退出。教学内容信息的表达方式有文本、图形、图像、活动影像、动画、声音等，主要用来呈现知识内容、演示说明、举例验证、显示问题等。以上这些构成了课件界面的组成要素，对界面的设计就是对这些要素的设计。

界面设计包括封面、导航、子页面的设计。课件中还常常制作导入页面，就如同书籍的前言一样，一方面对课件内容、功能做概要介绍，另一方面吸引使用者注意力。

2. 课件制作脚本的详细设计

制作脚本的设计形式也不是千篇一律的，下面从色彩、字体、课件结构导航和界面设计几个方面，设计编写课件"背影"的制作脚本。

(1) 色彩、字体设计

根据散文《背影》的意境，选择棕色复古的色调为课件基准色调，烘托课件淡淡的思念的氛围；采用棕、灰绿、黑白为标准颜色。以黑色或深棕色为正文文字颜色；课件的演示媒体为多媒体教室的投影，所以课件"背影"中的字体以黑体和楷体为主。

(2) 课件结构设计

课件"背影"的结构如图 7-1 所示。

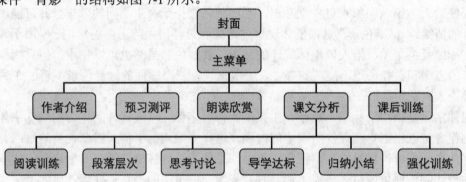

图 7-1　课件"背影"结构导航示意图

此课件主要是以教学展示为主、自主学习为辅，其学习过程及其控制的设计主要是通过课件的目录结构设计。使用者根据使用的需要，自由选择播放或学习的内容，实现自主使用，其流程主要由课件的系统结构和使用者进行控制。课件"背影"的交互方式采用菜单目录导航和图标按钮式交互，其设计如表 7-2 所示。

表 7-2　课件"背影"交互设计

序　号	功 能 名 称	动　　作	效　果
1	主菜单 — 作者介绍	单击，进入"作者介绍"内容	呈现
2	主菜单 — 预习评测	单击，进入"预习评测"内容	呈现
3	主菜单 — 朗读欣赏	单击，进入"朗读欣赏"内容	呈现
4	主菜单 — 课文分析	单击，进入"课文分析"内容	呈现

(续表)

序　号	功 能 名 称	动　作	效　果
5	课文分析 — 阅读训练	单击，进入"阅读训练"内容	呈现
6	课文分析 — 段落层次	单击，进入"语言特点"内容	呈现
7	课文分析 — 思考讨论	单击，进入"演示文稿"内容	呈现
8	课文分析 — 导学达标	单击，进入"习题精选"内容	呈现
9	课文分析 — 归纳小结	单击，进入"课外思考"内容	呈现
10	课文分析 — 强化训练	单击，进入"强化训练"内容	呈现
11	主菜单 — 课后训练	单击，进入"课后训练"内容	呈现
12	在每个课堂分析内容演示完后的返回"课堂分析"按钮	单击，返回"课文分析"子菜单	跳转
13	在主菜单的内容演示完后的返回"主菜单"的按钮	单击，返回"主菜单"子菜单	跳转
14	退出	单击，关闭本课件	结束

(3) 页面设计

最后进行课件的页面设计，页面设计是把课件的风格、版式与结构、内容完美结合的过程。页面设计除了版面美观大方、内容安排合理之外，还要考虑到课件的应用环境，比如在大屏幕投影上放映的课件，其配色、字体粗细、单页面上文字的量的安排等等，都是需要仔细考虑并试用的。

7.2　准备课件素材

多媒体素材是课件中用于表达一定思想的各种元素，它包括图形、动画、图像、文本、声视频等。根据上述编写的课件脚本，需要收集相应的文字、图片、声音和视频动画等素材，这些素材的取得可以通过多种途径，如利用扫描仪采集图像、利用动画制作软件生成动画、用话筒输入语音、或从各种多媒体素材光盘中取得。以下简单介绍一下通过网络获取部分素材的过程。

7.2.1　准备文字图片素材

文字、图片素材的准备方法有很多，但通常都是通过网络搜索相应的素材，下面以网络收集为例，介绍课件"背影"文字和图片素材的准备。

跟我学

下载素材图片

利用搜索引擎的图片搜索功能,可以方便地搜索各种图片素材。找到需要的图片后,利用图片保存功能将其下载到素材文件夹中。

1. **搜索图片** 登录"百度"网站 http://www.baidu.com,按图 7-2 所示操作,以"朱自清"为关键词搜索"背影"图片素材。

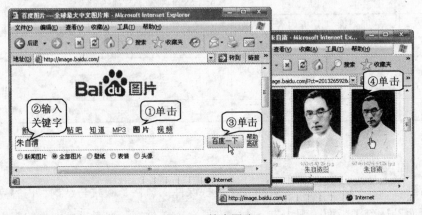

图 7-2 搜索图片

2. **保存图片** 按图 7-3 所示操作,将图片以"朱自清"为文件名,下载到课件素材存放的文件夹中。

图 7-3 下载图片素材

网上下载文本

利用网络查找到课件中所需的文字内容,可以利用复制、粘贴功能把它们粘贴到记事本或文字处理软件中,以备后用。

1. **搜索文字** 按图 7-4 所示操作，搜索课件"背影"所需文字素材并复制下来。

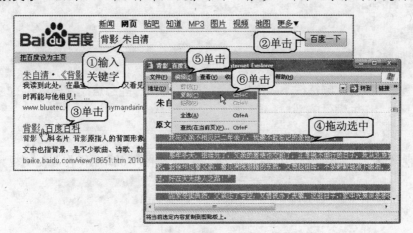

图 7-4 准备课件"背影"文字素材

2. **粘贴文字** 选择"开始"→"所有程序"→"附件"→"记事本"程序，按图 7-5 所示操作，将文字粘贴到"记事本"中。

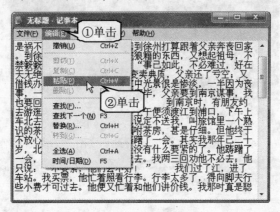

图 7-5 粘贴文字素材

3. **保存文字** 选择"文件"→"保存"命令，将"背影"全文以"背影"为名保存到素材文件夹中。

7.2.2 准备音频视频素材

课件音视频素材的准备，可以自己制作，也可以从其他渠道获取。但为了节省时间，很多时候都是从网上下载。在网上获取音频素材和处理音频素材的内容参看本书第 2 章的相关内容。

对于视频素材，因特网上许多在线视频网站中都有丰富的视频资源，这些资源的下载用普通的方法是不行的，除了第 2 章介绍的专门嗅探软件之外，还有一些在线视频下载地址分析的网站，可以更方便地下载视频。下载的视频，如果格式不能使用，需要通过一些专门的视频转换软件进行转换。

跟我学

网上下载视频

  网上能播放的视频往往不能直接下载，必须通过一些方法找到其真实的地址，才能够下载下来，作为课件的素材。

1. **复制视频网址** 利用搜索引擎找到视频网址，按图 7-6 所示操作，复制视频网址。

图 7-6 复制视频网址

2. **粘贴到分析网站** 打开 www.flvcd.com 网站，按图 7-7 所示操作，准备分析下载地址。

图 7-7 视频分析网站

  在网络上，提供在线视频下载真实地址分析的网站很多，Flvcd 是其中较好的一个，它能支持近 80 个视频网站的视频地址分析。

3. 提取分析结果　按图 7-8 所示操作，利用"复制快捷方式"命令，复制下载地址。

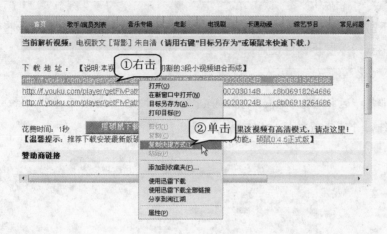

图 7-8　提取地址

由于在线播放的速度要求，大多数在线视频最终分析出来的地址，可能有多条，即一个视频被拆分为多个视频，下载时要将它们都下载下来。

4. 下载视频　打开"迅雷"下载软件，按图 7-9 所示操作，新建一下载任务，下载该视频。

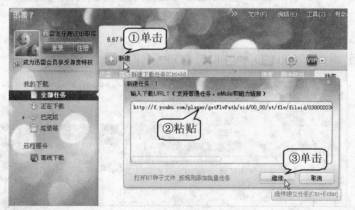

图 7-9　下载视频文件

如果"迅雷"不能下载，可以在前面下载地址上右击，利用"目标另存为"命令下载，或者利用 Flvcd 网站提供的"硕鼠"等其他下载软件下载。

5. 完成视频下载　用类似的方法，下载完所有视频片段，完成所需视频素材的下载。

转换视频格式

　　网上下载的视频有时不能直接使用在课件制作软件中,这可以通过一些专门软件来转换视频格式,以便于课件使用。

1. **转换准备**　运行 Total Video Converter 软件,按图 7-10 所示操作,导入需转换的视频文件,并选择好转换后的格式。

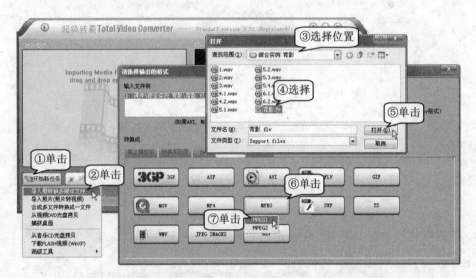

图 7-10　导入 FLV 文件

2. **完成转换**　按图 7-11 所示操作,将视频文件转换成所需的格式。

图 7-11　转换文件

7.3　制作发布课件

多媒体 CAI 课件最核心的环节是制作合成,其主要任务是根据脚本的要求和意图设计,将文字、图片、声音、视频等各种多媒体素材合成起来,制作成交互性强、操作灵活、视听效果好的 CAI 课件。现在很多多媒体编辑软件的使用越来越简单易学,为教师亲自动手制作课件提供了前提。本书前面章节详细介绍了这些软件的使用方法,下面以 PowerPoint 2007 为例,介绍"背影"课件的合成制作过程。

7.3.1　课件制作分析

《背影》是散文大家朱自清的作品,是中学语文教学中涉及到的最经典的散文名篇之一。在散文的课堂教学中,往往要先营造一种贴切散文文章内容的氛围,以便学生能真切地体会作者的创作意境,更深入地理解文章。而这正是多媒体课件的特长。因此,在设计制作散文课件时,应充分调动各种多媒体手段来营造气氛,使学生尽快进入意境。

本例课件的效果如图 7-12 所示,课件首先显示一个标题画面,接着显示目录幻灯片,其中设计了 5 个菜单项,鼠标指针移动到任意一个菜单项位置则该菜单高亮显示,单击则可以跳转到相应的部分。

由于篇幅原因,本例仅介绍部分幻灯片的制作方法和要点,以及课件的整体设计和控制技巧,其他部分的制作方法,请参看前面相关章节自行完成。

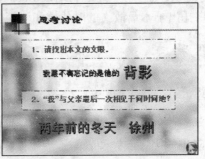

图 7-12　课件"背影"效果图

本课件的幻灯片张数比较多,共 35 张,课件结构也比较复杂,为了帮助读者了解课件全貌，根据前面的课件结构设计，绘制了图 7-13 所示的课件结构和幻灯片的关系，其中每个框下面有数字，表示这部分内容在课件中是用哪几张幻灯片来展示完成的。

从结构图中可看出，此课件有 2 层菜单，主菜单下有 5 个菜单项，而其中"课文分析"下又有 6 个二级子菜单。其实在"思考讨论"与"导学达标"中还有三级菜单，限于篇幅原因，结构图示中没有列出。在 PowerPoint 中，是如何完成这种相对复杂的课件结构，请读者结合示范课件细细体味。

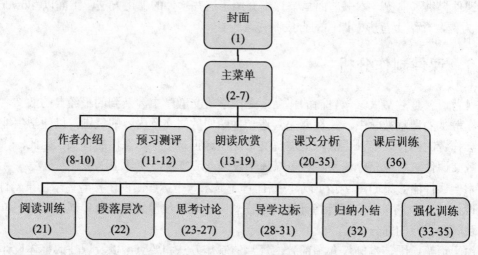

图 7-13　课件"背影"结构

关于具体的制作技巧，本课件的弹出式"目录菜单"设计有其独特之处，它的原理是先制作好每个菜单项的幻灯片，再利用"动作设置"中的"鼠标移过"选项卡，来设置超链接，根据鼠标指针的位置跳转到相应的菜单项幻灯片，就实现了菜单弹出的效果。

7.3.2　制作课件封面

"背影"课件的封面设计十分贴合课件的整体氛围，其用棕色的模糊的古式民居做幻灯片的背景，用八角形的外框衬托课题，课题选用"汉鼎繁行书"字体，再配以"神秘园"钢琴曲，烘托出了本篇散文的时代感和淡淡的哀愁思绪。

 跟我学

制作封面背景

　　利用复古的图片制作的背景，可以烘托课件的气氛。为了保证背景不干扰文字，背景图片应事先用图像处理软件做虚化模糊处理。

1. 创建课件　运行 PowerPoint 2007 软件，新建一张"空白"版式的幻灯片。

PowerPoint 软件的基本操作和制作技巧，在第 3 章已经做了详细介绍，如果您本例中的操作有疑问，请参看前面相关章节的内容。

2. **设置图片背景**　在幻灯片的空白处右击，再按图 7-14 所示操作，为幻灯片设置"老照片 1"图片背景。

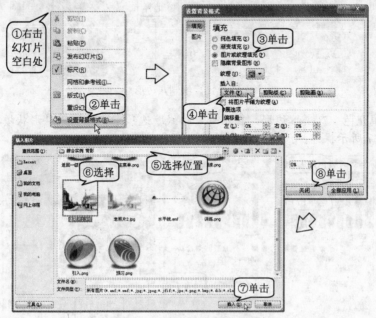

图 7-14　设置封面幻灯片背景

制作课题

　　课题的制作也要贴合课件氛围，八角形的外框设计以及课题字体的选择，都很好地体现了这一点。

1. **设置主题**　按图 7-15 所示操作，将课件主题设置为棕黄色主色调的"跋涉"主题。

图 7-15　设置课件主题

2. **绘制八边形**　在"开始"选项卡的"绘图"按钮区中，按图 7-16 所示操作，在封面幻灯片的右边绘制一个八边形。

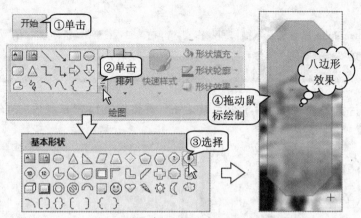

图 7-16　绘制八边形

3. **设置填充色**　双击八边形，在顶部"格式"选项卡中，利用"形状填充"功能，按图 7-17 所示操作，设置八边形的填充颜色为 50%透明的淡棕色。

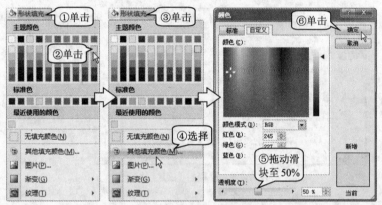

图 7-17　设置填充颜色

4. **设置边框线型**　在顶部"格式"选项卡中，利用"形状轮廓"按钮，按图 7-18 所示操作，设置八边形边框为外粗内细的线型。

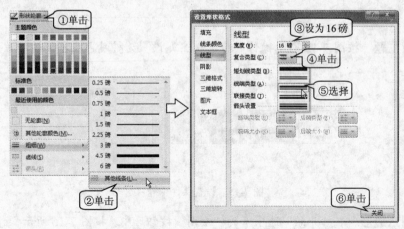

图 7-18　设置形状轮廓线型

5. **设置形状效果**　在顶部"格式"选项卡中，利用"形状效果"按钮，按图 7-19 所示操作，为八边形设置发光和柔化边缘效果。

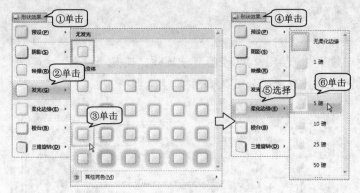

图 7-19　设置形状效果

6. **添加文字**　按图 7-20 所示操作，在八边形中添加"背影"文字。

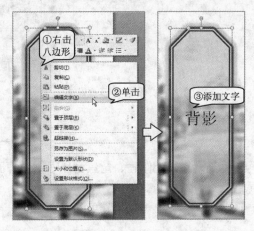

图 7-20　添加文字

7. **设置文字效果 1**　按图 7-21 所示操作，先为"背影"文字设置"白色投影"的快速效果，再设置字体为"汉鼎繁行书"、增大字号为 138，文字颜色为深褐色。

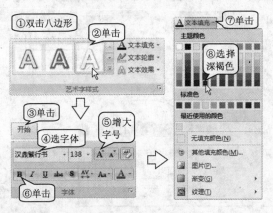

图 7-21　设置文字效果 1

在图中，要先设置"白色投影"快速样式，再设置"加粗"效果，因为"白色投影"样式默认设置是不加粗文字的。

8. **设置文字效果 2** 按图 7-22 左图所示操作，设置"背影"文字为"艺术装饰"棱台效果，最后八边形文字的效果如图 7-22 右图所示。

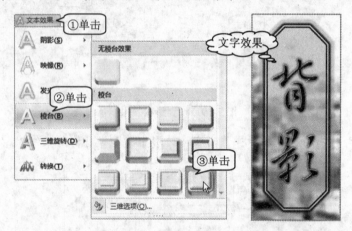

图 7-22 设置文字效果 2

完成封面幻灯片

根据需要，制作其他相关元素，如作者、背景音乐等等。有时，也常常需要添加课文的学段或出版社等信息。

1. **制作作者文本框** 用上述类似的方法，制作作者"朱自清"艺术字，设置好字体、字号、文字颜色，并为文本框设置合适的颜色或棱台效果。

2. **插入背景音乐** 单击"插入"选项卡，按图 7-23 所示操作，在封面幻灯片中插入"背景音乐.mid"声音，设置为一放映幻灯片则自动播放声音。

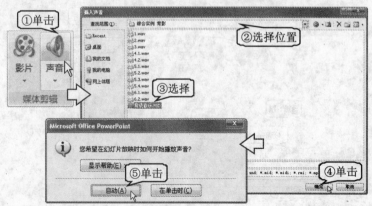

图 7-23 插入背景音乐

3. **保存课件**　单击 Office 顶部的"保存"按钮 ，将课件以"背影"为名保存。

7.3.3　制作课件目录

目录导航是一个课件和使用者交互的最主要、最核心的交流界面，导航设计的合理、有效，可以极大地方便使用，也可以更合理、更有效地展现课件的内在逻辑结构，帮助使用者理解课件所表达的教学内容。

> **制作扁形艺术字**
>
> 在 PowerPoint 2007 中, 扁形或竖长形艺术字已经不能通过改变边框形状来制作了, 这可以通过将艺术字转换成图片来制作。

1. **新增幻灯片**　选择"开始"选项卡，利用"新建幻灯片"按钮新增一张幻灯片，按图 7-14 所示的方法，给幻灯片添加"老照片 1"图片背景。
2. **绘制矩形**　在"开始"选项卡的"绘图"区中选择"矩形"按钮 ，在幻灯片上绘制一个矩形，其大小和整张幻灯片一样大，设置矩形的形状轮廓为无轮廓。
3. **设置填充颜色**　保持矩形被选中状态，在"绘图"工具栏上按图 7-24 所示操作，将矩形设置成透明度为 40% 的褐色。

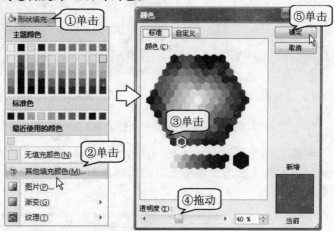

图 7-24　设置矩形的颜色

> 将矩形设置成透明褐色的目的是，使"老照片 1"图片看起来更加像旧照片的效果，进一步烘托课件的气氛。

4. **插入艺术字**　在幻灯片上插入"背影"艺术字，设置好艺术字边框线、填充色、发光效果和阴影效果，效果如图 7-25(a)所示。
5. **转存图片**　按图 7-25(b)所示操作，将"背影"艺术字转存为图片。
6. **插入图片**　按图 7-25(c)所示操作，将"背影"艺术字图片重新插入到幻灯片中，插入的效果如图 7-25(d)所示，观察控制点位置可知，周围有很大的透明空白区域。

7. 删除原艺术字　将原来的"背影"艺术字删除。

将艺术字转换成图片，然后重新插入幻灯片中，就可以通过调整其高度和宽度来实现扁形或竖长形的文字效果了。其他对象也可以做类似操作。

(a) 插入艺术字

(b) 将艺术字存为图片

(c) 插入图片文字

(d) 插入的图片

图 7-25　将艺术字转为图片插入

8. 裁剪图片　按图 7-26 所示操作，先用"裁剪"工具将"背影"图片的空白区域裁剪掉，再切换到图片选中状态，调整上下的尺寸控制点，将其移到幻灯片的上方，制作完成扁形文字。

图 7-26　裁剪图片

制作导航图标

利用插入图片的功能，在幻灯片上插入小图片作为导航图标，适当调整大小，并利用对齐功能快速对齐。

1. **插入导航图片**　选择"插入"选项卡，单击"图片"工具按钮，弹出"插入图片"对话框，按图 7-27 所示操作，插入"引入"图片。用类似的方法，依次插入"预习"、"朗读"、"分析"、"训练"图片。

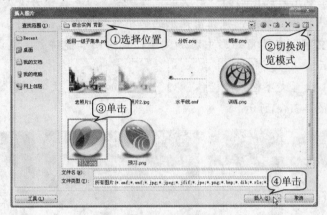

图 7-27　插入图片

2. **设置图片大小**　按住 Shift 键不放，依次单击 5 个按钮图片，同时选中它们。双击其中任意一个图片，按图 7-28 所示操作，设置 5 个图片的高度、宽度均为"1.5 厘米"。

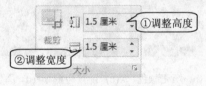

图 7-28　设置图片大小

3. **快速对齐图片**　分别调整好 5 个按钮的位置，再利用 Shift 键同时选中 5 个按钮，按图 7-29 所示操作，将按钮"对齐"和"横向分布"。

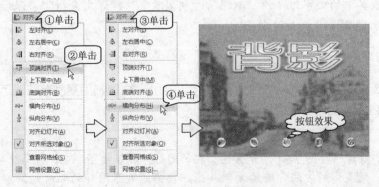

图 7-29　将 5 个图片"对齐"和"横向分布"

制作导航按钮

利用圆角矩形制作导航目录按钮，由于各个导航按钮除文字外，外观一样，因此可以采用先制作好一个，再复制粘贴的方法来快速制作。

1. **绘制按钮**　在"开始"选项卡的"绘图"功能区，选择"圆角矩形"工具▭，在幻灯片上绘制一个竖长形的圆角矩形，作为按钮，如图 7-30(a)所示。
2. **修饰按钮**　利用自选图形的"形状填充"功能，填充按钮为淡灰色，如图 7-30(b)；利用"形状轮廓"功能，将圆角矩形的边框线型及颜色设置好，如图 7-30(c)所示。
3. **添加按钮文字**　在圆角矩形中添加文字，利用回车键将文字换成竖排模式，如图 7-30(d)所示。
4. **修饰文字**　设置文字格式：楷体、32 号字、加粗 **B**、文字阴影 **S**、棕色文字，最后效果如图 7-30(e)所示。

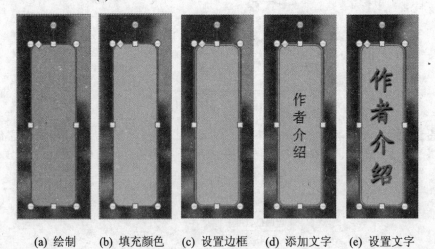

(a) 绘制　　(b) 填充颜色　　(c) 设置边框　　(d) 添加文字　　(e) 设置文字

图 7-30　制作圆角矩形

5. **复制制作按钮**　将"作者介绍"按钮复制 4 份，分别放在几个导航图标上方，再分别修改其中的文字为"预习测评"、"朗读欣赏"、"课文分析"、"课后训练"，效果如图 7-12 第 2 张幻灯片所示。

制作菜单幻灯片

菜单幻灯片由一组内容大致相同的幻灯片组成，可以利用复制粘贴的方法来快速制作仅部分内容有变化的幻灯片。

1. **复制幻灯片**　按图 7-31 所示方法，在"幻灯片浏览视图"下，将第 2 张幻灯片复制一份。用类似的方法，继续复制 4 张，共得到 6 张同样的幻灯片。

图 7-31　复制幻灯片

2. **设置发光按钮效果**　双击复制的第 3 张幻灯片，进入第 3 张幻灯片的编辑状态，按图 7-32 所示步骤操作，把"作者介绍"按钮设置成发光的亮按钮，用以模拟鼠标指针指向该按钮后的发亮效果。

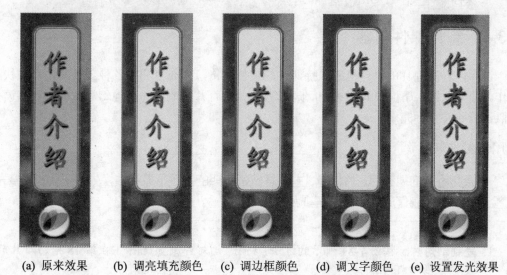

(a) 原来效果　　(b) 调亮填充颜色　　(c) 调边框颜色　　(d) 调文字颜色　　(e) 设置发光效果

图 7-32　制作鼠标指针悬停时的按钮效果

3. **快速复制按钮格式**　按图 7-33 所示操作，在第 3 张幻灯片上选中"作者介绍"文本框，利用"格式刷"工具，将按钮的样式复制到第 4 张幻灯片的"预习测评"文本框上。

双击"格式刷"按钮后，格式可以多次复制到其他对象上，如果仅仅需要使用一次格式，只需单击"格式刷"按钮即可。

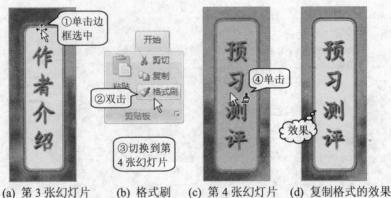

(a) 第 3 张幻灯片　(b) 格式刷　(c) 第 4 张幻灯片　(d) 复制格式的效果

图 7-33　利用"格式刷"工具复制格式

4. **快速复制按钮格式**　继续将格式分别复制到第 5 张的"朗读欣赏"、第 6 张的"课文分析"、第 7 张的"课后训练"文本框上,完成 6 张目录幻灯片的制作,最后单击"格式刷"按钮,取消复制格式状态。

5. **保存课件**　单击 Office 顶部的"保存"按钮 🖫,保存修改的结果。

7.3.4　制作课件内容

课件内容幻灯片的设计也应保持课件的整体风格,并充分利用各种工具和技巧来快速制作。篇幅原因,下面仅介绍第 19 张和第 24 张幻灯片的制作,其他幻灯片的制作请读者参照示范课件自行完成。

制作视频幻灯片

> 课文朗读的视频幻灯片制作,主要是做好前期的视频下载和转换处理工作,要事先检查一下课件制作软件支持哪些视频格式。

1. **复制幻灯片**　按图 7-31 所示的方法,利用"幻灯片浏览视图",在第 18 张幻灯片后,复制一张幻灯片。

2. **清理修改对象**　按图 7-34 所示步骤操作,先删除复制幻灯片上多余的对象,再修改八边形中的文字内容以及字体、字号和位置等。

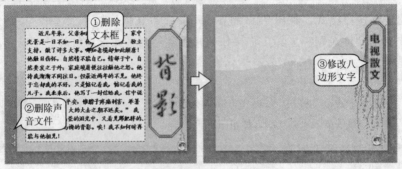

图 7-34　利用"格式刷"复制格式

3. **插入影片**　选择"插入"选项卡，单击"影片"按钮，在弹出的"插入影片"对话框中按图 7-35 所示操作，插入"背影.wmv"影片，并选择"单击后播放"。

图 7-35　插入影片

4. **修饰影片样式**　选中影片，按图 7-36 所示操作，给影片加一个白色的简单框架样式。

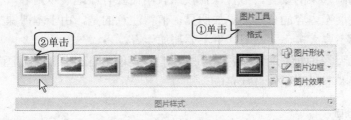

图 7-36　设置影片边框样式

5. **保存课件**　单击 Office 顶部的"保存"按钮🖫，保存修改的结果。

制作文字幻灯片

　　在 PowerPoint 2007 中，以文字为主的幻灯片主要是用艺术字或文本框工具来制作，重点是文字的颜色、字号、字体等选择要合理。

---

1. **添加背景**　单击 24 张幻灯片，利用前面介绍的方法，选择"老照片 2"图片为背景。
2. **插入水平线**　利用"插入"选项卡上的"图片"工具按钮，在幻灯片的上部插入"水平线"图片，适当调整其大小和位置。
3. **插入文字**　利用"文本框"工具🖾，在幻灯片上制作多个文本框，并输入相应的文字，如图 7-37(a)所示。
4. **设置文字格式**　根据教学需要，设置好文字的格式：标题用隶书，其他文本框是黑体；突出的部分字号大一些；设置突出的文字颜色(如红色)，效果如图 7-37(b)所示。
5. **设置问题文字**　为两个问题文本框填充透明度为 20%的"白色"，并将边框线设置为"长划线-点-点"边框线型。
6. **制作返回按钮**　利用"插入"选项卡上的"图片"工具按钮，在幻灯片右下角插入"返回二级子菜单"图片，将其大小调整为 1.5，制作好的第 24 张幻灯片如图 7-37(c)所示。

(a) 制作文本框　　　　　(b) 设置文字格式　　　　　(c) 成品效果图

图 7-37　第 24 张幻灯片的制作过程

7. **保存课件**　单击 Office 顶部的"保存"按钮 🖫，保存修改的结果。

7.3.5　设置动画效果

通过课件动画效果的设置，可使课件按照教学需要有序地展示内容，一来课件更加生动形象，二来使展示内容的条理性更加明显。值得注意的是，由于本课课文的意境要求，建议自定义动画不要太多、太花哨，更不要乱加伴音。

限于篇幅原因，下面仅介绍第 1 张封面幻灯片和第 13 张幻灯片的动画设置，其他幻灯片的效果请读者参照示范课件自行完成。

> **设置封面动画**
>
> 　　封面动画先播放"秘密花园"的音乐，然后课题从左边缓慢移入画面，直到右侧停止，最后出现作者信息。

1. **插入背景音乐**　切换到封面幻灯片，选择"插入"选项卡中的"声音"工具按钮，弹出"插入声音"对话框，插入"背景音乐.mid"声音作为背景音乐。
2. **设置声音选项**　在选择是否自动播放时，按图 7-38 所示操作，选择幻灯片一放映就"自动"播放该声音，并设置相关声音属性。

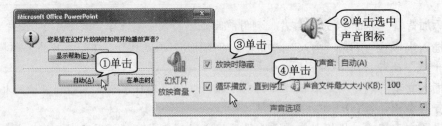

图 7-38　插入声音并设置声音选项

3. **打开"自定义动画"窗格**　单击"动画"选项卡，再单击下面的 自定义动画 按钮，打开右边的"自定义动画"窗格。
4. **插入自定义动画**　单击选中"背影"组合对象，在"自定义动画"任务窗格中按图 7-39(a)所示操作，设置标题艺术字为"飞入"动画效果，将动画方向改为"自左侧"。
5. **设置动画效果选项**　在"自定义动画"任务窗格中，双击"背影"的动画名称，弹出"飞入"对话框，按图 7-39(b)所示操作，使之在背景音乐播放时，以极缓慢的速度自左侧飞入，整个飞入过程历时 20 秒。

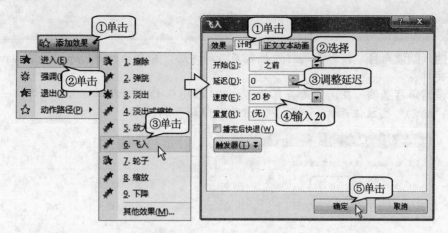

(a) 选择"飞入"自定义动画效果　　　　(b) 设置"飞入"动画的选项

图 7-39　设置自定义动画

6. **设置文本框动画**　用类似的方法，为"朱自清"文本框设置相似的效果，使其在"背影"出现后自动出现。

7. **保存课件**　单击 Office 顶部的"保存"按钮 🖫，保存修改的结果。

设置朗读幻灯片效果

　　第 13 至 18 张幻灯片，是朗读欣赏的幻灯片，可以通过自定义动画的设置，连续地播放这几张幻灯片，完成自动朗读欣赏的效果。

1. **设置文字动画**　切换到第 13 张幻灯片，选中课文文字文本框，按图 7-40 所示操作，为其设置"淡出"动画，并设置"开始"参数为"之前"。

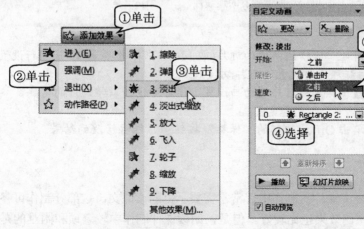

(a) 设置"渐变"动画　　　　　(b) 设置播放属性

图 7-40　设置文本框的渐入动画

"之前"的开始参数，是让本动画和前一动画一起播放，如果前面没有任何动画对象，则与本张幻灯片同时播放。

2. **插入朗读声音**　按封面幻灯片插入声音的方法，分别插入"1.wav"、"2.wav"声音文件。

3. **设置声音选项**　在选择是否自动播放时，按图 7-41 所示操作，选择幻灯片一放映就"自动"播放该声音，并设置"放映时隐藏"属性。

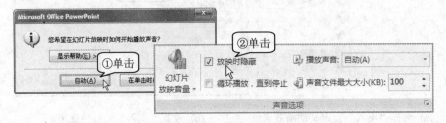

图 7-41　插入声音并设置声音选项

4. **设置声音开始选项**　按图 7-40(b)所示操作，设置"1.wav"声音为"之前"开始。

5. **设置切换效果**　选择"动画"选项卡，在功能区右边的"换片方式"中选中"在此之后自动设置动画效果"选项，时间取默认的 0 秒，如图 7-42 所示。

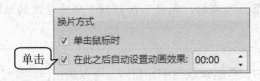

图 7-42　设置幻灯片切换效果

这样设置切换效果，可以使两个朗读的声音播放完毕之后，自动切换到下一张幻灯片，继续朗读，以保证朗读欣赏的连续性。

6. **设置后续幻灯片**　后续的朗读幻灯片(第 14~18 张)，参照第 13 张进行设置即可，只是第 18 张幻灯片不要设置幻灯片切换效果。

7. **其他动画设置**　其他幻灯片的动画设置，读者可根据教学设计的需要，参考示范课件自行设置。

8. **保存课件**　单击 Office 顶部的"保存"按钮，保存修改的结果。

知识库

在 PowerPoint 语文课件的制作中，常常需要示范朗读课文，这部分制作可参照本例的制作完成，实际使用的效果也比较好。但是，朗读课件制作中较繁琐和困难的是声音素材的搜集、整理和加工处理。

原始声音可在因特网上搜索，也可利用录音磁带转录到计算机中，如果幸运的话，还可在素材光盘中找到。但原声朗读文件往往是一个声音文件，如果要让声音与文字同步，需要制作多张幻灯片。要将声音文件按段落拆分成多个声音，可使用 GoldWave 或其他声音编辑软件来完成，感兴趣的读者可以参看第 2 章的相关内容，这里不再赘述。

7.3.6　设置课件导航

本课件的课件导航很有特点，通过动作设置，实现了动态的、炫目的鼠标悬停加亮效果，读者可以细细体会，如加以综合应用，可以仿制出任何漂亮的菜单效果。

> **实现悬停加亮效果**
>
> 鼠标悬停加亮效果的实现，实际上是利用动作设置中的"鼠标移过"功能，巧妙地通过幻灯片的切换来完成菜单切换效果。

1. **设置鼠标移过动画**　切换到第 2 张幻灯片，单击"作者介绍"圆角矩形边框选中它，按图 7-43 所示操作，为其设置动作，使鼠标指针指向此圆角矩形后，就跳转到第 3 张幻灯片，显示第一个菜单项"作者介绍"。

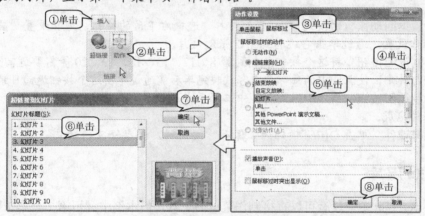

图 7-43　对鼠标移过进行动作设置

2. **完成其他菜单**　用类似的方法，设计好第 2 张幻灯片上的其他 4 个圆角矩形文字的"鼠标移过"动作设置，使它们分别指向相应的幻灯片。

3. **设置按钮动作**　在第 2 张幻灯片的菜单下方，有 5 个按钮图片，同样为它们设置"鼠标移过"动作，使它们分别指向相应的幻灯片。

4. **设置返回动作**　切换到第 3 张幻灯片，单击选中在背景上的半透明褐色大矩形，按照图 7-43 所示方法对其进行动作设置，使其指向到第 2 张幻灯片。

> 因为半透明的褐色矩形和幻灯片一样大，覆盖了除圆角矩形之外的其他区域，当鼠标指针移出各个菜单的圆角矩形就进入了褐色矩形，就返回第 2 张幻灯片，模拟出了弹出式菜单的效果。

5. **设置菜单选中动作**　选中"作者介绍"圆角矩形，为其设置"单击鼠标"(注意不是"鼠标移过")的效果，使单击圆角矩形时，跳转到第 8 张幻灯片。

这里设置的是，菜单高亮以后，单击该菜单时的动作，应该是跳转到菜单所对应的"作者介绍"内容幻灯片。动作是针对鼠标单击来响应的。

6. **设置按钮选中动作** 同样，给"作者介绍"下面的按钮图片进行"单击鼠标"的动作设置。

7. **设置其他菜单效果** 和第2张幻灯片一样，为其他4个灰色菜单及其下面对应的按钮设置"鼠标移过"的动作，使它们分别跳转到相应的菜单幻灯片。

8. **设置返回动作** 重复第4至7步，分别给第4、5、6、7张幻灯片进行动作设置，使其能完成相应的超链接，完成整个弹出式菜单系统的设计。

完善返回功能

菜单系统中，实现了跳转到相应内容的功能，而在内容演示完毕之后，还要为其设置返回主菜单的功能，实现整个课件的自由导航。

---

1. **设置返回动作** 切换到第10张幻灯片，选中右下角的按钮，为其设置"鼠标单击"动作设置，通过单击它跳转到第2张幻灯片。

2. **复制返回按钮** 将这个按钮复制到第8、12、13、18、19、20等需要返回主菜单的幻灯片中，使课件中的每部分内容放映完毕后能通过单击这个按钮返回目录幻灯片。

3. **复制返回按钮** 第20张幻灯片中二级菜单的设计与此类似，由读者自行参照示范课件完成。

4. **保存课件** 单击 Office 顶部的"保存"按钮 ，保存修改的结果。

知识库

在 PowerPoint 中，没有可以直接制作菜单的工具，但本例中利用第2至第7张等6张幻灯片，模拟制作的弹出式菜单效果，还是比较有创意的。

其中第2张是主幻灯片，其他5张对应5个菜单项。在第2张幻灯片中的5个圆角矩形，用来对鼠标指针进行感应；当鼠标指针移入某个圆角矩形区域时，就跳转到该菜单项对应的幻灯片；当鼠标指针移出菜单项的圆角矩形、指向背景区域时，就通过此背景区域设置超链接，返回第2张幻灯片，从而实现了弹出式菜单的效果。

7.3.7 发布成品课件

课件制作完成之后，往往还要进行发布。发布的方式方法随课件开发软件、课件使用环境的不同而有所不同。网页型的课件需要以网站的形式发布；Flash 课件需要发布成 SWF 格式；PowerPoint 软件开发的课件，如果使用者计算机上有该软件，只要复制过去即可，如果没有则可在图 7-44 所示的"发布"菜单中选择合适的方式发布。

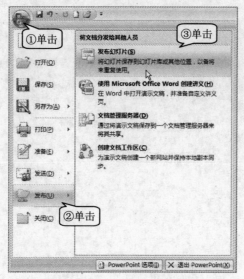

图 7-44　PowerPoint 课件发布

7.4　小结和习题

7.4.1　本章小结

本章通过一个具体实例，从编写脚本、准备素材、制作发布等各个环节，展示了课件从设计到开发制作的完整过程，介绍了课件开发各环节的相关知识、方法和技巧，以帮助读者在学完本书后，对课件开发制作有一个整体的认识。本章需要掌握的主要内容如下。

- **编写课件脚本**：了解课件文字脚本的构成、文字脚本的基本编写方法；了解课件制作脚本的相关知识、课件制作脚本的详细设计过程和方法。
- **准备课件素材**：了解课件素材准备在课件制作过程中的重要性；掌握网络搜索下载素材的基本方法，以及视频素材的下载技巧和转换方法。
- **制作发布课件**：熟练利用一种课件制作软件完成课件的制作并发布。

7.4.2　综合练习

在自己对应的学科教学中，选择一个合适的课题，选定合适的课件制作软件，制作一个综合的课件。要求本课件要按照完整的课件制作过程来实施，体验编写课件文字脚本、制作脚本，准备课件素材，制作课件，发布课件的完整过程。